INTERNET OF EVERYTHING

Internet of Things Inspiration on Innovation and Entrepreneurship

万物互联

物联网创新创业启示录

李晓妍◎著

人民邮电出版社

北 京

图书在版编目（CIP）数据

万物互联：物联网创新创业启示录 / 李晓妍著. --
北京：人民邮电出版社，2017.1（2018.5重印）
ISBN 978-7-115-43785-3

Ⅰ. ①万… Ⅱ. ①李… Ⅲ. ①互联网络－应用②智能
技术－应用 Ⅳ. ①TP393.4②TP18

中国版本图书馆CIP数据核字（2016）第245331号

◆ 著　　　　李晓妍
　责任编辑　恭竟平
　责任印制　周昇亮

◆ 人民邮电出版社出版发行　　北京市丰台区成寿寺路 11 号
　邮编　100164　　电子邮件　315@ptpress.com.cn
　网址　http://www.ptpress.com.cn
　北京鑫丰华彩印有限公司印刷

◆ 开本：700×1000　1/16
　印张：18.75　　　　　　　　2017 年 1 月第 1 版
　字数：333 千字　　　　　　 2018 年 5 月北京第 9 次印刷

定价：58.00 元

读者服务热线：(010)81055296　印装质量热线：(010)81055316
反盗版热线：(010)81055315
广告经营许可证：京东工商广登字20170147号

物联网产业迎来了发展的黄金时期

上一次接受李晓妍的采访是在 2011 年，当时她刚刚开始创办《物联网与云计算》杂志。那个时候物联网产业刚刚兴起，杂志主要是对不多的物联网应用案例做简单的分析和应用场景的设想。

转眼，5 年过去了。物联网产业在经历了被热捧、被质疑的阶段后，回归了平静，应该说时至今日，物联网的发展已经逐步走上了健康、理性的轨道。主要表现在哪些方面呢？

第一，过去物联网标准不统一的问题比较严重。不单在传感器层面，在通信层面的标准也是五花八门。2016 年 6 月，在 3GPP（3rd Generation Partnership Project，第三代合作伙伴计划）的标准会议上，通过了一个窄带物联网的核心协议标准，它定位于在运营商许可的频段，比如在 200kHz 的频段里面，利用 OFDMA（Orthogonal Frequency Division Multiple Access，正交频分多址接入）技术和单窄波的 FDMA（frequency division multiple access，频分多址）技术组织物联网，极大地满足了低功耗广域物联网的需求。总体来讲，它有四大优势：一是广覆盖。NB-IOT（Narrow Band Internet of Things，基于蜂窝的窄带物联网）技术能够实现比 GSM（Global System for Mobile communication，全球移动通信系统）高 20dB 以上的覆盖增益，因而覆盖面积扩大 100 倍，比如原本的信号死角像地下车库、地下管道等都可以覆盖到；二是大连接，即 NB-IOT 单扇区可以支持 5 万个连接，比现有的 2G/3G/4G 网络高 50 倍。如果全球有约 500 万个物理站点全部部署 NB-IOT，每个站点的三扇区可接入的物联网终端数将达 4500 亿个；三是低功耗，即 NB-IOT 终端如果每天发送一次 200Byte 报文的话，那么终端所用的 AA 电池的待机时间将达到 10 年；四是低成本，目前单个连接模块的成本是 5 美元，只要应用被规模使用后成本很快就会下降到 1 美元。

第二，5G 的即将商用。我们原来的移动通信网络的服务对象都是人，5G 除了继续面向人的增强宽带服务外，还定位了另外两个应用场景：一个是大连接，即面向产业互联网企业中的大规模物联网传感器的连接。5G 可以做到在 1 平方公里的范围内，同时支持 100 万个传感器的联网；另一个是低时延高可靠服务，例如车联网场景。我们知道车联网对安全的要求很高，为了保证安全，其反应时间必须很短。现在的 2G、3G、4G 都做不到。而 5G 的延时小于 1 毫秒，所以它的商用可以推动车联网的快速发展。另外，5G 设计的终端运动速度每小时可达 500 公里，这已经将未来高铁上旅客的通信需要纳入了考虑范围。

第三，工业 4.0 的提出。美国提出产业互联网，中国提出"互联网 +"及"中国制造 2025"，目的都是为了推动互联网深入到传统产业，为传统产业的改造、转型提供技术手段。所谓的产业互联网是把物联网与移动互联网、云计算、大数据相结合，进一步促进物联网在传统产业的应用。原来的物联网，基本还停留在智慧城市的层面，现在"互联网 +"的出现，为物联网开辟了很好的产业市场。

第四，物联网成为可穿戴设备的标配，增强现实（Augmented Reality，简称 AR）需要物联网来完善用户体验，自动驾驶汽车更是物联网汽车，物联网支撑了这些产品与应用，反过来，这些产品也促进了物联网的发展。

第五，原来物联网发展面临的一个困局，是没有大企业的参与，都是中小企业。近两年，像华为、中兴等大型通信企业，以及互联网巨头如百度、阿里巴巴、腾讯等也都积极参与进来了。同时，随着 NB-IOT 的出现，中国电信、中国移动、中国联通也开始大规模地进入物联网。大企业的进入，将给物联网的发展带来更多的机遇。

第六，当然，更好的一点是政府对物联网的推动力度在加大。自 2015 年以来，政府出台的很多规划、战略、行动计划，包括最近出台的"十三五"规划等，都把物联网应用提到了一个很高的位置，并且是实实在在地推动。

所以，总体来讲，我认为物联网的发展，现在才进入了好时机。待到山花烂漫时，它在丛中笑。因此，还是我四年前接受李晓妍采访时说的那样："物联网产业不是房地产，从业者不能急功近利，要抵得住诱惑、忍得住寂寞。要有坚忍不拔的耐力，就是不能遇到困难就想当逃兵；要有去繁就简的勇气，就是做事情不能贪多，要聚焦；另外，最重要的是要有一颗求真务实的心，不能抱着赚快钱的态度。"

这本书中收录的企业，大部分都在物联网产业摸爬滚打了多年，尤其是一些创业企业，大都在物联网的迂回发展中，经历过生死存亡的抉择，甚至每天都在考验中度过。应该说，它们是物联网产业开始阶段的首批实践者和见证者。所以它们的故事对物联网产业，乃至对更广泛的信息科技和更多的传统产业的从业者来说，都有着极具价值的借鉴意义。

　　要说写这本书的原因，应该是早有"预谋"下的临时起意。所谓早有"预谋"，是我高中时代就有的人生设想：这一生要写 2 本书，但是具体要写什么内容、怎么写，并没有规划。所以今年提笔写《万物互联：物联网创新创业启示录》这本书算是在朋友撺掇下的临时起意。

　　那么为什么这种临时起意能够付诸于行动，我想主要原因是，作为在物联网产业存活最久的媒体人，看着在所谓最前沿科技的指引下，瞬息万变的信息科技产业，以及那些在这种变迁下时刻进行着生死进退抉择的企业人，有不吐不快之感。

　　2011 年，我创办了《物联网与云计算》杂志。此后的 5 年间，我们的团队对近 6000 家物联网相关企业进行了跟踪交流，并对其中的 1000 多家进行了深度访谈及报道，算是物联网产业短短 7 年发展史的最完整、最直接的见证者。

　　因此，在大家开始认定下一个时代是物联网时代、物联网将带来行业业的变革、将影响接下来数十年甚至上百年的产业发展、将走进千家万户、将连接每一个人的时候，我们认为，有必要将物联网产业先行者们的故事分享给大家。

　　如果没有他们勇敢的尝试，物联网产业或许依然停留在概念中；如果没有他们坚持不懈的探索，物联网产业的发展路径或许依然不清晰。所以，未来，不管他们是成为先烈，还是成为先驱，作为一个时代向另一个时代过度的度化者，一个产业的开山鼻祖，无论在何时，他们走过的弯路、跨过的鸿沟、取得的突破、获得的赞许，对物联网产业，乃至各行各业的从业者，都有着非比寻常的借鉴意义。

　　最终，2016 年 3 月，我在团队的协助下，选取了包含物联网的基础设施企业、应用服务企业，以及技术支撑企业，和最后一轮兴起的互联网企业等在内的近 50 家最具代表性的企业进行了再次走访，并以访谈随笔的方式，对其从物联网概念在中国兴起的 2009 年，到 2015 年间的发展状况，进行了真实客观的描述，并将其中的 36 篇整编后撰成此书。

　　此书共分六章。第 1 章，首先通过物联网产业中顶级专家的视角，从专业的角度解读什么是物联网，物联网将带来的改变，以及产业各界该如何应对其带来的改变；然后通过在各个应用行业中，物联网服务运营企业的发展实践，来展现各行各业对物联网的认知与态度，以及其发展所受到的冲击和影响。

第2章，通过对物联网产业基础设施支持之一的传感器领域的代表企业，在物联网概念兴起后的发展路径的描述，来展现传感器与物联网两者之间，在发展中的相互作用。

第3章，集中描写了各个层级的云计算企业，在物联网兴起后的进退取舍，通过它们的兴衰与发展，展现物联网留下的烙印。

第4章，描写了一批物联网概念下的真正创新者——智能硬件企业，在过去几年的欣喜和困惑，以及它们诠释物联网的方式。

第5章，对物联网前一个时代的领导者——互联网企业，尤其是移动互联网企业，在物联网初期的发展历程，尤其是对它们对于物联网的看法与态度的变化，进行了描述。

第6章，着重描写了大数据技术服务及应用服务企业，在过去几年中的布局、探索和发展，及运营状况。

本书希望在一个特定的产业历史时期内，对不同类型企业的发展历程，及企业创始人或管理者、相关专家的心路历程的客观写实的阐述，将互联网时代向物联网时代变革瞬间的企业百态，做一个慢动作呈现，希望读者能够记住这段，物联网产业不可或缺、不可取代、不可磨灭的历史。

最后，感谢在成书过程中，给予了我诸多建议和支持的邬贺铨院士、西南民族大学的王鹏老师、师兄黄炎博士、人民邮电出版社的王威老师和广州机智云科技有限公司的几位同仁们，尤其是本书的责任编辑恭竟平老师，以及那些劳力费心的同事圣小燕、刘贝贝和张瑜等。

谨以此书献给那些为物联网产业铺路奠基的先行者们！

目录 CONTENTS

第 4 章 智能硬件爆发，物联网概念落地 /155

第 5 章 互联网应用高度细分，物联或成企业新拐点 /203

第 6 章 大数据，所有物联网故事的落脚点 /253

第一章

物联网，
重新定义社会生态

1

院士的忠告

邬贺铨

邬贺铨，中国工程院院士，中国互联网协会理事长。

1943年出生于广东省广州市，广东番禺人。1964年毕业于原武汉邮电学院。曾任信息产业部电信科学技术研究院副院长兼总工程师、大唐电信集团副总裁、中国工程院副院长；现兼任国家973计划专家顾问组成员、国家信息化专家组咨询委员会副主任、中国通信学会副理事长、中国电子学会副理事长、中国通信标准协会理事长、国家"新一代宽带无线移动通信网"科技重大专项总师、"中国下一代互联网示范工程"专家委员会主任、国标委物联网标准化专家委员会组长，是国内最早从事数字通信技术研究的骨干之一。

　　记得当时采访邬贺铨很是费了一番周折，最终是在南京一场物联网论坛期间完成的。在采访开始前，他还说，不应该让他上杂志封面，应该让那些明星，像刘德华来上。我们都笑，告诉我们要讲物联网和云计算，不是讲娱乐。邬院士更来劲了，说："你让刘德华讲物联网啊，不是更有看点了吗？"在场的人忍不住都哈哈大笑起来。曾为大唐电信副总裁的邬贺铨不仅学术精湛，对行销术也颇有见解。

· 邬贺铨

　　这句玩笑在今天看来，或许成了一个预言：音乐界的"半壁江山"汪峰推出了自己品牌的耳机；《爸爸去哪儿》中的"村长"李锐创办了一个做智能儿童手表的公司；还有任泉、李冰冰等影视明星创办的风险投资机构 Star VC 也投了不少移动互联网、智能硬件项目，但在当时，物联网这个词和他们是完全绝缘的。

● 任泉与李冰冰、黄晓明等联合成立的风险投资机构 Star VC

　　作为院士，对其所研究的领域的理解与把控，无论何时，都对推动产业发展有着举足轻重的作用。这一点，我在今天重新翻看 2011 年对邬贺铨的访谈时，就更加深信不疑了，因为他当年的很多言论，在接下来的四年中几乎全都得到了验证。

　　2011 年 9 月，我创办《物联网与云计算》杂志时，离前任国务院总理温家宝在无锡提出"建立全国物联网中心"的历史时刻，已有两年之距。当时业界普遍探讨的是：物联网的商业模式。记得那一年，我去参加无锡物联网博览会，乘出租车时，的姐知道我是去参加物联网展会，还问了我一个发人深思的问题："物联网，谁买单?！"当时我就被镇住了。

　　所以，后面我对邬贺铨院士做采访时，心心念念要问的就是"物联网产业的掘金点"。而邬贺铨对这个话题似乎并不"中意"，因为他觉得这个话题本身就太过"急功近利"，所以一开始就批判了当时的"物联网产业不正之风"：把物联网当房地产来做。不过随后，还是通过多角度分析物联网产业的发展路径，为从业者提出了诸多忠告。

从技术路线阐释物联网四层架构

　　邬贺铨说，从技术路线上来讲，物联网有四层架构。其中最底层是感知层，所谓感知，就像我们人，踩到脚了，或者扎到手指了，或者撞到头了，你能感觉到疼，这是因为我们身体的每个部位都有末梢神经，它能够采集到被踩了、被扎了、被撞了这些信息，然后通过我们的神经系统传到大脑，大脑会分析疼还是不疼，疼的程度等，你的知觉就是这么来的。我们人是自身就有一个完整的系统的，但是今天如果我们想去感知一下水、土壤、大气、植物、动物，乃至矿物质等，怎么办呢？这就有了传感器。不同类型的传感器用来感知不同的物质，也用来感知同一物质的不同属性，比如水，我们有感知它温度的传感器；有感知它矿物质含量的传感器；有感知它浑浊度的传感器；还有感知它流动速度的传感器等。目前已经商用的传感器种类达 3 万多种，但是依然在很多领域是空白的，比如生物传感器。这些传感器未来就像我们人的末梢神经一样，会被放置在各种物质中，来采集各种物质的状态和属性，以便我们能够了解这些物质的需求。

• 物联网产业链主要环节

　　感知层上面就是传输层。说到传输，其实我们大家比较熟悉的就是互联网。但是物联网的传输和互联网的传输有什么区别呢？其实本质上区别不大，都是所有的 IP 地址；都能通过同一种协议将其站点的信息上传到网页上，供大家查看。那么，既然如此，是不是互联网就可以取代物联网而存在了呢？当然不是，否则就不会有物联网一说了。互联网时代只有人在联网，假设每个人有一个 IP 地址，那么全球 60 亿人（1999 年时全球共计 60 亿人口），60 亿个 IP 地址就够了，但是现在且不说 IPv4 时代根本就没有这么多的地址，即便真的有了，未来要联网的物体是人的几十倍，这些地址也一定是不够的。与此同时，互联网经过最初的混战，统一认定 TCP/IP 协议，就像我们的身份证号码，每个人都是 18 位数，格式都一样，这样才不会造成混乱。如果现在要物品也联网，且不说各种终端设备的通信协议千差万别，并不一定遵循 TCP/IP 协议，那么单联网这一段就会遇到极大的问题，所以，现在通信领域都在研究 IPv6。IPv6 如果投入使用，那么能够分配的 IP 地址就会更多，开玩笑说就是：每一粒沙子都能有一个 IP 地址。不过 IPv6 并非针对物联网来设计的，对于低功耗传感器而言，IPv6 还是太过复杂，或者说 IPv6 帧结构中很多字节并非必须，因此基于 IPv6 的简化，出现了低功耗个域网协议 (6LowPan)。目前物联网的协议还未形成共识，原来有 Zigbee 协议、RFID 协议，以及各种传感器的协议等。当然，2015 年年底电信运营商推出的"低功耗广域物联网"，据说可以实现这一诉求。

● 窄带蜂窝物联网

再往上就到了数据处理层。你可以把它想象成我们人类的大脑。前面所说的被踩了、被扎了，你能感觉到不是因为你的脚或手自己判断的，而是由末梢神经将它感知到的一些信号传给大脑，大脑经过分析判断后，得出的结果。再不然，就像互联网，你在网站上搜索一个东西，和这个东西相关的内容就会出现在网页上，不是网页自己把它推给你的，而是网页把你搜索的信息发送到一个运算平台，并通过一系列的计算，把你想要的信息从数据库中调用出来，再发送给网页，网页把它们显示出来，是这么一个过程。那么到了物联网时代，因为我们采集的信息更多，需要反馈的信息也更多，所以对这个数据运算平台的要求就更高，因此，就出现了大数据技术，它就是数据处理层所依赖的核心技术。前面讲的精准就是要靠它来实现的，比如，明明我是左脚被踩了，它却算成右脚就不对了；明明我是现在被踩的，它却过了 5 分钟才把疼的信息反馈给我，这就是问题了，所以数据处理层，一定要精准和灵敏。

最后就是应用服务层。这一层从技术层面来讲相对最简单，但是从应用层面来讲就是最复杂的了。怎么理解呢? 还以脚被踩了为例：现在被踩了以后，大脑给我们的反馈有疼，或者不疼，或者疼的程度，以及出血了，还是未出血，然后会给我们下一系列的指示，比如，是否要去医院，查询怎么去医院；是否要联系家人、朋友等。这一系列的指示就相当于物联网的应用服务，比如空气污染，感知层把采集的数据传输到数据处理平台，平台计算出某个地方是污染源，然后通知相关部门负责人，并提供解决方案。甚至，未来物联网可能会比人更智能，比如监测到污染源后，如果该源点也是联网的，数据处理平台甚至可以直接关闭该源点的一些设备，制止其继续排污。当然，想要达到这么智能化的程度，我们还有很长的路要走。

● 工业环保物联网

应用层面，物联网即服务

谈及应用层，邬贺铨当时的原话就是"物联网即服务"，更是以真实案例来说明，比如在煤矿行业，因为矿难频发，所以希望借助一些信息技术手段来提高安全保障。2010年以前，在矿井中广布瓦斯传感器，算是最先进的技术手段了，但是应用效果并不好，一是传感器的精度有限，使得它的准确性也有限；二是当时传感器成本过高，致使它无法广泛应用。同时，还有一个更重要的原因：矿山情况复杂，即使检测出了瓦斯，也不能及时预警，致使矿工来不及逃生，所以矿难还是会发生。也就是说，即便是不能检测出瓦斯的问题解决了，依然不能真正地避免矿难发生。

后来，山西一家信息科技企业经过深入而系统的探索，研究出了一个解决方案：前端，在煤矿通风口安装监测通风量的传感设备，包括记录通风设备的用电量，这样就可以实时的监控通风量。另外监测挖掘进度、甚至产煤量等情况，以便判决通风量是否足够对应；后台，有一个实时数据分析系统，当前端反馈过来的任何一项数据不符合安全指数时，系统就判断会出危险，并立即发出预警，因为，含瓦斯的矿山的瓦斯产出量是与挖煤的深度和速度成正比的。也就是说，挖得越深、越快，出的瓦斯就越多，但是如果通风量够大，瓦斯也就会被冲淡，这样一方面通过设备端的互联互通，减少瓦斯爆炸的概率；另一方面还可以提前预警，就能够有效地避免矿难发生。其实这就是一个物联网的应用案例。

当然除此之外，物联网还可以服务于更多的行业，比如家居、交通、医疗、农业、制造业，以及环保等。不过很多物联网的应用都是锦上添花，在现在这个阶段不是一个好现象。在物联网产业发展初期，还是要多注重雪中送炭的应用。

比如在家居中，一是家庭保健，对老人和小孩的看护，以及对其健康状况的监测等；二是家居安保，就是能够保证住所安全。

在交通上，主要是路况优化。一是道路

● 矿山物联网

优化，比如哪些地方的道路需要修整；哪些地方出现了交通拥堵，需要调配；哪些公交车线路设计得不合理；哪些地方应该单行；哪个时段应该怎么收费；哪些地方需要设停车场等。二是交通流量的优化，比如哪些地方应该绕行；哪些加油站需要排队等待；哪些地方应该引导车辆不通行等。三是行人和车主的信息咨询，比如某个地方的路况如何；该选择怎样的出行方式更方便等。

● 老人们在体验陪伴机器人

● 智能交通

在医疗卫生行业，物联网将给移动医疗或者说院外的健康管理带来较大的改变，比如有人在手机里嵌入陀螺仪，可以监测到携带者是弯腰，还是摔跤，摔跤后如果没有爬起来，这些信息连同位置信息便会发送到医院，那么这个人就可以及时得到救助，这对老年人的及时救护是非常有用的，所以这就是一个极好的小发明。未来类似这样的设备还会有很多，比如在可穿戴设备中带有可以测脉搏、体温、血压等的传感装置，或者摄像头，就可以随时了解到一个人的身体状况、生理变化、病理变化等。当通过人体携带的智能终端发现了人体的异常变化时，可以通知该人到医院就诊，或者建议吃什么药等，这样，就为医疗诊断提供了很好的参考意见。

在农业领域，在食品溯源层面上，RFID 标签已经有了很多应用，但是还需要探索如何使用全方位的物联网技术，来优化食品溯源。第二个重要应用在于大田管理，比如在一块田地里安装上传感器，就可以了解到什么时候需要施肥，施什么肥？什么地方需要浇水，浇多少水？这些都可以使用物联网技术来解决，从而因地制宜地管理田地。

● 布满传感器的蔬菜大棚

除此之外，农产品市场的状况跟踪也是一个很重要的方面。农产品有季节性，哪个季节是播种季；哪个季节是收获季，都要遵循一定的自然规律。由于信息滞后，发现去年大葱贵，大家今年都种葱，结果今年葱的价格大跌，最后遭殃的是农民。因此，如何能够使用物联网去预测农产品市场的需求并发布动态信息，及时地将农产品市场的状况反馈给农民，让不同的地区可以合理计划种植和养殖，对保

● 跌倒报警器

持农产品市场交易的稳定极其重要。

在制造业领域，以前也有在生产线上使用传感器，但不是完整的物联网。使用物联网手段以后，比如在服装店安装监控设备，通过采集各种款式的服装购买者的信息，可以了解不同层次和年龄段顾客的偏好，然后再把这些信息反馈给服装生产企业，该企业通过对这些信息的分析，就可以决定什么样的衣服可以多生产一些；什么样的可以少生产一些，以及目前的设计需要做怎样的改良等。当然，这只是物联网在制造业中应用的一个方面。总之，物联网在传统制造业中的应用，主要还是体现在对传统产业的优化上，比如生产流程监控、仓储管理、市场跟踪等方面。

另外，物联网的大力发展对节能减排、环境监测等领域也会大有裨益。同时，这些应用发展到一定程度之后，又可以互联互通。比如在智能家居环境下可以运行移动医疗；智能电网在用户端也离不开智能家居；智能制造同样可以和智能电网的某些环节相互支持。所有行业原本都是在相互支持、相互需要、相互配合之下运行的，只是原本的支持、需要、配合都必须通过人来实现。物联网的出现，使它们之间的交互变得主动、自觉，从而更加高效、便捷。

传感器水平低，算法软件缺失，是物联网发展路障

当时物联网概念在中国其实也才提出 2 年，不管是从业者，还是外界依然觉得雷声大，雨点小，发展太慢。对此，邬贺铨直言"各阶层都太急功近利，想把物联网当房地产炒，当然会受挫。"不过，同时，他也表示物联网之所以推广难，一个重要原因是传感器虽然都价格不菲，但水平却不是很高，致使用这些传感器搭建出来的物联网应用系统，其使用效果很难达到预期，所以建议企业，不要太过利欲熏心，眼睛都盯在立马能赚钱的系统集成化项目上，而是应该把更多的精力投入到如何开发出低成本、高可靠性的传感器，如何把普通传感器做到低成本和高可靠性。这才是当物联网的大时代真正到来时，一家企业还依然可以在这个舞台上逐鹿的资本。

另外，智能分析决策的软件，就是算法也非常重要。比如现在各个地方政府都争建智慧城市，一个城市要安装上万甚至几十万个摄像头。摄像头多了，采集的内容自然就多，海量的视频内容靠人眼是看不过来的，这就涉及如何从成千上万的摄像头中获得有用的信息。现在的智慧城市还仅限于广布摄像头，然后把拍摄下来的内容都存储起来，等事发后才去调用，这就导致了很多问题：第一，必须要极大的存储空间；第二，有用

没用的信息都被当宝贝似的存起来了，最后发现存了一堆垃圾；第三，查找信息时，需要把每个存储文件都打开看一遍，造成巨大的时间、人力，以及其他方面的资源浪费。

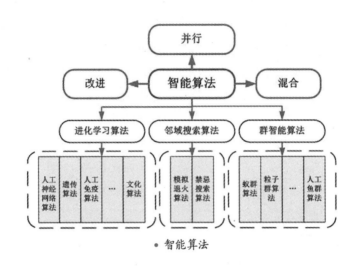

• 智能算法

那么如何去解决这些问题呢？首先，在存储的时候要有选择性，要去捕捉有用的信息进行存储，比如一个仓库，没人出现，或者没有异常情况发生时，摄像信息就可以不用存储；有人出现，或者有异常情况发生时，才选择存储。但是如何实现呢？这就需要有一个信息分析软件，可以对图像进行分析，筛选哪些需要存储，哪些不需要存储，对存储起来的信息还要加上标签，以便于搜索。同时，还能将当时的数据和历史数据关联起来，实现智能分析。对这种信息甄选软件的需求，不仅在视频监控领域有，在其他很多领域也都有，但是目前这还是产业链中的一个薄弱环节。

另外，还有对大量传感器信息的处理，其相关技术是需要整个物联网产业关注的，也是潜藏着巨大社会价值和商业价值的。

给从业者的忠告：切勿急功近利

记得当时邬贺铨话语间透露最多的，是希望从业者、媒体、包括科研团队、政府等不要急功近利。"从业者要深刻地认识到，这是一个需要时间来培育的产业，因为它是自然规律带来的发展趋势，不像房地产，是人为创造出来的发展高潮。"他同时指出，物联网产业的成熟需要几个变量同时达到标准：

第一，能够采集数据的点足够多。也就是说，前端要有足够多的传感器。

第二，所有数据之间能够对话，这就要求通信协议的统一。不然这个说英语，那个说汉语，另外一个说俄语，就无法实现互联互通。

第三，数据处理技术，也就是算法要足够强大。不然就会出现把水的指标反馈成大气的；把天然气的指标反馈成石油的，或者昨天的数据，今天才算出来等，这样就无法实现精准与及时。

第四，各种人为机构之间要能够数据开放，从而实现互联互通，比如前面讲到的空气污染的监测。如果某个污染源不让监测，或者监测数据不对外开放，那么我们就很难去判断它是不是污染源，或者很难对其采取措施。

所以希望大家对物联网的追随不要热炒，要理性。物联网产业规模是巨大的，这一点毋庸置疑，但是什么样的企业能够在这块大蛋糕上分得一杯羹，不是取决于公司的规模；也不是取决于公司的性质，而是取决于谁能抓住用户，所以在从业的过程中还是要以用户的需求为导向。

有些企业比较强大，就做平台，拿别人的应用来运行；有些企业比较弱，就做应用，然后在别人的平台上运行，但是最终，能够吸引用户才是最重要的，所以做平台的不能得意忘形；做软件的也不要气馁。只要有特点、服务好，就都可以抓住用户，比如苹果的应用软件有上百万个，但是大众能够记住的并不多，然而，还是出现了"愤怒的小鸟"这样的佼佼者，因为它有特点。与其说苹果的 iPhone 和 iPad 使"愤怒的小鸟"走红，不如说"愤怒的小鸟"让苹果更具吸引力，所以不管是从事物联网的哪个环节，一定要有特色。

• 愤怒的小鸟

磨砺 6 年，终成社会新生态引擎

黄灼

机智云创始人兼 CEO。TMT 多次创业者，哥伦比亚大学计算机本科和伦敦商学院的 EMBA 学位。1996 年在美国留学获得计算机科学学士学位后，进入全美第三大的数码打印机公司 Lexmark 进行网络化的打印技术研究；1999 年在美国纽约参与创立 Internation,Inc.，是全球第一家网上打印服务公司，先后接受 HP、Draper Fisher 和 Goldman Sachs 的投资，公司规模过千人，年营业额过亿美元。2006 年哥伦比亚 / 伦敦商学院 EMBA 毕业后在纽约创立"Zoomino 语义搜索引擎公司"，主要致力于新一代的互联网以及智能手机客户端应用技术的研究和开发，为纽约时报等大型网站提供站内搜索技术。2008 年回国创业，加入初创团队——杰升科技，出任 CEO，带领团队成功将"机智云"打造为物联网领军品牌企业。

荣获《快公司》2015 创新人物 100 奖；艾瑞传媒，2015 全球移动互联网卓越成就奖，年度新锐人物奖；当选黑马会导师；"泛珠三角地区智慧城市专家委员会"专家。

采访机智云 CEO 黄灼是在他们广州总部。一个小小的园区里有三幢不高的办公楼，机智云占据着其中一幢的两层。前台装饰得像机场的候机大厅,用英文写着"出发""到达"的字样。前台两侧是产品展示和演示区，包括冰箱、抽油烟机、空调、净水器，以及台灯等各种智能产品，大概有百十来样。

• 机智云的前台——候机厅的样子

黄灼的办公室在整个下层右后方的一隅，里面放了一套沙发、一张办公桌，就基本没有多余的空间了，不过在办公桌旁边还铺设了一个高尔夫练习毯。我当时问黄灼："平时练习高尔夫吗？"他说是国外一个合作伙伴的产品，能够在室内模拟运动场景，通过运动传感器来计算出挥杆的角度和抛物线，并表示机智云是一个将物联网的方法标准化，然后服务于各种应用的平台，所以各种各样的合作伙伴都会有。针对机智云的交流便就此展开了。

• 机智云 CEO 黄灼

先触云后接物，从离散到聚焦

机智云，全球领先的智能硬件自助开发(PaaS)及云服务(SaaS)平台，英文 GizWits，顾名思义 Giz(mo) 设备 Wits 智慧，是广州杰升科技有限公司（以下简称杰升科技）推出的高度自助化物联网开发平台，或者说智能硬件开发平台。不过公司已于 2016 年 4 月正式更名为"广州机智云物联网科技有限公司（以下简称机智云）"，实现了品牌与公司名称的融合，同时更加明确了自己的定位。

先说更名前的机智云——杰升科技，由黄灼 2005 年在美国纽约创立（美国注册名为"Xtreme Programming Group"）。作为中国较早一批留学美国并完成计算机专业学习、服务于世界 500 强企业的技术部门，以及成功创立全美最大的云打印服务公司的互联网早期从业人员，黄灼比较早地接触到亚马逊的 EC2 云存储技术，同时发现很多美国企业，都对弹性云计算技术有需求。恰巧，黄灼的中学同学，机智云现任 CTO 刘琰从 IBM 离职。两人便合计着组建一个团队，专门从事弹性云计算技术的开发和应用，主要服务于美国的科技企业。

随着口口相传带来的业务不断扩大，中国市场的需求也在迅速增加，于是黄灼带着美国的技术及管理经验和创新精神，将机智云转入国内运营，所有业务都是围绕着云计算技术的应用而开展，比如移动互联网的应用、搜索引擎等。在此期间，黄灼和他的团队逐渐感觉到，太过离散的，或者说项目型的业务很难让一家企业在某个领域达到领先的状态。

时至 2010 年，机智云受到苹果 MFi (Made For iPhone/iPad/iPod) 计划负责团队的邀请，授权机智云以软件开发商的名义成为苹果认证 MFi 成员，为 MFi 智能硬件产品提供 App 解决方案及技术支持。全球第一款登陆苹果官方商店的 iPhone 遥控玩具汽车的软件部分就是机智云开发的、正是这个过程，让黄灼发现把云计算和实物结合起来会发生一些化学反应，并意识到原来多年的技术积累可以往这个方向发力。"那时候还没有智能硬件这种说法，包括在苹果生态里面，"黄灼说，"我们也没敢想自己是在做物联网，只是说怎样把手机、互联网和硬件结合起来。"黄灼和他的团队潜意识里觉得，这个方向是一片蓝海，虽然自己只有小十几个人的团队，但是顿感"几年的技术积累终于有了用武之地"。因此，机智云义无反顾地投入到了"用云技术改变传统硬件"这个领域中，开始了一次全面转型。

在 2011 ～ 2012 年期间，由于当时的产业环境，机智云主要提供的业务是软硬结合的 App 开发服务，支持的蓝牙设备比较多，比如基于蓝牙的可穿戴设备——智能手环等，不过那时候还不叫手环，叫计步器，还有血压计、玩具，以及一些音频设备等。

2013 年，机智云正式推出提供一站式物联网开发和运维服务的"机智云 1.0"，成为国内第一个专注于智能硬件的云平台。当时，主要是给国内外的大企业提供定制化服务。

从定制化到自助化，破茧成蝶

在过去几年中，能载入中国物联网史册的年份，一个是 2009 年，另一个就是 2014 年。2009 年被称为物联网概念的元年。2014 年，因为传感器、无线连接方式和云计算的飞跃发展，以及物联网的入口——智能硬件的爆发，让物联网从概念走向落地，从空中走向地面。其实以前我曾经质疑过云计算三层架构中 PaaS（Platform as a service，平台即服务）层的作用，不过在这一年之后，我便深刻感受到了它的力量。

2014 年 9 月 19 日，"机智云 2.0"在北京发布。与 1.0 的最大不同在于，机智云从一个提供定制化服务的云平台，转变成一个提供自助化服务的云平台。也就是说，硬件开发者们，可以使用机智云平台提供的技术工具，自助式地搭建智能硬件产品。对于机智云来讲，2010 年只是方向上的改变，业务模式并没有发生根本性地变化，而 2014 年却是本质上的飞跃，机智云可以称之为真正的平台了。此后自助化便成为机智云的一大特色。

在那次发布会上，机智云同时还发布了集全球第一块包含了：集成 MCU（Micro Control Unit，微控制单元）、传感器和 Wi-Fi 模块的嵌入式开发板、开源的 App（微信）设备端，以及可开发的云端等的完整物联网开源开发套件 GoKit1.0，并首次提出"为智能硬件而生"的口号，启动了致力于物联网技术普及的开源计划。

• 机智云创始团队（从左到右）：总经理黄锡雄、CEO 黄灼、CTO 刘琰

• 机智云 2011 年支持的智能血压计

但这已经不是机智云的第一次开源技术了，此前 8 月，机智云已经在蓝牙亚洲大会上发布了 BLE 4.0 开源 SDK，并且在大会结束一周后，国际蓝牙协会（简称 SIG）经过评估，决议将机智云开源的这款 BLE SDK 作为官方推荐软件资源，推向全球的 BLE 设备开发商。鉴于 SIG 较少与外界沟通，这其实是它第一次推荐第三方的蓝牙技术。中国研发团队能越来越多地参与国际标准的补充以及更进一步的制定，也是"中国技术"

话语权不断增强的一个过程。这不仅对机智云是一个很大的鼓舞，同时也为机智云平台化的步伐增加了信心，巩固了基础。

也是在这一年，机智云决定引入资本来迅速扩大规模，并获得了经纬中国的投资。黄灼在交流中说，他觉得自己找对了第一个投资人。"当时找我们的有互联网公司，也有芯片原厂，但是最终我们接受了经纬中国的投资。经纬中国是一个对移动互联网和互联网的运营有着深刻理解的投资机构。他们会将互联网时代的运营经验跟我们分享，我们也逐渐成为一家用互联网思维运营物联网平台的公司。"

或许这也是机智云能够从众多提供物联网解决方案的公司中脱颖而出的一个原因吧。因为从物联网概念的提出到现在，很多所谓的物联网公司依然在提供项目型，或者说定制化解决方案服务，不能算作真正的物联网企业。这其实也是阻碍物联网产业发展的一个重要因素。而机智云提供的自助开发平台，帮助来自不同厂家的智能硬件都可以快速接入互联网，为硬件设备在云端提供了实现更多功能和服务的基础，并在硬件数据的挖掘上发挥着巨大作用。

2015 年 9 月 19 日，机智云发布了智能硬件自助开发 (PaaS) 和云服务 (SaaS) 平台"机智云 3.0"。它在原有"机智云 2.0"的基础上增加了多个功能，包括定向远程升级、规则引擎、消息推送、设备自动化操作、设备联动、企业 API、用户自定义统计分析、2G/3G产品支持和多种数据输出接口等，并提出了"硬件生态圈"的理念。同时对外公布，截至 2015 年 9 月，不到一年时间，机智云平台上的开发者就超过了一万人，自主对接项目达到了九千多个，支持的设备有 330 多万台，每天上下行的指令超过两万条。2016 年 3 月，机智云平台上的开发者已达数万人，项目达 2万多个，支持的设备超过 400 万台。据统计，在机智云的平台上，一个产品从提交想法，到开发出原型，平均时间仅需 11 天。

• 机智云 CEO 黄灼在"机智云 2.0"发布会上

"虽然说还不能给客户一个可以量产的产品，但是至少它可以帮客户走过最艰难的研发阶段，能够帮客户完成从 0 到 1，甚至是 0 到 0.1 的过程，大大缩短其研发周期和减少成本投入，比如先判定项目的可行性，再把它给目标消费者演示，或给投资人演示等，这样在短短 11 天就可以实现把想法变成产品，"黄灼说，"物联网定义下的产品形态颇多，怎能仅靠一家公司的力量去解决如此多的可能性？我们只能尽量把自己的产品做成标准化，或者说把众多硬件产品在智能化过程中共性的部分做成标准化，然后提供可以二次开发的工具，让开发者既可以满足智能硬件共性的需求，又可以根据自身产品的需求实现差异化开发。"

下一站，从平台到生态圈

商业模式得到验证后，就会呈现几何级增长。经过 2014 年、2015 年两年的快速发展，机智云在物联网云服务领域的地位可谓大局已定。说到企业愿景，黄灼表示，"首先还是成为物联网领域中云计算平台的主要贡献者。"不过机智云也会根据自己所理解的物联网演化过程，实时调整发展路径。黄灼认为，硬件企业从不联网到联网，甚至一直到整个商业模式的改变都有着不同的进化阶段。企业"物联网化"进阶过程可以分为六个阶段，第一阶段：具备了基础的传感器；第二阶段：可连接阶段，通过各种联网模块将硬件接入互联网；第三阶段：可服务阶段，通过设备数据统计分析，将厂家服务前置；第四阶段：智能化阶段，设备通过自我学习，记录用户的使用习惯，从而更好地提供服务；第五阶段：供应链优化，有效整合上下游产业链；第六阶段：通过商业模式的创新，从而实现设备及服务的最优化、差异化。

• GoKit1.0

• 机智云创始人兼 CEO 黄灼在"机智云 3.0"
发布会上介绍机智云发展历程

在第一个阶段，机智云主要是让设备实现联网功能，"用 Wi-Fi、BLE、ZigBee 等技术，帮助客户的产品实现联网、通讯的功能。"自 2016 年起，机智云应该说进入了第二个阶段，开始为客户提供设备管理、生产管理、经销商管理等运营方面的服务，包括与企业内部各种办公系统的对接等。"我们要开始把客户企业内部的运营管理系统，与他们的智能硬件深度结合起来，利用真实的、实时的数据引导企业的运营。"这或许也是在 2015 年"机智云 3.0"的发布会上，所提到的"生态圈"概念的一部分。定稿前，机智云又发来信息说，他们的云服务不再局限于完全 2C 的设备智能化，而是已经拓展到企业级设备管理的领域。

"其实未来我们希望，基于机智云的平台打造一个物联网生态圈。这个生态圈的底层是我们提供的各种标准化模块；再上一层是方案开发者，他们可以基于机智云的标准化模块，开发出各种智能硬件解决方案，比如智能水杯、智能冰箱、智能保险柜等，以及与企业管理系统互联互通的解决方案。开发完以后他们可以把自己的方案展示在我们的平台上，也可以出售给硬件厂商。"黄灼描述着他的设想。

虽然按照机智云的理解，商业模式的变革会发生在物联网的第六个阶段，但是一些新型的商业模式已经出现了苗头。"我们有一个做电动牙刷的客户，原来就是卖牙刷，赚牙刷头的利润。后来他到我们，问能不能把这个电动牙刷做成智能化的，可以采集刷牙人的数据，然后他们跟从事牙齿相关的医疗或者保健机构进行合作，为它们提供数据服务，从而让这些医疗或者保健机构为用户提供健康服务，因而使牙刷变成一个消费者与牙医交互的入口，这样他们的牙刷就可以免费试用了。"

同时，机智云的平台上推出了一个叫"GSMS"的分销系统。"把用户的使用行为变成积分，用户可以使用这些积分，在机智云为客户提供的商城里置换一些服务或者产品，"黄灼说，"这已经是机智云的成熟产品，就像那家做牙刷的企业，把用户的使用行为变成一种价值，用户可以免费试用一些产品，获得一些服务。"

● 机智云企业设备资产云管理 HIVE　　　　　　● GDMS

"在商用领域，也已经有类似的商业模式革新案例。我们有个客户是做工业缝纫机的，一年服务几万家的制衣作坊。因为它们都是用同一个款式的工业缝纫机，所以这个缝纫机厂商觉得如果拿到缝纫机工作的数据，就可以让这些制衣厂形成一种协同效益，比如说根据缝纫机采集回来的数据，他发现某个制衣厂的产能不足，同时另外一个制衣厂的产能过剩，他就可以帮助这两家制衣厂进行产能分配，这样使产能不足的工厂，可以按时完成订单；产能过剩的工厂，则闲置的生产力也得到了利用。这种可以说是供应链的重新调整，在原来非数字化的情况下，很难做到这一点，但是现在有了实现的基础和可能。"

机智云的自我定位是物联网产业的催化剂，核心是帮助传统企业，以及一些新创企业，去享受物联网带来的价值。而机智云平台上提供的软件模块和硬件开发工具等，是这些价值的释放通道。黄灼笑言，这虽然看起来很不起眼，只是让设备智能化，但是它引申出来的，可能是整个商业模式的改变。

4 年艰难换来用户的简单体验

今天看来，机智云起码获得了阶段性成功：数以万计的稀缺智能硬件开发者，在机智云的平台上，用短暂的 11 天便能研发出一个智能硬件产品。可以说，机智云为开发者带来了"极致简单的用户体验"。不过用户端有多简单，后台就有多复杂；后台有多复杂，成就它就有多艰难，所以在"用户简单"的背后，是机智云团队攻克的一个又一个艰辛与困难。

比如 2010 年的转型，黄灼觉得这是对企业的一次巨大挑战，因为当时机智云已经成立了四五年，经营状况一直比较良好，有稳定的利润，但是选择转型后，砍掉了原来的很多高收入业务，把早年公司的所有收入全部投入到了机智云平台的研发上。在这种情况下，各种压力就接踵而至了。

● 广东艾沃科技有限公司－智能反渗透净水器　● 中科润蓝环保技术（北京）有限公司－空气净化器

首先是资金压力。黄灼回忆说，一度公司账上的资金只能再撑两个月，虽然还没有到开不出工资的地步，但是对于团队里每个人，以及来自家庭的压力都很大。"当时我曾问我太太，比起我这样连续创业，你是否觉得我在大企业里面找一个工作更好？会让你更放心？她说，那样你会开心吗？我就说，我可能不会很开心。""并且那个时候，我们曾经找了很多的投资人，但是太早，我们的故事人家不明白。"不过黄灼说，他自己对压力的承受能力还比较强，机智云已经是他的第三次创业了，以前也遇到过公司倒闭的状况，"算是已经锻炼出来了"。

其次，技术也有一个成熟的过程。"早期我们平台还不是那么成熟时，提供的技术只能满足客户当时的需求，给一些客户带来的后遗症，到现在我们还要去解决，比如帮他们免费升级，解决一些后续运营的问题等。做硬件与做软件完全不一样，比如一个软件公司只为硬件企业提供 App 的开发服务，如果遇到问题，花一个晚上把 App 升级一下。把 Bug 补上就可以了，但是如果涉及要将软件嵌入到硬件设备中，出现的问题就不只是升级一下这么简单了，还会受制于传感器、通信技术和很多软件的因素。去年行业里就出了一件事，有一个智能家居硬件平台，它的软件因为有一个安全认证过期了，所以设备就没有办法与服务器连接，更没办法更新，从而导致近十万台设备瞬间变成了砖头。曾经融资过亿美元的一家企业，就因为这件事濒临倒闭。而机智云的平台上有数以百万级的设备，跟着我们从 1.0 升级到 2.0，再到 3.0，会出现一些问题；还有企业发展过程中的更多需求要满足，因此我们就要凭借技术经验不断地去解决。此外，我们还不断给客户提供新的技术服务，比如我们现在正帮助 ToB 的客户解决存量市场的资产管理问题，使用一个很小的低成本智能设备就可以帮助他们将已投放市场的设备实现智能化管理；又比如我们给一些健康穿戴类的客户提供运动算法，可以识别用户在做什么运动，消耗多少热量，以便更有效地了解自己的健康情况。"说到这些，黄灼感慨到，"所有做智能硬件的都是一个内心很坚强的团队。因为比起软件来，硬件的开发难太多了，所以在这里也要特别感谢早期选择并一直支持我们的合作伙伴。"

记得首次接触机智云是在 2014 年，也是通过我们的在线访谈。那一年，在智能硬件开发平台领域，杀出了几匹黑马，其中一个就是机智云。那时候，对机智云的业务以及公司还没有较深的理解，只单纯地认为就是一家用云计算的方式提供嵌入式软件服务的公司，而且业内很多人都说机智云的产品不够稳定，再加上当时有很多类似的企业，所以，黄灼在我们的在线访谈上，虽然讲到机智云已经支持了 200 万个智能硬件产品，但是我们当发表文章时，并没用很张扬的标题。2016 年，随着这次深入的交流，让我看到了机智云扎实的一面。起码敢于说，机智云是目前智能硬件云服务平台里面最具实力的一家公司。

● 黄灼受访视频

物联网免费商业模式初探

龚耀军

1965 年 5 月出生在宁波。1984 年毕业于江苏工学院（现江苏大学）汽车拖拉机专业，获工学学士学位。1989—1990 年，公派至意大利 ISVOR 经济发展学院学习宏观经济控制专业。曾任宁波拖拉机厂工程师、宁波汽拖集团公司总经理助理、宁波金宝集团有限公司副总裁、宁波如升实业有限公司公司党委书记、总经理、北京中商交在线有限公司（全国机电行业电子商务中心）首席运行官 COO、浙江海科信息科技有限公司（宁波微软技术中心）首席执行官 CEO，以及宁波易科投资控股集团有限公司首席运行官 COO。2010—2013 年，任国家软件与集成电路公共服务平台物联网产业研究院院长。现任唐鸿资本 CEO。

2012 年春节刚过，我在中国科学院院士何积丰的推荐下，探访了一个叫作国家物联网产业研究院（简称 CAID）的地方。这个所谓的国家级研究院坐落于江苏盐城，说实话当时我是满怀忐忑的心情来到这个研究院的。盐城——从经济上来讲，不算发达；从文化上来讲，底蕴不算深厚；从技术层面上来讲，与高科技相去甚远，所以不仅是我，其他人听到盐城有个这么前沿的研究院也是相当惊讶。

探访盐城物联网产业研究院

2月17日，我到了盐城。CAID坐落于盐城市经济技术开发区，占据着开发区一座标志性建筑中的两层，其中一层用来办公，另外一层是一个物联网应用体验馆。我先被带到了体验馆，进行参观。还未完工的演示馆已经布局了智慧物流、智慧课堂、智能办公、智能家居和公车管理系统的仿真模拟系统。工作人员介绍，以后将有更多的物联网应用在这里展示。

• CAID 大楼

• 物联网体验馆

参观完体验馆，我被带到了时任院长龚耀军的办公室，这里目测有近200平方米。我不禁感叹在二三线城市就是好，办公空间都可以这么大，要在上海都足够一个二三十人的企业用了。坐在办公桌后的龚耀军爽朗一笑，说："所以我们研究院总部设在盐城啊。"龚耀军，40多岁，从言谈举止上看得出，是一个非常聪明的人。后来他自己也经常说："我是一个聪明人，但是过于聪明了，进而不智慧，进而成不了太大的事业。"

不过据说CAID当初是由龚耀军一手运作起来的。2010年的时候，他还是另外一家企业的职业经理人，后来阴差阳错地撮合了工信部软件与集成电路促进中心，与盐城市政府各出资5000万元人民币，成立了国家软件与集成电路公共服务平台物联网产业研究院，对外称国家物联网产业研究院，当时这个研究院也算盛行一时：学术界，何积丰、倪光南两位院士都在那里设立了工作室。

不过2014年再次见到龚耀军时，他已变为宁波一家投资机构的董事长。

2015年年底，该研究院的股东之一，工信部软件与集成电路促进中心，被并入其兄弟单位中国电子信息产业发展研究院，即赛迪集团；而该国家物联网产业研究院的股权也被盐城市政府全部收回，原有的工作人员几乎全部离开，未来如何发展不得而知。

　　我相信造成这样的局面跟一个人的关系并不大，尤其是当一家企业的背景相对复杂，而且所处的时代过于浮夸时，因为类似于 CAID 的例子，还有红极一时的无锡物联网产业研究院、后来的南京物联网产业研究院，以及上海物联网中心等，甚至还包括一些大企业。虽然这些以联合承包物联网项目的名义，牵头成立的各种联盟、协会，都没有真正创造什么价值，但是在当时，以这样的方式创立一家企业，却成了一种社会风气。

开创免费使用物联网的时代

　　2012 年的那次交流，基本上算是在一种轻松的氛围中开始的，龚耀军在讲话的过程中会时不时地冒出一些警句。而其中让我印象最深刻的是，他所要开创一个免费使用物联网的时代。

　　记得龚耀军当时说："以前，互联网也经历过从收费到免费的时代；移动电话从高收费，到低收费，现在也逐步向免费过渡。这说明商业活动正逐步通过以增值服务、衍生服务、BOT 等多种模式获取利润，此时世界将迎接免费商业时代的到来。物联网带来的可能是全面免费的时代，而 CAID 希望能成为这一时代的主力推手。"

● 龚耀军

● 模拟车联网应用系统

　　他表示，当时已经有了相应的真实案例，就是盐城市的政府公车管理系统。"政府公车管理系统的使用可以实时监控每一辆车的位置和状态，进而有效限制'公车私用'这一不良现象的发生，然而这套系统的价值不菲。"因此，CAID 就采用了这样一种方式：与某家保险公司商议，保证在若干年之内，盐城市政府的所有公车都在该保险公司投保，而保险公司必须从保费中拿出一部分为盐城市政府买单，这样盐城市政府就可以免费试用研究院提供的公车管理系统及服务。"对盐城市政府来讲，每年付的保险费用不变，却多了一项服务，而这项服务的使用说不定在某种程度上还为盐城市政府节省了一部分费用和资源；对保险公司而言，它保证了与盐城市政府长期稳定的合作关系；而 CAID 却在这一商业合作中从乙方变为甲方，从被动一方变为主动一方。"当说这些话时，龚耀军带着掩饰不住的自豪。

打造物联网界的沃尔玛

　　在介绍 CAID 成立的始末时，龚耀军一再强调，研究院的核心任务是完成物联网从"商品"到"量化商品"的过程；而在这个过程中，研究院扮演着"发掘需求，创造平台"的角色，意在提供一个全国性的物联网商业应用推广平台，即为买卖双方提供一个交易平台，以打造物联网界的沃尔玛。

　　当时，龚耀军用"物物相联、智能感应；物物互动、智能处置"十六个字，对物联网的概念进行了解读。并且他认为，物联网和互联网的区别，便是比互联网多了一个"智能处置"，而这简单的四个字所带来的市场空间至少是互联网的五十倍。然而市场空间需要发掘，如果不去发掘，那么它永远都只是想象空间。

　　同时，他认为物联网的产业链包含"研究成果—产品—商品—量化商品"；物联网的三要素是"核心技术、产业化、商业模式"。因为当时有无锡物联网产业研究院珠玉在前，且其定位是"研究成果"和"核心技术"，所以落户于江苏盐城的国家物联网产业研究院，便定位于完成物联网中的从"商品"到"量化商品"的转换，即关注物联网的"产业化"和"商业模式"，从而与无锡研究院形成差异化。

　　为此，在成立后的一年内，龚耀军为研究院建立了三"库"：方案库、专家库和资源库。方案库："国内外著名的解决方案提供商，都会把他们的解决方案放在我们的货架上"专家库："我们有一批院士团队，包括何积丰、倪光南等，还有两个院士工作室，这在国内是少有的。"资源库："我们是工信部的企业，而工信部是物联网行业的行政主管部门，很多政策、决策导向是由工信部来定的，所以我们不仅有行业资源，还有政策资源和信息资源。"龚耀军解释说。

因此，当时 CAID 定下的整体运行目标是：建立全面开放的物联网成果产业化商业服务平台。

围绕这一目标，龚耀军说："CAID 要完成三大任务，第一个任务是商业模式的创新，一个产业是否能大规模发展，商业模式无疑是重中之重；第二个任务是核心技术提炼，通过国家示范工程，向全国推广这样一个体系；第三个任务是品牌建设，通过广告宣传的推广以及地方平台的建设，来提高 CAID 的影响力和知名度，进而实现对市场的快速覆盖。"

同时，龚耀军曾在多个场合强调物联网的发展需要"政产学研"相结合。它不是"产学研"，也不是"产学研政"，因为，政府在物联网的发展中起着主导作用，尤其是在物联网产业中，很多时候，买家就是政府。

国家物联网产业研究院缘何落户盐城

对于这一问题，龚耀军当时表示，CAID 在选址的过程中，考虑过很多城市，但是最终锁定盐城，是因为盐城有"五大优势"。

第一是区位优势。苏北地区和苏南地区、上海，乃至浙江北部一样都属于长三角经济区，虽然这一点一直被人们所忽略，但是无可厚非，这是事实。因此，在被忽略了这么久之后，轮也轮到了苏北崛起。然后再看苏北的城市地理分布：连云港毗邻山东，徐州紧靠河南，从而对其他苏北城市的辐射不够；扬州紧挨南京，故直接受南京影响等。而盐城地处沿海，位于苏北的中间地带，不管是从沿海向内陆辐射，还是从中间向两端辐射，力度都毋庸置疑。因此，从地理位置上看，盐城无疑是首选。

第二是市场优势。大家肯定都很惊讶一个高科技产业空白的地方怎么会有市场优势，但是如果你知道推销员到寺庙卖梳子的故事，就不会感到意外了。信息产业的相对落后提供了巨大的市场空间，而拥有江苏 2/3 地域的苏北市场的刚性需求，则提供了更大的想象空间。

第三是成本优势。这一点看我的办公室就知道了。盐城的企业经营成本是上海的三分之一；苏南的二分之一。这就意味着一家企业在上海一年的成本如果是 1 亿元，在盐城就只需要 3000 万元；在南京的成本是 1 亿元，而在盐城则只需要 5000 万元。省下来的都是净利润，何乐而不为？

第四是政府资源优势。二线城市 IT 产业的崛起使政府资源能高度集中，所以盐城拥有包括国际软件园物理平台在内的先进的政府软硬件产业基础。2010 年 7 月 19 日，盐城国际软件园和服务外包基地一期两幢 6 万平方米的软件大厦正式开园，标志着盐城已经具备了承接软件及服务外包重大项目的良好条件，并在打造新产业、搭建新平台上取得了重要突破。这是盐城市经济转型升级的重大举措，也说明了盐城市政府对整个盐城信息化发展的高度重视，同时代表着国家物联网产业研究院必将得到盐城市政府的大力支持。

第五是产业集聚优势。以 CAID 产业平台为龙头，与高德、南威、韩国亚洲噪声研究所、中国海量数据技术研究所及 CEC 等知名企业的合作逐步在盐城展开。

另外，2015 年江苏省委书记罗志军来研究院考察时曾说："苏北的市场非常大，由于这几年经济发展了，高科技企业的生存环境有了很大的改善，所以有条件吸引一些高科技企业来苏北发展，同时也有条件启动一些先进的物联网项目。希望盐城在获得示范工程建设的成功经验后，向全省，乃至全国推广，为此省委、省政府会全力支持。"所以研究院落户盐城是众望所归。

计划很完美，现实很残忍

记得当时龚耀军说了一句让我后来思量良久的话："CAID 的创建模式，是现代建筑的'框架式建造摩天大楼'的方式，而不是古代'聚沙成塔'的方式。"并且他还对其他地区如何发展物联网提出了建议。

• 智能家居与健康

一是要制定一个与国家产业战略和当地经济情况相适应的发展规划，比如国家有

"十二五"规划，强调了物联网的四个重点应用领域，而盐城智慧城市的"十二五"规划也提出盐城着重发展的领域，比如盐城是农业大市，是否可以先投入做智慧农业? 水质不好，是否先投入做智慧环保? 盐城不堵车，智能交通是不是就没有必要了呢? 因此在项目的开展规划中，一定要与国家战略相结合，与当地实际需求相结合。

二是营造发展物联网产业的政府氛围、企业氛围、社会氛围。有人根本就不知道什么是物联网，戏称"云里雾里物联网，不知所云云计算"。此时，研究院就要起到引导的作用。

三是对政府来讲，发展物联网产业要注重领袖企业、领军人物的龙头引领作用，防止引入企业的"候鸟"现象发生。比如国家物联网产业研究院一旦落户盐城，上下游的配套企业就会跟过来，也就吸引了大量科学家在这里聚集，这对一个产业发展的推动作用是不可估量的。另外要防止发生"候鸟"现象。有一些企业，就是冲着政府的优惠政策来的。政府三年免税、免租等，企业便在这里待三年，第四年马上换到另外一个政府三年免税、免租等的城市，就像候鸟一样。政府一定要防止引入这样的企业。两种企业不太容易搬，一种是大企业，就像大连旅顺大道上万人的大企业。企业的员工都在那里定居多年，已经拖家带口，搬起来成本太大; 另外一种就是跟当地市场结合的企业。它们的市场区域性太强，换一个地方就等于丢掉了市场。

四要坚持"市场换产业"的发展理念，注重本地化企业的培育。政府要做的就是要把产业发展起来，而不只是做一个项目。首先，企业不会因为和你关系好就来投资。其次，真正做企业的人不会因为三免就来投资。企业最需要的是市场。你给他房租免费，免税收，都没用。如果企业有生意做，政府该收税就收税，该收房租就收房租，企业乐意。

五是注重产业基础中各阶层人才的培育: 培育"软件蓝领、软件白领、软件金领"宝塔型人才结构。人才是怎么来的? 培训出来的。家乐福培养一个合格的店长——从新员工到店长，只需 45 天。现在大多数企业去招人，都要求有多少年工作经验，要求必须是学什么专业的，但是哪个总经理又是总经理专业毕业的呢? 一个优秀的企业要有培训出合格员工的能力。为此，CAID 推出了一个 AIT 培训，叫作国家紧缺软件人才培训。AIT 还和华师大合作，可以直接授予软件工程学硕士学位，2013 年起可以授予软件工程学博士学位，而且这个培训是面向整个社会的。

今天回看当时的访谈记录，虽才时隔 4 年，却恍如隔世。CAID 虽然已经物是人非，但是免费使用物联网的模式，却逐渐被人不经意地创造出来，并且有越来越多的实际案例发生。有道是"有心栽花花不开，无心插柳柳成荫。"

物联网时代的"智慧三农"探索

徐珍玉

出生于 1968 年 6 月，硕士研究生学历，现任朗坤集团总裁、安徽朗坤物联网有限公司董事长、国家农业部第九届科学技术委员会委员、中国中小企业协会副会长、安徽省农业物联网创新技术产业联盟理事长、安徽省生态农业产业商会会长、安徽国际徽商交流协会副会长，以及安徽省企业（家）联合会副会长。

结识徐珍玉是在 2012 年的无锡物联网博览会上，当时徐珍玉创办的安徽朗坤物联网有限公司（以下简称朗坤）作为参展商，展出了从硬件到软件再到应用的一整套农业物联网服务方案。服务方案模拟种植大棚和水陆养殖场，为各种植物和动物，及其所处的环境配上传感器，用来采集环境温度、湿度、土壤中的化学成分、植物的生长状态，或动物的体温和成长状态等各种数据。然后通过一个专用网关，将传感器采集到的数据传输到一个软件平台上，大棚或者养殖场的管理人员可以通过电脑实时查看其管理辖区的动、植物状态。从理念上看，这对种植业和养殖业的优化作用是不言而喻的，但是市场似乎并不容乐观。

• 徐珍玉

• 朗坤在 2012 年的无锡物联网博览会上

这也是为什么在 2011 年到 2012 年间，进军农业物联网的企业可以说不计其数，但是到 2014 年基本屈指可数的原因。当时的兴起，应该说是受人们食品安全意识的提高，而媒体对这种提高过度夸大的影响。后来的衰落，只能说明把概念变成现实，其实并没有那么简单。这一点从朗坤的发展中可见一斑。

惊醒于金融危机，转身探索物联网

早在 2002 年，徐珍玉便创办了一家专门从事农产品深加工及食品添加剂进出口的企业——安徽朗坤技术发展有限公司。公司在农产品外贸领域也算是做得有声有色，甚至在 2008 年全球爆发金融危机时，依然保持着一亿多美元的贸易额。2009 年公司还曾被阿里巴巴评为全球十大网商之一。按理说，他安安生生做外贸就好了，但是徐珍玉说："我是农民的儿子，'三农'事业将是我再次转型创业和人生第三次，也是最终的方向。中国是农业大国，但不是农业强国。中国农业越弱，我越是要尽自己所能做'三农'的事。"

2009 年 8 月，前国务院总理温家宝在视察无锡时，首次提出"物联网"的概念。一时间，电视、网络、报纸等媒体的报道铺天盖地，使得"物联网"一词迅速家喻户晓。"无锡视察"的重要触点、物联网相关企业在股市上的良好表现，再加上中科院合肥分院专家对物联网的肯定，成为了徐珍玉布道、践行、领跑物联网产业发展的助推力。徐珍玉结合以前的农业调研，进行了三天三夜的思考和分析，为自己解惑了"我与物联网的关系""我能在其中做什么"和"我将如何做"三个问题，同时做出了朗坤要成为农业物联网综合运营商的决定。如何形容自己在这三天三夜中的状态，徐珍玉用了亢奋、着迷、激动和疯狂等激烈的词汇。

　　他用"天时、地利、人和"来说服自己，也说服别人。何为天时？第一，朗坤有做农产品深加工及进出口的底子，因而对农业具有相对较深的了解；第二，从改革开放至今的 30 多年来看，中国的工业化和城市化进程已经取得了令世人瞩目的成就，但是在农业上却相对薄弱，比如在中国有设施蔬菜发展较好的山东省和北京地区，西红柿亩产 9 吨，但是在缺土、缺水的以色列，每亩能达到 50 吨。也就是说，在产能上中国与以色列有着近 6 倍的差距。造成这个差距的主要原因在于技术水平落后；第三，食品安全问题在中国日益凸显，这要求中国的农业要更加合理、规范地发展，而物联网无疑是保障食品安全的最佳手段。

　　所谓地利，安徽不仅是农业大省，也是农业改革的先行者，具有创新意识。1978年，小岗村的 18 位农民以"敢为天下先"的精神，在一纸分田到户的"秘密契约"上按下鲜红的手印，实行了农业"大包干"，从此拉开了中国农村改革的序幕。"大包干"这种家庭联产承包制度解放了农村的生产力，最终上升为中国农村的基本制度，解决了亿万人民的温饱问题，所以只有通过新的科技手段和模式来进行农业改革，才能在这样一片土壤中相对容易的成长。

● 2009 年朗坤入选阿里巴巴十大网商后，徐珍玉接受访问直播

　　而人和，则是因为合肥是中国著名的科教名城。中国科学院合肥物质研究院、中国科技大学、合肥工业大学、安徽大学，以及安徽农业大学等众多的科研院所、大专院校无疑是朗坤强大的人才仓库，尤其是中国科学院合肥物质研究院和中国科技大学的上属机构——中科院，还是中国物联网研究的发祥地。

清晰定位，盛大开端

时不我待，只争朝夕。2010 年年初，徐珍玉从朗坤技术公司抽调了两名助手，开始迅速投入实战，甚至都没跟原有的客户和合作伙伴打招呼，以至于原来社交圈的很多人都奇怪"徐珍玉这个人怎么就突然消失了呢？"

● 小岗村浮雕

2010 年 5 月 10 日，安徽省科技厅批准了安徽朗坤技术发展有限公司与中科院合肥物质研究院，共同组建成立专业定位于农业物联网关键技术研发与应用的"安徽省新农村物联网工程技术研究中心"。该中心也成为国内首家专业从事农业物联网的研究机构。当时这个"省级工程技术研究中心"的审批只用了一个星期，而正常则需要一两年，这或许就是徐珍玉所说的"地利"与"人和"在发挥作用。因为朗坤在农业方面有过做出引领性贡献的经历，所以安徽省政府、科技厅、省农委等职能部门在引进新生事物时，对农业物联网的发展给予了实实在在的支持。

●"安徽省新农村物联网工程技术研究中心"成立发布会

同年 7 月 28 日，在"工程中心"的成立发布会暨安徽省农村物联网高峰论坛上，朗坤与多所高校及科研机构成立了创新联盟，依照"关键技术—标准—示范—产业应用"的思路，发挥物联网对现代农业发展的推动作用。同时，在"工程中心"的名义下，又成立了农业物联网院士工作站。希望基于院士们对农业的深层次理解以及相应的经验，对朗坤的发展进行相应指导。

至此，朗坤进军农业物联网产业，算是开了个好头。具体要怎么做呢？徐珍玉认为朗坤进入农业物联网领域，应该做的第一件事便是参与物联网标准的制定。当时，这是整个中国的做法，各种各样的物联网标准工作组曾是一道靓丽的风景线。而对于朗坤这样一家"生下来就是从事农业物联网"的企业来说，加入物联网标准工作组，并组织成立农业物联网标准工作组是理所当然的事情。虽然业界对在"一穷二白"阶段制定标准充满质疑，但是徐珍玉却有着不同的理解："这种参与不仅仅是为了制定标准，也是为了要让自己站在行业的最高端，掌握话语权，并能最快地洞悉行业的发展方向，同时可以同行业中的佼佼者互助、互学，以增长技能。"

徐珍玉认为朗坤应该做的第二件事，是农业物联网核心关键技术的攻克，不过对于这一定位，徐珍玉表示实属无奈之举。虽然朗坤一开始对自己的定位就是成为农业物联网的综合运营商，但是面对信息化相对空白的中国农业，朗坤不得不从头做到脚。针对这种情况，徐珍玉说："我们希望直接做运营的事，但是无人提供数据，所以我们必须自己采集数据；在采集数据时，又发现没有采集数据的工具，无奈我们还要自己生产或定制采集数据的工具。这就是目前实现中国农业信息化面临的现实问题。"

为了攻克这些问题，徐珍玉带领朗坤不仅与中科院、中国科技大学等科研院校加强合作，提高自主研发能力，还积极奔走于欧美地区和以色列、日本等农业相对发达的国家与地区，通过共同研发、聘请技术团队等方式，从国外引进先进的农业信息化技术或产品。在这个过程中，朗坤也取得了很多领域的技术突破，申请了多项专利，从而形成了一系列可覆盖农产品生产、加工、物流、销售与消费全过程的，可复制的食品安全管控系统和农产品精细化生产管控系统。

理想丰满，现实骨感

到了 2013 年，梦想与现实之间的距离出现了。创业之初，因为有原来外贸公司的底子做基础，徐珍玉没有意识到会在资金方面遇到压力。但时日不长，他便感觉到自己的预想太过乐观，所需要的投入远比自己想象得要大，比如他本来只是想做运营服务商，怎奈供应链不全，只能选择要么自己来把上游补全，要么就退出。喜欢挑战的徐珍玉当然选择了前者，并且追求完美的个性，让他做什么都想做到最好，以至于 2013 年，他遇到了来自资金方面的巨大挑战。

• 徐珍玉海外考察

　　当时朗坤的主要收入来自于承建国家及各地方政府的物联网示范试点工程。虽然两三年内，朗坤承接了 100 多个大大小小的项目，业务遍及十二个省、市，其（小麦、玉米、水稻和油菜等）"大田四情监测系统"，包括苗情、墒情、病虫情和灾情，已经覆盖了安徽省 20 个小麦主产县，并在 36 个水稻主产县进行部署实施，但是以此获得的收入，只能解渴而已，想要温饱，甚至小康，相当困难。在 2013 年的下半年，徐珍玉曾发出感慨："这两年（2013 年、2014 年）将是朗坤论成败的关键之年。"

　　2014 年，朗坤几乎到了最艰难的时刻。徐珍玉的父亲对他说，放着好好的外贸不去做，折腾成这样，天天吃不好，睡不好，何苦呢？徐珍玉当时正在自己公司的运动室打乒乓球，便回道："失败了，大不了睡乒乓球台，有什么关系呢？！"或许正是这样把生活追求的底线放得足够低，才让他有力量扛过了这段艰辛。当然，这么朴实的话语，是需要大智慧，需要厚德大爱来支撑的。因此，徐珍玉在采访中表示"厚德载物，大爱惠农"是朗坤的发展之本，更是朗坤人的一份责任。

借势"互联网 +"，打造物联网闭环

　　2015 年，国务院总理李克强提出了"互联网 +"的战略，全国又是一阵风起云涌。且不说其他方面，单说应声而起的"互联网 +"联盟和协会数量，就知道这个概念有多

热。在物联网概念刚被提出时，也出现过同样的状况，比如在 2011 年年底，中国的物联网协会就有 40 多个。"互联网 +"的概念虽好，但是盲目追随概念，又不踏实去做的人太多。不过徐珍玉认为这对朗坤是好事，因为经过过去四五年的布局，朗坤在物联网的前端，也就是感知层面已经有了深厚的积累，"现在正好和互联网 + 对接，这样朗坤的农业物联网就完整了"。

于是，2015 年 5 月，朗坤在海南率先推出并打造"互联网农业小镇"——石山互联网农业小镇。那么到底什么是"互联网农业小镇"呢? 徐珍玉说："互联网农业小镇是以镇为单位，实施镇级运营 + 村级服务的模式，以镇带村、村镇融合的方式，在'互联网 + 农业'的基础上，拓展'互联网 + 金融 + 文化 + 旅游'等服务。"在这个理念的指引下，朗坤做了几件事情：

• "大田四情监测系统"案例

第一，实现种植、养殖的可感知性。这是朗坤过去 5 年的业务核心；

第二，让农民能上网。联合当地运营商实现光纤入户；

第三，让农民会上网。为做到这一点，朗坤做的事情就多了；

比如吸引大学生返乡。为了吸引大学生返乡，要解决农村的教育、医疗条件、生活质量均相对较差的问题。朗坤开始了与教育机构、医疗机构，乃至金融机构的联动。同时为了调动知识分子参与到农业发展中，朗坤还发起了农业创客活动，不仅联合金融机构成立创业基金，还以联盟的方式组织农业能手、创新活跃分子进行各种方式的交流，甚至在石山镇投建了一个农业创客咖啡馆。

第四，让农民愿意上网。

为此，朗坤打造了农产品电商平台，它与传统电商平台的最大不同，就是平台上所有的产品都是可追溯的。"老百姓从这个平台上买到的所有产品都会有一个二维码，用手机扫一下这个二维码，就可以看到它的成长过程：什么时候发的芽，施的什么肥，打过几次药，以及运输过程等都是可见的。"徐珍玉认为这样才能控制做到食品安全。

2016年年初，朗坤在海南的互联网农业小镇正式开始运营。时至中国政府"两会"召开，《人民政协报》作为"两会"期间给各个参会代表派发的"御用"报纸，出专版报道了朗坤在海南承建的"石山互联网农业小镇"的实施及运营状况，并深入阐述了朗坤的理念。在此期间，朗坤也获得了上市公司——北京荣之联科技股份有限公司的战略投资。同时，其他一些资本机构也开始主动和朗坤接洽，这标志着朗坤物联网产业的发展已经进入了一个全新的阶段。

• 海南互联网农业小镇落成典礼

记得2012年，初次与徐珍玉交流时，他就表示，希望朗坤成为探索解决"三农"问题的先行者，并通过以农业物联网技术为基础，进行"顶层设计"来解决"三农"问题。并在多个场合，徐珍玉都表达过朗坤在农业物联网领域的自我定位：首先成为布道者，然后成为践行者，最后成为引领者。这种定位其实与中国农业信息化水平低的现状有莫大关系。

首先，中国的农业信息化基础薄弱。农业的经验一直来自于口口相传，或者是靠天吃饭；从事农业的也只是社会最底层的、知识文化水平最低的群体，因此大家普遍认为农业是个低层次的行业。而在发达国家，农业却是高科技含量最高的产业，只有高素质人才才能从事。其次，各级农业分管机构对农业信息化和农业科技创新等方面的巨大认知差异，导致农业物联网，抑或是农业信息化的推广和普及变得举步维艰。

因此，徐珍玉认为，农业现代化的最大挑战是观念的更新和知识的培训。为此，朗坤首先要像传教士一样，先做布道者，不断去宣传农业物联网，从而让更多的人接触它，了解它。其次，为了让更多人对物联网给农业带来的科技力量，有更深入的了解和切身体验，在宣讲的同时，还必须要有实例。此时，朗坤又变身成为了农业物联网的践行者。

而成为农业物联网行业的领航者，是徐珍玉的梦想。"希望朗坤从理念到标准制定、技术研发，再到企业规模等，都能成为行业的翘楚。"徐珍玉认为这种互联网农业小镇的模式，可以从根本上解决"三农"问题，而不是像以前的农业信息化，只是在解决农业的问题，却忽略了农村和农民的问题。可以说徐珍玉已经阶段性地实现了他的梦想，不过用他的话说，这是他用两三个亿砸出来的。

采访结束，徐珍玉告诉我：今天"互联网农业小镇"的兴起只是"三农"创新发展的一小步，未来或许是中国"三农"变革的一大步。听着他那爽朗的笑声，我突然明白了眼前这个徽州儒商的所作所为，明白了他办公室悬挂的"朗照生命 感召自然"这八个字的深刻意蕴。

• 2016 年"两会"报纸整版对朗坤互联网小镇项目的报道

• 徐珍玉采访视频

5

重构人与建筑的交互方式

贺建海

中国人民大学社会学系研究生学历、法学硕士。2000—2013 年分别在清华同方、曙光、联想等高性能计算事业部工作。2013 年 4 月加入北京北龙超级云计算有限责任公司／北京超级云计算中心任副总经理／执行总经理，负责公司运营。兼任中国计算机学会高性能计算专业委员会委员、中关村虚拟现实产业协会理事、中关村云计算产业联盟理事，以及中国大数据应用创新联盟专委等。

2016 年 3 月的一个周六上午，我们对北京北龙超级云计算有限责任公司（以下简称北龙超云）的副总经理，也是北龙超云的实际负责人贺建海进行了第二次采访。北龙超云是一家有着国资背景的企业，经过了四五年的运营，逐渐摸清了未来的发展方向。按照规划，它最终将成为一家用"超级云计算＋物联网＋大数据分析"业务为核心的技术型公司。

● 北龙贺建海

北龙超云——国内首个商用超算中心的运营者

北京北龙超级云计算有限责任公司成立于 2011 年 8 月，是为落实《北京市人民政府中国科学院共建北京超级云计算中心战略合作协议》中关于成立北京超级云计算中心运营服务公司的具体要求，由北京中科北龙科技有限责任公司、联想（北京）有限公司、曙光信息产业股份有限公司，以及北京沉圣达投资有限公司等 9 家企业及自然人股东联合出资成立。

作为北京超级云计算中心的运营服务实体及中国科学院计算机网络信息中心的控股公司，北龙超云全面承担了北京超级云计算中心的运营任务，并代理了中科院超级计算中心（中国国家网格运行管理中心、北方主节点）的服务及产品，以致力于建设覆盖全国的超级计算云服务平台，并逐步成长为国家超级云计算中心。

• 北京超级云计算中心启动会

怀着让超级云计算从服务科研到服务社会的理念，2012 年，基于该超级云计算中心，北龙超云开发出了一套 SCP 超级云计算平台。相对于普通云计算平台的分布式的文件系统，或者网络系统，北龙超云的 SCP 超级云计算平台主要针对计算密集型的工作提供云服务。

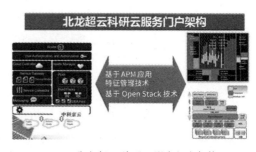

• 北龙超云科研云服务门户架构

在系统架构上，SCP 的软件模块主要包括 SCPEYE 监控系统和 SCPPortal。通过 SCPPortal，用户能够将相关应用的计算资源连接起来，并为该应用可使用的计算资源提供可选择的 Web 式列表。同时，SCP 对底部资源进行了抽象，使资源可以随意扩充、添加、删除，以及移动。因而，用户在提交计算任务时，不必关注具体的 HPC 软硬件资源，系统会自动选择一个最优资源进行调度。并且 SCP 支持异构的、跨地域的 HPC，所以资源的变更不会影响用户的计算任务。总体来说，SCP 可以帮助用户把资源整合起来，把整个交易环境和使用环境结合起来，力求在最短的时间内完成整个任务，以达到资源整合调度、交易管理、灵活的系统管理，以及易用的平台操作，同时也支持 HPC，大数据等应用的运行。

截至 2015 年年底，北京超级云计算中心服务平台已经面向科学研究、工业设计、文化创意、生物医药与能源环境等领域提供即时服务 6000 多万 CPU 小时，服务机构数 400 多个，已封装超级云计算应用 80 多个，形成了超级云计算的服务环境，达到了资源整合与共享使用以提高资源利用率的目的。同时它已经具备了从基础资源提供到行业平台建设及行业应用软件研发的全面解决方案。也就是说，北龙超云在超级云计算服务领域有了一个良好的开端。

2014 年 6 月，北京超级云计算中心的新一代超级计算机"元"上线，并同时正式对外启用。"元"系统融合了多种计算资源，包括 NUMA 架构大内存节点、Nvidia GPU 高性能加速处理器、远程可视化节点及基于龙芯、申威国产 CPU 的异构环境，以适应多学科的应用需求，目前其已经达到每秒 1000 多万亿次。根据未来应用需求，"元"将逐步建成每秒万万亿次的超级计算机。作为超级计算和云计算的创新结合，"元"在超级云计算的商业领域将起到领导性和示范性作用，同时也将对 HPC 行业、云计算行业形成巨大的助推力量。

基础设施逐渐完备，发力"上层建筑"

贺建海表示，无论超算中心的基础设施及服务能力有多强，若没有上层应用，其也都难有用武之地。因此，自 2013 年起，北龙超云就开始不断挖掘上层应用，或者探索以计算为核心的应用服务，比如科学计算的程序优化、性能优化等，以及一些定制化的应用开发服务。更是根据具体应用需求，推出了一系列物联网解决方案和云计算解决方案，在航空航天、工业制造、生物医药、石油石化、新型材料、文化创意、气候环境和金融工程等领域都有广泛应用。

在此期间，北龙超云积极布局云计算与物联网的结合，推出了一系列万物互联、智能防伪等应用解决方案。在万物互联方案中，北龙超云与国家物联网标识管理公共服务平台携手，将物联网产业的发展与应用深入到产业中去，为传统产业的互联网化、物联网化提供全套的解决方案及服务；在智能防伪解决方案中，北龙超云通过物联网技术实现物物相连，以及信息的感知、传输、处理和应用。采用物联网技术中的防伪技术，将商品端的防伪信息加密存储在防伪媒介中（如二维码、射频识别卡），同时将商品信息存储在远程云计算平台上的商品数据库中。用户只要通过信息读取设备（手机、射频识别卡读写器等）读取防伪信息，并通过网络传输（如互联网、移动通信网等）与商品数据库中的数据进行比对，便可得出防伪认证结果。

在科研大数据挖掘方面，北龙超云也进行了积极的探索，目前已经可以提供三个层面的服务：1) web 数据可视化分析，包括分析网络关键词的搜索或关注度的趋势分布、站点之间链接的指向关系和强弱、展示网络关键词的地域分布，以及分析用户点击转换关系及强弱等。2) 科学数据可视化方案，通过多屏显示墙，将复杂的数据以图形 / 图像的形式在高度沉浸感的显示环境中实时地展现出来。该多屏显示墙可视化系统在地理、化学、天文和医学等领域的分子结构显示、OpenGL 应用、高分辨率图形拼接显示，以及流媒体显示等方面均有广泛的应用。此外，北龙超云还针对具体行业的需求，开发出了"高分辨率地理航拍图像显示""台风云娜模拟视频显示""高分辨率天文图像拼接显示"和"禽流感病毒的三维分子结构显示"等产品。3) 三维远程可视化方案，通过 VNC (Virtual Network Computer) +CVT (Cloud Visualization Tool) 模块实现远程数据的可视化。此方案无需下载计算结果数据，通过本地机器即可调用安装在远程图形工作站上的图形显示软件，并利用可视化服务器的高性能硬件，实现数据的远程交互式可视化分析。在这种架构下，用户的客户端可以不需要高端的图形工作站，耗费资源的可视化处理与绘制都在远程高性能的服务器上完成，可视化渲染后的图片也能够及时地返回到客户端。

不过贺建海透露，2013 年开始把业务重心调整到应用服务层面后，北龙超云就开始考虑业务聚焦，也就是说，希望专注于一个领域去提供应用服务，而不是一直提供定制化，或者项目型的应用解决方案，尤其是 2014 年过后，这种想法越来越强烈，以至于 2015 年，北龙超云进行了一次较大的转型。

应用聚焦，人与建筑的沟通方式或被改变

2015 年下半年，北龙超云看到了云服务平台和建筑物、园区、城市的运维服务结合的机会，于是集中精力在这个领域发力，于 2015 年年底推出了"中科京云 JCloud"云计算平台，同时又投入了智慧运维云平台的开发。贺建海透露，该智慧运维云平台将

于 2016 年中旬推向市场。

中科京云 JCloud 平台目前已经可以提供 IaaS/SaaS 云计算服务，在系统架构和应用需求之间具备极高的弹性。同时，超高性能的计算系统可以承载诸多高端行业用户的需求，比如星系模拟、基因检测、航空器设计等领域。

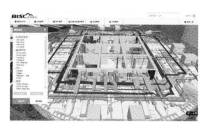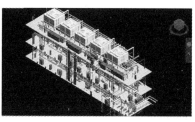

● 智慧运维云平台系统模型

交流中，明显感觉到，贺建海把较多的介绍都放在了北龙超云正在开发的建筑智慧运维平台上，可以看出他对该平台的异常重视。那么这个平台到底能解决什么问题呢？

据贺建海介绍，该智慧运维系统基于 BIM 模型的物联网技术应用，可以实现建筑物的三维可视化信息模型管理目标，同时还给建筑物的所有组件和设备赋予了感知能力和生命力，从而让建筑物的运行维护实现精细化、智能化、自动化。此外，它还可以将建筑物内的所有资产、设备进行管控，并通过大数据、云计算等相关技术，实现建筑全生命周期的人财物协同、应急管理及节能降耗的运营目标。该系统集物联网技术、BIM 技术、GIS 技术，以及 VR 技术于一体，可以实现"一张图管理"建筑、园区、城市的目标。

"过去我们讲智能建筑的时候，通常是指它的门禁系统、安防系统等可以联网、可以交互、可以远程控制等，这些都是基于 IT 来实现的。我们正在做的平台，首先是让建筑本身实现信息化、可视化，比如看到一堵墙，通过我们智慧运维平台上的三维模型，可以看到它的真实信息，比如长宽高、材质、承重属性和力学属性等。然后可以把墙上的一些传感器、检测系统，以及基建设备等的接口，整合在这个运维平台上。这样的话，当运维人员通过监控或者监测设备看到一些事故，或者故障发生后，就能够更加精准地采取一些措施。于此同时，如果发生了消防事故、安防事故以后，外围的人员，只要有访问权限，就都可以看到现场的实际情况。"贺建海如此解释道。

不过贺建海同时表示，北龙超云想要做到的不只是在事故或者故障发生后，才为运维机构提供服务支持，而是希望能够提供故障或者事故预警。"比如大楼里的消防喷头，可能这幢楼建完十年了，一次都没有用过。假如突然发生事故，谁知道这个东西还是否好用？"因此，北龙超云投入了开发智慧建筑运维平台，还希望能够对类似这样的设备进行监测，以实时了解设备的运行状态。"如果发现哪个设备出现问题，可以及时进行维修或者更换。"

但是，建筑信息化只是北龙超云智慧运维平台所希望达到的最基础层面，或者说是北龙超云切入智能运维的入口。在这个层面落地以后，北龙超云希望能够逐步整合更多的应用进来，比如首先是建筑内的设备运维层面的管理，比如能源设备、空气设备、安防设备、消防设备，以及办公设备等；之后就可以进一步延伸到服务层面，像能耗管理——没人的时候就把灯关掉等；空气管理——自动调节室内温度等；设备定位——尤其是对一些危险设备，一旦位置移动了就会进行报警，乃至人员定位，以及建筑周边的停车管理等。并且，"这个系统不仅可以支持地面建筑，还可以支持地下建筑，比如地下管网。"

当然，这些都建立在建筑可视化的基础之上，所以贺建海说，目前北龙超云正在开发的可以称之为"智慧运维 1.0"，其就是在建筑的建模阶段，先实现建筑的信息化。未来，这个系统将成为以一个应用进行扩展的平台。这个平台完成后，他们可以在上面不断叠加一些应用。同时，对一些本来就在提供相关应用服务的企业或机构来说，可以把北龙超云的智慧运维平台作为一个工具，让他们的应用发挥更大的作用。

"智慧运维系统的主要创新点在于将物联网技术、BIM 技术及 VR 技术进行充分融合，并运用到智慧运维工作中。未来还将实现'现实＋虚拟现实'的交互体验，使其能够在智慧控制、智慧能源、智慧应急等具体应用中发挥巨大的作用。"贺建海表示，类似于北龙超云的智慧运维系统这样的完整智慧运维服务平台，目前国内尚无先例。不过自 2014 年起，住建部力推 BIM 技术在设计、施工阶段的应用，要求 2 万平方米以上的公用建筑必须使用 BIM 技术后，北龙超云的智慧运维系统在此大趋势下，已经实现了 BIM 动态环境，并为北京市超级云计算中心、中科院智慧后勤系统等提供了必要的技术支撑。

同时，北龙超云的智慧运维系统在立项之初就与中建交通建设集团、中铁电器化院、中建一局等建设领域的强势企业合作，以谋求在地铁、港口、综合地下管廊、城市公用事业及商业地产方面的应用。2016 年年初，北龙超云已经与中建一局签署了华北第一个综合地下管廊示范项目——天津中新生态城综合地下管廊项目的合同，负责其中 BIM 设计及后期运维系统的研发工作。在智慧港口方面，它前期参与了江苏某市的智慧港口安全监管平台的需求设计及项目论证。由于 2015 年 8 月 12 日天津港爆炸事故的原因，同类项目及市场的需求已经非常明确，就是需要更加直观、有效的管理手段，来确保安全生产。在技术层面，得益于中国科学院相关研究所在物联网技术及大数据分析方面的积累，可以很好地帮助北龙超云的智慧运维系统实现物联网应用的落地，以在目标市场中取得先发优势。总体来看，实现城市综合管理的"自动化、智能化、精细化与智慧化"是必然趋势，北龙超云的智慧运维系统正是基于这个目标来提供更加先进、更加有效的管理手段。

如果这个平台的开发与发展顺利，那么未来建筑的存在方式将有可能发生改变。当每一堵墙、每一条管线都是"透明可视"的时候，人们对建筑的了解将达到前所未有的深度，相应地，对它的掌控力也将更强。不过贺建海自己也认为，搭建这个平台的难度很大。当然，他坚信北龙超云的团队有这样的实力。

● 贺建海采访视频

6

从系统集成到物联网
差一个思维模式

林正峰

1978 年 8 月出生，籍贯浙江省。毕业于合肥工业大学，电子技术专业。上海万物通物联网技术有限公司创始人之一，现任总经理。15 年互联网行业经验，8 年物联网行业经验。精通大型网络规划和运营。拥有敏锐的行业需求分析能力和较强的业务规划能力。对互联网新经济有着深刻理解，善于创新。对带领技术团队有丰富的经验，擅于激励团队，拥有很强的执行力，擅长新兴市场的突破推广。

2000 年在合肥万户网络有限公司工作；2001 年在 City Network Inc.（Amex：CSN）工作，任技术部经理；2006 年 11 月创立上海数传信息科技有限公司，任董事常务副总经理；2011 年 7 月起在上海万物通物联网技术有限公司，现任总经理。

最初是怎么接触到上海万物通物联网技术有限公司（以下简称万物通）的，印象已经不那么深刻了，但是让我记忆犹新的是，当初看到其公司名字中"物联网"这三个字时，内心的触动。当时是 2012 年年初，我们刚刚创办了《物联网与云计算》杂志，所以物联网这几个字对我们来说

● 林正峰受访照

就是"敏感词汇"。看到一个企业介绍中包含"物联网"三个字，我们都相当激动，更别说企业名称中就包含着我们的"探寻"对象了。因此，2012年，我们首次采访了万物通的总经理林正峰。此后，虽然一直有轻浅的交流，也能感觉到万物通这几年的一些变化，但是，直到2016年年初的再次采访，才真正了解到万物通这几年发生的"巨变"。用林正峰自己的话讲，就是万物通的发展历程，可谓是中国物联网产业发展的缩影。

2009—2012 年，以无线传输为基础的系统集成

万物通注册于2011年，但其实这个团队成立得更早，应该是在2008年。当时的公司名称是上海数传信息科技有限公司，主要做基于Zigbee的无线传输产品。林正峰说，当时他们主要是想用这种无线传输的设备代替工业领域的控制线缆，因为那时候比较流行的是工业总线，"比如安装一个温度传感器要布线，安装一个LED屏要在地上挖条沟"，所以万物通成立之初便希望通过低功耗的无线传输设备，来解决这样的问题。不过当时只是以提供标准化产品为主。2009年，万物通进行了第一次转型，从产品生产商变为物联网解决方案供应商。

那个时候，因为做无线传输设备的企业并不多，所以万物通虽然规模不大，但是已经可以号称是该领域的领航者之一。"因此，2009年，很多客户都主动上门求合作，"林正峰说，"如果将当时被服务的行业进行细分，万物通至少服务过四五十个行业。"不过，其中对万物通接下来的发展产生了较大影响的领域是金矿行业。

万物通在服务金矿领域企业的时候，发现他们从来都不是单一需求，"既要解决人员定位的问题，又要解决车辆定位的问题，还有交通信号控制的问题等等，"林正峰说，"当时因为看到矿山的这些需求，所以决定将自己的业务再向下游延伸一步，提供基于无线传输的系统集成服务。"此后，万物通就成为了专注于矿山，以无线传输为基础，以定位服务为核心的物联网行业解决方案供应商。这项业务一直延续到2014年，并且在此期间，万物通还将同样的系统集成服务复制到了居家养老和监狱管理等领域。当时，万物通对自己的定位是一家物联网企业。

● 金矿无线传输系统成功应用

回想过去几年的发展历程，林正峰说，他觉得从 2009 年到 2012 年这个阶段，大部分企业，以及从业者都把系统集成，或者是数据采集等业务理解成物联网；大概是在 2012 年以后，很多企业才开始逐渐理解到底什么是物联网，万物通也不例外。不过真正引发万物通去深入思考"什么是物联网"的，是其从 2013 年到 2014 年间冰火两重天的经历。

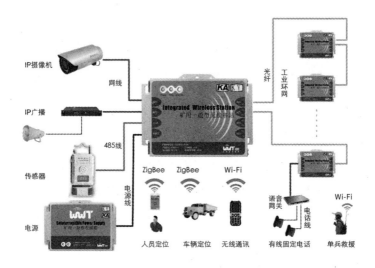

• 矿山系统架构图

2013—2014 年，冰火两重天引发转型思考

2013 年，在国家政策的推动下，矿山的信息化需求达到了鼎盛时期。林正峰回忆当时的状况说："主动打电话上门的业务，我们都不一定有时间做。"为了应对如此迅猛的市场需求，万物通的团队从 2012 年的 20 多人，一下子膨胀到将近 100 人。

但好景不长，到了 2014 年，受整个经济环境的影响，矿山企业的整体效益下滑，继而在信息化方面的投入大幅缩减，万物通的局面因此而急转直下。虽然当时业务还拓展到了智慧养老、监狱管理等领域，但是作为培育方向，对企业的收益增长并无过多帮助。因此，林正峰说，这一年万物通做出了痛苦的转型决定，比如通过裁人控制公司的现金流正常运转等。并透露曾于 2014 年下半年先后两次，将百十来人的团队又压缩回 20 多人。

• 2013 年万物通员工合影

正是在这个过程中，让万物通重新认识了物联网，或者说对物联网有了新的理解。"从 2013 年年底到 2014 年一整年，其实我们都在思考到底什么是物联网，一家物联网企业到底应该做什么。当时我们看到产业链里面，不管是在哪个应用领域，每个环节都自成一体，做传感器的做传感器；做系统集成的做系统集成；做数据挖掘的做数据挖掘，从而导致缺乏一个平台化的东西。所谓的平台化，就是说能把孤岛模式的信息化服务整合在一起，为用户提供一个综合服务，比如生产线上采集到的数据，如何跟企业的自动化办公对接，如何去跟市场销售提供支持；同样，市场反馈回来的数据，能不能直接与生产和管理系统联动，而不是像以前一样，各个部门的数据各自掌握，要通过人为的方式将数据对接在一起，"林正峰说，"其实 2013 年万物通在做系统集成服务的时候，就已经逐渐意识到这样一些问题，并且曾跟用户提出，要搭建一个系统化的平台，但是用户的意识并没有达到这样的程度。"

2014 年下半年，万物通下定决心进行转型，不过真正落实已是 2015 年。林正峰说，当时他们考虑了很多领域，并在居家养老、智慧安监，以及公共定位平台等领域都进行了实际的运营尝试，经过七八个月的验证以后，最终选择了智慧安监和公共定位平台两个领域作为接下来的重点发展方向。

• 2016 年的万物通办公场景

2015 年，从做项目到卖服务

2015 年转型之后，万物通的定位就是聚焦于智慧安监和公共定位平台领域的物联网服务运营商。

所谓智慧安监，就是为政府提供的一个针对企业安全生产的监管平台。"每一级政府都有一个针对企业安全生产的监管部门。过去安监部门的工作模式是每个礼拜走访几家企业。这个过程不仅耗费人力，而且不一定能够真正了解到问题，比如有些企业提前得到通知，本来生产不规范的地方，在检查的时候可以停掉。同时，如果是一些企业少的地区还比较简单，但是像北上广深、江浙一代，一个区县可能都有十几万个企业，就很难一一排查。"林正峰说到。因此，万物通就搭建了一个智慧安监平台，然后前端在企业里安装一些监控和数据采集设备，这些设备会自动的把信息传输到该平台上；之后，万物通又根据安监部门对安全生产的考核指标，在平台上部署了各种数据模型；再之后，又在平台上部署了一套分级别的数据分发系统，比如针对什么样类型的事件，哪些级别的人员可以查看或者处理等。并且，该平台不管是软件端，还是硬件端都是可以弹性扩展的，不会出现因企业数量的大幅变化，致使整套系统作废的情况发生。

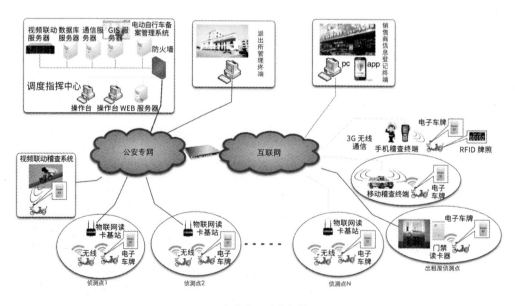

● 智慧安监系统架构图

通过这样一个系统化的平台，不仅极大地提高了政府安监部门的工作效率，弥补了工作漏洞，而且对企业也起到了很好的督促作用。与此同时，万物通摒弃了传统的按项目付费的模式，采取了按需付费的模式。

2015 年，浙江省长兴县成为了万物通智慧安监平台的首个用户，并且该平台成为了全国第一个落地的智慧安监平台。在此期间，万物通也引起了一些资本机构的关注。林正峰表示，这一次从公司内部到市场的状态，与以往相比都有非常大的改变。

同时，万物通的物联网公共定位平台，目前主要是通过对各个城市的电动自行车进行定位，来服务于交通部门对这一类车辆的监管，以及公安部门对车辆安全的监管和控制。在此基础上，整合一些传感设备，对电动车的行车参数，或者说运行参数进行采集，从而为车主提供服务。林正峰透露，"这个平台服务也已经有了好几个有意向的城市，一两个月内就会有项目落地。"

至此，林正峰表示，未来的两三年，万物通会以智慧安监和物联网公共定位平台的运营为主，同时对原有矿山的业务进行升级，而在监狱和养老方面的业务则彻底放弃。据林正峰估计，哪怕智慧安监平台只有两三个地方政府用户，业务量也是很庞大的，所以他们一是希望业务不断聚焦；二是希望在这样的过程中将平台不断优化，比如现在虽然万物通的安监平台都是部署在云端，但是在使用层面，各个用户之间还是孤立的，那么未来是否有可能完全打通，都是万物通需要考虑的问题。

物联网不仅是技术变革，更是思维方式的变革

在林正峰看来，物联网经过这么多年的发展，在技术上已经不存在太大的漏洞。因此，对于物联网从业者来说，当前需要考虑的是，如何让物联网技术改变用户传统的运营和管理模式。以前用户获取信息的手段是通过人工，并且数据是片面的；现在通过物联网这个工具，用户可以实时地、自动化地获取全面的数据。因此，对用户来讲，工作模式会发生极大地改变。要促成这种改变的发生，首先要改变的是用户的思维模式。林正峰说："这些才是目前影响物联网产业发展的最突出问题。"

而万物通作为物联网服务的供应商，更应该首先做出表率。为此，林正峰说："以前万物通是项目型的公司。项目交付后，跟这个用户的合作基本就结束了，之后若系统不出现问题，则跟用户基本上就很少再有交集；而现在我们成了服务型的公司，即使项目完工了，也要 7×24 小时的服务在线，从而保证系统的正常运转，以及实时的无线更新、漏

洞修复等。这就要求我们从研发到市场，甚至是宣传推广都要进行'思路转型'，比如顶层设计，就要从项目型的思维转变为平台化的思维。以前考虑系统要 5 年、10 年都不会报废；现在要考虑平台的可扩展性。另外在执行层面，要考虑如何面对突发事件的发生。此外对市场来说，以前只需面对客户；现在则要整合各方资源，比如要对接企业、对接各种第三方应用开发商，以及各个政府部门等，因为虽然现在我们只是为政府的安监部门做一个监管平台，但是它可能需要跟消防、安防，深圳民政、教育等部门对接。"

• 万物通获奖证书

说到这些，林正峰表示，现在提供物联网服务，技术虽然是必备的基础，但只是敲门砖，更多的是运营管理等方面的思维要改变，这就对整个团队的优化提出了比较高的要求。只有当自己的思维模式达到一定高度之后，才能够去引导用户，让他们的思维和工作方式发生根本性地变化。"如果用户的思维方式和工作方法不改变，平台做得再好，也不能发挥作用。"林正峰如是说。

谈及过去几年的发展历程，林正峰说，在 2012 年，考虑的是发展方向问题。到 2016 年，方向已经基本清晰，这时如何把产品做好，如何帮助用户解决实际问题成为了万物通的第一要务。"物联网化是产业发展的必然趋势，而万物通希望能够成为企业安全生产和城市公共定位平台领域物联网化的推动者，或者至少是推动者里面的一员。"

• 林正峰采访视频

7

行走于转折时代的第四方物流

朱伟

就读于中国人民大学—马来西亚科技大学，工商管理专业博士；高级物流师、机械工程师职称；国家信息技术紧缺人才，入选国家专业人才库。曾在北方兵器工业总公司所辖的国营军工河南英威东风机械制造有限公司、华润励致集团、美国艾默生电器其信有限公司、珠海优特电力科技股份有限公司、深圳市佳捷现代物流有限公司，以及深圳华力士物联网科技有限公司工作过。主要研究成果有：《深圳市民营中小型物流企业技术创新战略研究论文》《Halis 智慧物流模型》《物流云平台》《811 考核法》《绩效云办公平台》等创新性的企业管理方法与技术。拥有多项发明专利和著作权。《华力士智慧发货操作系统》获得了中国物流学会评定的优秀项目三等奖；《基于云技术的 Halis 物流云公共服务平台》项目获得深圳市战略新兴产业发展专项资金的资助。

2016 年年初在对一批物联网企业的集中走访中，深圳华力士物联网科技有限公司（以下简称华力士）创始人兼 CEO 朱伟的一段话，让我印象颇为深刻。这段话既不是人生感言，也不是心灵鸡汤，而是他对物流新形态的一个设想。他说，想基于真实的物流，开发一款游戏，然后让真实世界和虚拟世界联动。"比如每一个真实的车主，在游戏中都有一个小号。如果真实车主工作努力，得到的好评多，就能够帮助他的小号快速升级，或者获取道具等；相应地，如果他小号的游戏玩得好，也可以帮助他在现实世界中获得更多的业务机会等。同时，如果他的小号发现自己总是过不了关，是受车主的影响，就可以通过电话等形式督促他。"我其实也算是经常会脑洞大开的人，但还是被他的这个想法惊艳了一下。不过既然有人能想出来，未来有一天这种模式会真正实现就不无可能。当然，今天不是来分享脑洞大开的物联网应用设想的，而是向大家介绍这家行走于互联网和物联网两个时代转折瞬间的第四方物流企业。

何为第四方物流

说起第四方物流，我与其还颇有渊源。记得一位高中同学大学读的是物流管理的相关专业。当时偶尔翻阅他的教材，顿时被书中第三方物流、第四方物流的概念所吸引，所以在毕业实习时，我便选择了一家从事国际货运的公司，结果发现实际操作与书中描绘相去甚远。真正工作后再未踏足物流相关行业。那么到底什么是第四方物流呢？

网络百科上对它比较完整的释义是：1998 年美国埃森哲咨询公司率先提出的，第四方物流 (Fourth party logistics) 是一个供应链的集成商，是供需双方及第三方物流的领导力量。它不是物流的利益方，而是通过拥有的信息技术、整合能力，以及其他资源提供一套完整的供应链解决方案，以此获取一定的利润。它能帮助企业实现降低成本和有效整合资源，并且依靠优秀的第三方物流供应商、技术供应商、管理咨询，以及其他增值服务商，专门为各方提供物流规划、咨询、物流信息系统与供应链管理等活动。第四方物流并不承担实际具体的物流运作活动，只为客户提供独特的和广泛的供应链解决方案。

总结下来就是，第四方物流是为第一方（发货方）、第二方（收货方）和第三方（物流外包服务方）提供整体供应链解决方案服务的。不过早期的第四方物流企业，是以埃森哲为代表的咨询公司。并且第四方物流在中国的真正兴起是在 2009 年以后，得益于 2009 年年初国家出台的十大产业振兴计划，其中物流产业作为唯一的服务业，其规划被提上日程。自此以后，第四方物流产业不仅开始兴盛，而且其业务范围也开始从单一的规划咨询走向信息化系统的实施，出现了很多物流信息化系统集成企业。并且第四方物流的核心"供应链"的概念范畴也从传统的"运输 + 仓储"开始不断外延，比如今天我们可以看到除了运输、仓储以外，供应链还包括信息流、资金流，以及企业生产服务流，也就是说，供应链管理的概念已经从纯粹的物流被放大到整个物质资料的生产过程中，涵盖了生产、分配、交换和消费四大环节。

与此同时，从 2009 年到 2015 年的 7 年间，信息技术产业界相继出现了若干新名词和新概念，包括云计算、物联网、移动互联网、大数据，以及人工智能等。那么这些新的概念或者技术，是否会给第四方物流再带来一次全方位升级的机会呢？我想华力士的第四方物流平台——搜货网或许能够给我们提供一些答案。

搜货网——多属性的物流电商平台

搜货网，是朱伟 2011 年创办的华力士的核心产品。华力士对搜货网的定位是：最专业的 O2O 物流运力交易平台。单看这句话，还是偏专业。起码和它的同行福佑卡车的"专为货主提供稳定、高效发货服务的平台"相比，显得不够接地气。当然，这不是重点。

总体来说，搜货网的第一个标签是物流电商，其服务的主要对象是货主和车主，也就是说，主要为货主和车主提供在线交易的平台。虽然它在本质上和京东、淘宝一样，但是由于交易双方的属性不同，比如都是商业机构，说白了就是一个 B2B 的交易平台。

在京东、淘宝这样的 B2C，或者 C2C 电商平台上，只有卖方在发布自己的产品信息，并且是主动发布，而买方并不需要发布自己的任何信息，当然除了买家秀外；而在搜货网的平台上，货主与车主，也就是买方和卖方都需要注册并发布自己的相关信息，比如货主发布自己的货源信息，车主发布自己的运输能力信息。虽然这看起来与阿里巴巴的国际贸易平台类似，但实则不然。比如在阿里巴巴的国际贸易平台上，虽然买方有时也会发布采购信息，但是总体以卖方发布自己的产品信息为主；而在搜货网上，车主（运力的卖方）肯定会主动发布自己的运输能力信息，但是整个平台的核心却是货主（运力的买方）发布的货源信息。

● 华力士团队聚会照

在搜货网上的交易流程是这样的：货主发布自己的货源信息，比如货品种类、重量、发货地和目的地等；然后车主可以在线竞标，竞标成功的车主在获得订单的同时，还会得到搜货网为其车辆配备的专用标签，类似于 ETC 卡，这样当司机到了货主指定的仓库后，仓库的 ETC 设备就可以自动识别其车辆。车主从仓库取完货，再运输到指定地点的整个过程中，搜货网都会通过电话、GPS 定位等方式进行跟踪，一直到货主的客户签收后，货主在线确认付款。

· 搜货网使用流程图

　　也就是说，搜货网在整个运输的过程中提供的服务链非常长。首先，作为一个电商平台，要让买卖双方愿意使用该平台进行交易。电商这种模式经过了将近 20 年的市场验证，其实已经非常成熟了，但这是在 B2C 和 C2C 领域。在 B2B 领域唯一成功的案例就是类似于阿里巴巴这样的跨国交易平台，而纯粹的国内 B2B 电商交易平台到目前为止，应该尚无成功案例。虽然有一个刚刚上市的所谓 B2B 电商平台——科通芯城，但是其并非纯粹的电商。如果大家了解阿里巴巴，就应该知道其实阿里巴巴的 B2B 交易平台也有国内版，但是直到今天，它的国内贸易板块也只能算是一个企业黄页。并且做过这种国内 B2B 贸易尝试的不止阿里巴巴一家，最终都没有成功。如果一家企业不成功，可以说它不够努力，或者方法不对，但是整个行业都没有人成功，就只能说明这个行业有问题。

　　然而，这并没有影响搜货网这样的第四方物流公司在物流行业进行 B2B 电商的尝试。并且就朱伟的介绍来看，搜货网确实在将用户从线下交易转到线上的过程中付出了巨大的努力，尤其是货主方，比如目前在物流行业，还保持着传统的商业模式。运输公司，即车主方的销售，一般都是上门找货主，做方案，竞标。换句话说，就是纯线下的方式。朱伟在交流中介绍说，搜货网也会通过竞标的方式，去获取一些规模比较大的直接货主，或者实力比较强的物流公司的货源，然后邀请他们将货源发布在搜货网平台上，从而实现车主的在线竞标。

　　谈到这些，朱伟说："搜货网在争取货源方面遇到过很多问题。一是利益链，二是管理问题。因为搜货网平台上的货主以第三方物流公司居多，这些企业的业务都是正常运转的，只是业务模式比较传统，或者自己有一套信息化管理系统，所以当我们突然跑去跟人家讲，让他们把货源信息放到我们的平台上时，不是说这家企业的老板，或者某一个人同意了就行，任何一个环节对这件事不认可，都可能影响合作。并且整个物流行业的从业人员，其知识水平和对信息科技的认知水平都相对偏低。如果他们从理念上不认可这件事，就很难实施。"因此这个时候，华力士又变身成为了一个咨询服务机构，为这些物流公司，或者货主的管理层，提供从组织架构到人力资源，再到信息化系统的管理咨询服务。"首先让他们从理念上认可这种新的物流信息化方式，然后再从数据上让他们看到使用新手段带来的实际效益，之后可能还要帮他们重构内部的管理信息化系统。"朱伟的一番话，道出了成长为一个优秀 B2B 电商平台的不易。

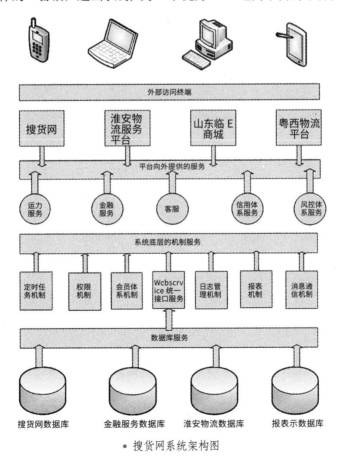

• 搜货网系统架构图

而在实操层面，使用搜货网平台的不论是货主方的管理人员也好、执行人员也好，还是车主方的管理人员也好、司机也好，都可以通过 PC 端的网站、手机端的 App、微信公众号等端口登陆搜货网，并使用其在线服务。换句话说，在应用层面，搜货网同时具备了互联网，以及移动互联网的属性。

此外在技术架构上，搜货网又同时具备了云计算和大数据的属性。所谓云计算，也就是说，搜货网的后台采用云架构，并且所有的业务逻辑和流程都部署在服务器端（可能是虚拟服务器），前端只是浏览页面，所以才能够同时满足 PC 端和移动端的流畅切换与快速浏览。至于大数据，可能未来会成为所有企业的核心资源，所以作为相当有前瞻性的搜货网掌门人朱伟，必定不会放过在大数据层面的布局。另外，据朱伟透露，目前华力士不仅专门设立了大数据技术与服务部门，而且搜货网也已经开始基于大数据应用为用户提供了很多增值服务，"比如一些路线规划服务、定价服务等，都是通过大数据分析出来的。"并且华力士的股东几乎全部是物流公司。虽然这些物流公司股东都不参与华力士的日常管理，但是有些就会提出要和他们共享数据的条件，所以也就是说，其实华力士未来会提供很多基于大数据的服务。

整体来看，搜货网的根本属性是物联网，因为其平台的架构体系与物联网的技术路径不谋而合。在感知层，搜货网通过移动终端及一些数据采集卡可以随时掌握车主的信息和车辆的运行状态，以及连接仓库的门禁设备情况等；在传输层，使用公网就不必说了；在数据处理层，比如直接抓取货主仓库中的货物数据，并通过数据计算决定车辆的分配，以及前面提到的路线规划、定价服务等；在应用服务层，为用户提供便捷的在线交易工具，以及各种增值服务等。总的来说，在两个时代转折的瞬间，以搜货网为代表的平台类信息化服务供应商都是同时具备多个属性的。在物联网时代，这些属性是会一直并存，还是有些属性会逐渐消亡，而另一些属性不断增强呢？这个问题，大家就见仁见智吧！最后我想说说朱伟这个人。

懂技术、懂行业、懂管理，成就搜货网

很多人都觉得，通过信息技术手段去改变一些行业似乎是一件很简单的事情，比如过去几年，主要的创业力量都集中在这个领域。动辄就有一家企业跳出来说："我要颠覆某某！"虽然它们的方向都没错；想法也很好，但是为什么成功者寥寥呢？因为事实证明颠覆一个产业不是那么容易的事，就像朱伟针对搜货网所说的："不是随

便一家公司就能做成这么一个平台的。"他认为物流行业看起来不够高大上，但是有它自己的门槛和壁垒，因此要将这个行业的运营水平进行升级和优化，需具备三个方面的能力："首先要懂技术，其次要懂这个行业，最后还要懂管理。"朱伟说，他当初之所以敢于进入这个领域，并且经过 5 年的验证，使平台得到认可，是因为他正好具备这三个方面的能力。

这与他的工作和学习经历不无关系。朱伟最早是在珠海优特电力科技股份有限公司从事 IT 工作，期间一直从普通职员做到管理层。之后工作开始比较轻松，用朱伟的话讲是"太过轻松了"，所以 2008 年，他就到深圳读博士。期间在一次海外参观访问活动中，他接触到了欧洲的一个大型第四方物流平台。当时感觉到其在国内应该也有很好的发展前景，所以博士毕业论文便写了一篇《中国中小型物流行业的技术创新战略研究》。博士毕业后，朱伟成为了一家物流公司的职业经理人。在那期间，朱伟将那家原本做传统物流的企业，进行了信息化改革，让它成为了一家高新技术企业，后来还以此上市。

在做物流公司职业经理人期间，朱伟不断意识到自己对实操性的物流公司不感兴趣，并且根据他之前写博士毕业论文时候的调研，坚信未来物流行业一定是第四方物流一统天下。同时在他实际运营物流公司的过程中，发现了物流行业存在的很多问题和弊端，这些问题，当自己身在其中时，是没有办法解决的。"所谓医者不能自医，如果我从中跳出来，换一个方式，或许还能帮助那些实操性的物流企业。"朱伟回忆说，这便是他 2011 年成立华力士，创建搜货网，搭建第四方物流平台的初衷。

朱伟说，在他准备创业的时候，还对物流和物联网怎么结合进行了深入的研究。"我觉得物流是物联网行业很好的应用场景。什么叫物流物联网，我给它的定义就是一种智慧化的物流操作和高端的企业管理行为。从操作上来讲，我们可以用智慧化的设备，但是从运营上来讲，它是隐含了企业管理的。如果说一个物流企业纯粹就是配备一些先进的设备、信息化系统，而思想和理念跟不上，那么先进就只是表面上的。"因此，华力士成立之初，朱伟就带领团队打造了渗透着先进管理理念的 Halis 智慧物流模型，并且基于这些模型，华力士还曾自己定制手持终端、GPS 定位系统等产品。当然，随着产业的发展，移动设备已经非常成熟，所以华力士也不必在硬件这个层面上劳力费神了，"好的产品，我们拿来用就可以了。"

对于华力士这家公司，其实我比较感兴趣的还有一点，就是它的股东结构。华力士的股东，大部分都是第三方物流公司，所以同时也是它的客户。他们用货源，或者用资金来换取华力士的股权。不知道这会不会成为未来企业组织的主流方式，就是以前买卖双方只是简单的供需，或者交易关系，但是以后，当买方的购买量累计到足够大的时候，可以以此换取卖方的股权，然后双方形成高黏度的关系。当然，这种方式在一些大的企业机构中早就存在，但是我的意思是，有可能未来会渗透到更小一点的机构双方，或者直接就是机构与个人之间。当下流行的"众筹"，应该说就是这种方式的雏形，但是未来来衡量股权的方式，或许不仅仅是资金或者货币了。

● 朱伟采访视频

第二章

传感器觉醒，
物联网基石稳固

传感器——人类感官的延伸

张珽

中科院苏州纳米技术与纳米仿生研究所研究员，博士生导师。2007 年取得美国加州大学河滨分校博士学位；担任了全国专业标准化技术委员会委员、中国电子学会敏感技术分会（第四届）气湿敏传感技术专业委员会委员、中国科技大学纳米学院兼职博士生导师、Nature 子刊 Microsystems & Nanoengineering 的第一任编委会成员等学术任职。获得苏州工业园区第七届领军人才、江苏省第一批企业创新岗特聘专家等荣誉称号。多次参加国际国内传感器、纳米技术、印刷电子学术会议并做受邀报告，还担任了 2013年 IEEE-NEMS 国际会议分会主席 (Session Chair) 和 2014 年国际柔性与印刷电子会议（ICFPE2014）分会主席。

　　张珽是中国科学院苏州纳米技术与纳米仿生研究所研究员，博士生导师，于 2014年 3 月带领团队成功研制出国际先进的新型人造仿生电子皮肤。它是一种基于柔性电子技术、纳米技术和仿生功能原理的高性能柔性纳米传感器件，可实时检测人体各项生理指标，比如脉搏、心率、血压、呼吸、心跳和体温等，故一经问世便引起了业界的强烈反响和关注。其相关成果被《Elsevier》国际著名学术网站亮点报道，并给出了高度评价。同时还被《Phys Org》《Printed Electronics World》

● 张珽

《Nano Werk》《Science Daily》等业内知名网站竞相报道。我国中央电视台《新闻30分》《科技日报》《福布斯》（中文）杂志也专题报道了他们电子皮肤的研究进展。

中国人造仿生电子皮肤第一人

　　翻开张珽的履历，也是相当吸引人：先于南开大学环境科学系获得了学士和硕士学位，而后在美国加州大学（University of California, Riverside）化工和环境工程系化学工程专业获得博士学位。博士毕业后在美国加州 Nanomix 高科技公司工作，任纳米技术科学家。主要从事基于纳米材料的纳米传感器电子器件的制造、表征，功能化，集成化，及其在环境、工业污染控制，以及医疗诊断中的应用。

　　2009 年回国加入中科院后，张珽开始建立研究团队，并专注于微纳智能传感器及智能系统，进行独立技术研究。张珽介绍说，其团队的主要工作内容是围绕一些类似于纳米材料的新材料等进行传感器产品，以及智能制造和微纳制造工艺的研发，同时对所开发的传感器进行相关的应用研究。

• 留学期间的张珽

• 电子皮肤

　　从 2009 年到 2015 年，张珽带领团队在新型纳米敏感材料可控制备、印刷电子和微机电系统（Micro-Electro-Mechanical System, MEMS）制造技术，以及微纳传感器在低成本医疗健康与环境污染物检测中的应用等方面均取得了较大的研究成果，并相继提出了新型柔性微纳传感材料与器件的研究方法，以及高性能 MEMS 微纳环境传感器件的研究方法。此外，他们还基于柔性电子、纳米材料和仿生功能原理研制出了柔性人造仿生电子皮肤、柔性电子耳膜等新型柔性传感器件，实现了我国在生物传感器领域的一次重大突破。同时，通过自上而下的高精度 MEMS 硅基传感芯片的设计与批量化制备技术，和自下而上的纳米敏感材料合成与功能化调控的有机结合，实现了高灵敏度、高选择性微纳化学传感器件的研制与批量化制备。这些研究成果贯穿了材料、制备方法、器件和系统的完整创新价值链，为微纳传感信息器件设计、制造及应用提供了新的研究思路。

2013 年，张珽联合海归专家成立了苏州能斯达电子科技有限公司。同年引入了国内传感器领域上市公司——汉威电子的战略投资，开始将团队的研究成果进行产业化转化。2016 年 4 月，第一款成果转化产品——只有一角硬币 1/10 大小的 MEMS 空气质量传感器正式对外发布，引起了业界，尤其是智能硬件、智能可穿戴设备等新兴领域的广泛关注。

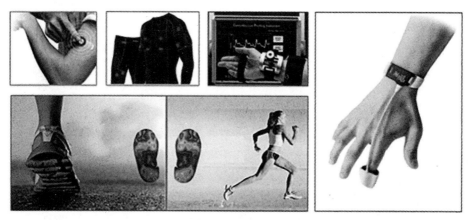

● 电子皮肤各种应用场景

据张珽介绍，早 2014 年就在业界掀起了不小波澜的新型人造仿生电子皮肤，也有望在 2016 年正式进入市场。这款基于纳米智能材料的柔性传感器，其设计原理是结合了具有微纳米结构的柔性基底和高灵敏度的导电纳米材料，利用导电材料受微小压力或触觉引起的电信号变化，来检测人体各项生理指标，比如脉搏、心率、血压、呼吸、心跳、体温、汗渍等，从而实现人体健康状况的实时监测与疾病预警。

张珽希望这款传感器未来能在大健康领域发挥作用。"现在不管是政府，还是产业界，都在提大健康的概念，就是健康管理要前移。以前的健康管理叫治疗，现在的健康管理叫预防、治未病。要实现这种方式的健康管理，就要采集大量的身体信息，这就会对人体生物传感器产生大规模的需求，而柔性电子皮肤因为其特性必将发挥较大的作用，比如贴在胸口，就可以采集心率数据；贴在手腕上，就可以采集脉率数据，再加上我们中医搭脉问诊看的脉象，通过二者的结合便能够了解到 30 多项和健康状况相关的信息；跟衣服结合起来就可以做成智能服装；放在鞋子里就能形成智能跑鞋等。"张珉认为，柔性电子皮肤可能更加贴近下一代智能终端，尤其是可穿戴设备的需求。"因为可穿戴设备要与人体直接交互，首选的交互路径就是通过皮肤。人体的皮肤是比较柔软的，并且需要和其贴合度较好的设备，同时还要尽量让人对它无感，所以这种像人的皮肤一样柔软的纳米仿生传感器就更有机会。"这款传感器的投入使用，将极大地推动智能可穿戴产业的发展。

传感器与物联网的相辅相成

几年前，在一位朋友的推荐下，我读了麦克卢汉的《理解媒介——论人的延伸》一书。虽然这本书并非字字珠玑，并且作者的核心观点也并非我所完全认可的，但这本书却是迄今为止，对我的世界观影响比较大的书籍之一，或者说启发了我对世界观的重新思考，比如作者核心阐述的观点是"媒介即讯息"，却触发了我自己的观点——一切工具与技术都是人的延伸。人类为了让自己的能力不断强大，从古至今，发明了一系列工具，小到钻木取火，大到宇宙飞船。到了近现代，以传感技术、通信技术和计算机技术为代表的信息科技产业的出现，使人类的延伸又达到了前所未有的境界。物联网兴起后，推动整个人类社会进入了智能化时代，传感技术的重要性更是可见一斑。

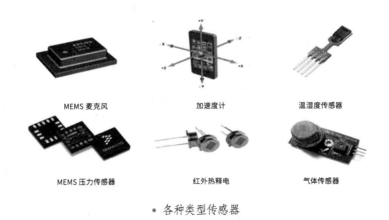

MEMS 麦克风　　　　加速度计　　　　温湿度传感器

MEMS 压力传感器　　　　红外热释电　　　　气体传感器

• 各种类型传感器

　　"传感器就相当于物联网的眼睛、耳朵，它是智能时代的基础。"张珽如是说。不过他同时认为，物联网的兴起与发展"为传感器产业带来了春天"，两者之间的发展是相辅相成的。"大概在 2013 年的时候，美国半导体领域的一些核心人士专门针对智能时代的传感器产业进行了探讨。当时他们提出了一个万亿传感器市场的概念，就是再过10 年左右的时间，全球范围内在用的传感器数量将达到一万亿颗。目前来讲，2015 年全球传感器产业的市场规模达到了 1700 多亿美元，中国应该是在 1300 亿元人民币左右。同时在全球经济低迷的情况下，传感器市场依然保持着每年百分之十几的增长率。"张珽说，这种需求的推动力就来自于物联网引起的各行各业的变革，比如可穿戴设备、智能硬件、人机交互，以及一些传统行业的优化升级等，因为传感器产业的发展来自于应用层的需求驱动。

　　张珽同时表示，如果万亿传感器市场的预期成真，那么在给传感器产业带来机遇的同时，也将带来巨大挑战。"面对如此大的需求量，传感器的制备技术和工业水平等方面都需要革新。"

　　正如张珽所说，传感器的发展很大程度上是由应用层的需求驱动的。同时新材料、新原理、新工艺，以及新的测试方法和制造方法的出现，可能会促进传感器产业的跨越式发展，比如 MEMS 工艺的出现，让传感器可以像芯片那样进行生产制造；可以在更小的体积上制造微型化、低能耗、高精度的传感器阵列，促进多传感器的融合并实现其智能化，从而造就了传感器产业的一次较大跨越。

　　"目前一些新材料、新工艺都开始不断地涌现出来。首先在材料方面，比如说石墨烯、纳米线等纳米材料，都开始在很多层面的传感器上起到引领作用。其次在工艺方面，原来我们是在陶瓷上做一些传感器，可能体件比较大，能耗比较高；现在利用硅工艺，并借助集成电路领域的先进制造技术，可以生产出尺寸非常小的微纳传感器，同时还能达到很低的能耗，并且性能也有很大地提升。此外，印刷技术的发展，尤其是 3D 打印、纳米打印等新兴技术的出现，可以大大降低传感器的投入成本。"张珽认为这些方面的同时进步，势必会引起传感器产业的质变。"再比如说纳米离子、纳米材料，我们拿它们做传感器的敏感层，很多时候是采用自上而下的方法。你可以想象一下，如果自上而下，所有纳米粒子都按照你想象的顺序来排列，那么在微观尺度的条件下能够组成高密度的传感器，这个时候它所带来的改变就不止一点了。"

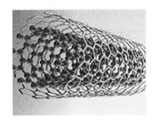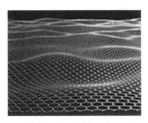

• 传感器新材料、新工艺

张珽同时认为，传感器作为现代信息产业的重要神经触角，是新技术革命和信息社会的重要技术基础，将更加广泛地应用于各行各业。目前世界发达国家都大力布局传感技术产业，中国的传感器市场发展很快，"比如我国 1300 亿元人民币的传感器市场，总共有 5000 多家从事传感器研发与生产的企业，但本土的高端传感器技术与世界发达国家的水平相比，仍存在明显差距，很多核心技术都掌握在国外企业的手里，因此还有较大的提升空间。"不过对此现状，张珽却并不悲观，因为随着国家对传感器产业的重视和物联网产业的快速发展，以及更多掌握传感器核心技术的海归科学家回国创业，我国的传感器产业必将实现飞跃发展。

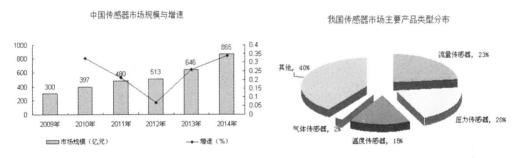

• 中国传感器市场状况和产业现状

世界传感器产业的发展史，可以追溯到 17 世纪初期，温度计的发明及应用。不过，真正意义上的传感器出现于 19 世纪初期，德国物理学家赛贝发明了将温度变成电信号的传感器，即后来的热电偶传感器。而传感器真正发展起来是在 20 世纪初期。中国传感器产业的萌芽阶段应该在 20 世纪的七八十年代，开始发展则在 90 年代末。

由此可以看出，中国传感器产业的整个发展历程至少比国际上晚了半个世纪，但是近些年来，也取得了巨大的进步。随着技术的积累，以及伴随物联网而来的大量需求驱动，这种进步的速度将越来越快。基于中国本土传感器企业小而多的现状，张珽认为"应该进行整合"，以加强国际竞争力。传感器的物联网应用和个性化的医疗管理与服务，将是下一代传感信息产业的重要驱动力。发展柔性化和微型化 MEMS 的新型微纳传感器技术，并在此基础上探索微纳传感器对人体健康、环境的动态实时监测具有重要意义。这是传感器技术与纳米技术交叉研究的前沿，并有望为我国物联网、健康医疗、环境监测等相关产业的战略发展提供有力的支撑。

● 张珽采访视频

9

气体传感器龙头
问鼎物联网生态系统

任红军

1967 年出生，EMBA，高级工程师。历任郑州晶体管厂技术员、工程师、技术部部长，郑州汽车客运总公司下属科达电子厂高级工程师、副厂长，1998 年 9 月设立本公司前身河南汉威电子有限公司，现任河南汉威电子股份有限公司董事长。除公司职务外，任红军先生同时兼任全国气湿敏传感技术专业委员会副主任委员，中国仪器仪表行业协会传感器分会副理事长，河南省总商会副会长，郑州大学物理工程学院兼职硕士研究生导师、化学工程学院硕士指导教师等职务。自创业以来，任红军先生一直怀揣产业报国的梦想，为民族产业崛起而孜孜以求。

2016 年 4 月下旬的一天，在位于河南省郑州市西开发区的汉威工业园中，又一次见到了河南汉威电子股份有限公司（以下简称汉威电子）董事长任红军。在任红军颇有古典风格的办公室里，我们一边喝茶，一边听他讲述了汉威电子近 20 年的发展历程，以及面对物联网浪潮，做出的新改变。

• 任红军

稳坐气体传感器头把交椅二十载

汉威电子由任红军创立于 1998 年。据任红军介绍，在那之前，他先在郑州晶体管厂担任技术员、工程师、技术部部长，后在郑州汽车客运总公司下属科达电子厂任高级工程师、副厂长。后来因为郑州客运总公司转型，没有了电子专业的岗位，他还看了几个月的仓库大门。在这个起起落落的过程中，他意识到自己的专业所好还是电子科技，便决定创业。1998 年 9 月，任红军开始创业做传感器，并且从一开始就坚持走自主研发的道路。

• 汉威电子创立初期团队和工作现场照

1998 年，汉威电子成立的首年便推出了第一颗传感器——MQ-2 天燃气检测传感器。它能够检测可燃气体的泄露，可以用在抽油烟机、家庭燃气泄露报警等方面。这是汉威电子在传感器道路上迈出的第一步，虽然一开始只有一个型号，但是 5 年后，即到 2003 年，汉威电子在气体传感器领域已经占据了行业第一的地位。

当时空气检测是个新市场，且规模并不大，已经做到国内第一的汉威电子，年产值也只有 800 万元人民币。任红军意识到要想获得更大的收益，只能等待市场的成熟，或者新机遇的到来，所以在当时的现实情况下，汉威电子做出了第一次系统化升级，将整体业务开始向传感器的下游延伸，"开始做空气质量监测仪表，就是从核心零件走向了下游的整机。"同时将传感器业务整体剥离出来，并成立了炜盛科技来承载。任红军回忆说，企业优化升级后的第二年，也就是 2004 年，汉威电子的收入就从 800 万元人民币增长到了 2400 万元人民币。到了 2008 年，汉威电子在空气检测仪表领域已位列行业前三。

• 汉威电子第一颗传感器 MQ-2　　　　　• 汉威第一台仪表 GD

　　2009 年，汉威电子在创业板挂牌，成为国内首批在创业板上市的传感器公司之一。在上市前后，汉威电子开始涉足基于空气质量管理的小型系统集成业务。任红军说，这算是汉威电子的第二次优化升级。在此期间，汉威电子还完成了工业安全监测监控系统和燃气管网巡检系统两项系统集成业务。

• 炜盛科技大楼

　　第一次升级，汉威电子从一个传感器零件供应商成长为了一个"零件 + 整机"的双料供应商；第二次升级后，汉威电子不仅能够提供零部件和整机产品，还能够提供解决方案。也就是说，经过十几年的发展后，汉威电子内部已经形成了一个以传感器为核心的生态圈，而且在这个过程中，汉威电子的生命力和承载力也在不断增强。或许正因为如此，才会有 2013 年汉威电子的第三次升级：将内部生态圈外延，打造以传感器为核心的物联网生态系统。这次升级后，不仅汉威电子的产值和市值都得到了前所未有的提升，比如

2015 年，汉威电子的营收达到了近 8 个亿人民币，市值一度冲到 170 多亿元人民币，而且其整个格局与之前相比也不可同日而语了。

汉威电子物联网的一个核心：传感器

虽然第三次升级后，汉威电子会向更加多元化的方向发展，不过任红军在交流中多次强调，汉威电子在物联网产业中的定位是"以传感器为核心的物联网应用解决方案供应商"。首先，汉威电子物联网的发展不会脱离传感器，甚至在短时间之内不会脱离自己所专长的气体传感器相关应用领域，比如 2014 年、2015 年两年，汉威电子锁定的智慧市政、安全生产、环境保护，以及家庭智能与居家健康等领域，都没有脱离汉威电子所熟悉的业务领域。对此，任红军解释说："一是因为物联网是一个新的技术品种，很多行业对它都不甚了解，从而导致不敢用，所以要尽量从自己熟悉的领域开始推广；二是物联网的应用场景太广泛，比如农业物联网，其又可以细分为养殖物联网、种植物联网，另外还有车联网，以及仓储、物流等诸多领域，而且每个细分领域都有它的特点，所以在一些缺乏行业经验和客户基础的领域，汉威电子不会贸然进入。"而汉威电子在其目前布局的几个领域，都有着十年以上的经验积累，"在我们瞄准的这些领域，汉威电子都是国内领先的。"

● 汉威电子上市

其次，既然"以传感器为核心"是汉威电子物联网的特色，而且汉威电子起家于传感器，并且数据采集与感知是物联网的基础，同时，传感器不仅是物联网最重要的一个环节，而且还具有比较高的行业壁垒，就不会被轻易复制，所以汉威电子依然会在传感器层面保持着较高的投入。"不仅我们自己培育了很多新兴的物联网传感器项目，而且通过投资并购的方式也在进行传感器种类的横向整合。"任红军说，在过去的几年间，汉威电子在压力、流量、红外等传感器方面也取得了优异成绩，尤其成为国内少有的几家掌握了 MEMS 传感器技术的公司之一，而且还在 2016 年年初推出了可与国际水平比肩的 MEMS 可燃气体传感器，并透露 2016 年汉威的国际化布局也将拉开序幕。

● 汉威产业园照片

说到这里，任红军表示，国内传感器产业经过几十年的发展，已经取得了很大进步，但是与国外一些先进水平，或者特殊行业应用的传感器相比，还存在着较大差距。因此，汉威电子为了巩固自己在传感器领域的领导地位，不仅自身要做更多的技术储备和铺垫，不断推出具有突破性的传感器产品，同时还要通过技术合作、资本整合等方式，联合外部资源，来弥补自己的不足。为此，任红军表达了自己的宏愿：无论是在技术力量还是在市场版图上，接下来汉威电子将会朝着国际化公司的方向努力。

以传感器应用为核心的横向拓展

2013 年，汉威电子按照自己的新战略开始了新征程。围绕以传感器为核心的宗旨，通过投资、并购、自建团队等方式向物联网运营平台的方向晋级。从 2013 年到 2015 年，汉威电子在前文所述的智慧市政、安全生产、智慧环保、智能家居、智慧健康，以及其本身所专注的传感器等领域，展开了大规模的投资、并购活动。对外投资的企业数量从之前的十几家增长到了近三十家，当然其中包括一部分自建公司。

在智慧市政领域,汉威电子先后收购了基于地理信息技术 (GIS) 平台与数据库系统的综合运营商——沈阳金建数字城市软件有限公司和广东龙泉科技有限公司，以及数据采集与监控（SCADA）系统集成商——鞍山易兴自动化工程有限公司等，并于2015年年初成立了郑州汉威公用事业科技有限公司，从而成为了民营资本进入公用事业的典范。

汉威产业拓展架构图

在安全生产方面，汉威电子在2011年与上海中科高等研究院共同出资设立了上海中威天安公共安全科技有限公司的基础上，又收购了英森电气系统（上海）有限公司，并于2016年更名，成立河南汉威智慧安全科技有限公司。

在环境保护领域，汉威电子先后以控股的方式收购嘉园环保有限公司、河南雪城软件有限公司等，从而成为了在相关领域有一定实力的企业。

同时，汉威电子的布局开始延伸到面向个人消费者市场的智能家居和大健康领域，比如先后投资智能家居开发平台——浙江风向标科技有限公司，以及健康管理工具平台——河南开云信息技术有限公司。同时它还成立了北京威果智能科技有限公司，并推出了智能空气质量检测仪——AirRadio空气电台。

汉威电子在其安身立命之本——传感器层面也进行了很多投资、并购动作：2013年投资苏州能斯达电子科技有限公司，布局生物传感器；2015年成立郑州易度传感技术有限公司，加大在压力传感器、加速度传感器层面的投入力度；2016年年初，汉威电子又收购了从事环境、食品、职业卫生评价以及公共卫生评价等领域检测服务的第三方检测企业——郑州德析检测技术有限公司。据任红军透露，接下来，汉威电子依然会高举投资、并购大旗，围绕传感器的应用领域进行横向拓展。

围绕物联网技术路线的纵向深耕

根据物联网的技术路线图，其整个产业链包括感知层、传输层、数据处理层和应用服务层。而接下来汉威电子的发展也会围绕物联网的技术架构进行全线布局。

传感器作为感知层的基础，是汉威电子安身立命的根本，也是其永久的发展重心。在应用服务层，汉威电子将围绕其既有的传感器应用领域进行不断扩展。"同时，在信息传输层面，也会通过跨界合作，以及产业整合进行完善。在数据处理层，其实就是针对不同行业和领域的 SaaS 应用，我们也在通过自己研发、培育，以及投资、并购等方式来加强这方面的能力。而且我们已经在云端技术和大数据处理技术层面进行布局，因为未来它们将是物联网产业发展的重要支撑。"

总体来讲，任红军认为，物联网是一种系统化解决问题的手段。单一技术，只能说是物联网的组成部分，不能满足其解决问题的需求。因此，从根本上汉威电子希望能够在自己覆盖的领域，搭建一个从感知到应用的完整物联网生态系统平台。对此，任红军说："软件技术和数据处理技术，因为属于轻技术，所以变化比较快，比如给客户开发一套应用软件，如果客户对某些地方不满意，团队回去加个班，一个晚上就可能就改好了。但如果是给客户开发一个物联网终端产品，像智能硬件，倘若对方不满意，那么一个月都不一定能改好。因为涉及的链条太长，比如材料、芯片、工艺等，并且其中很多方面都是跨行业的，牵一发而动全身。况且，这些行业之间本来就存在鸿沟，做传感器的人不一定了解芯片；做芯片的又不了解传感器，所以发展就不会像软件应用那么快。因此，汉威电子之所以要构建物联网生态圈，就是希望能够同时弥补中间的缝隙。如果我们能够同时掌握上、下游，就能很好地进行跨行整合。"

同时，任红军认为，物联网的概念虽然已经提出了很多年，并且在一些行业中的应用也越来越深入，但是整体来讲，物联网的产业应用还处于初期阶段。"以前很多人可能把系统集成当作物联网，但它只能算是物联网的局部应用。因为汉威电子也从事了多年的系统集成业务，所以对此还是有较深刻地理解的。随着近两年汉威电子的技术平台越来越完善，一些完整的物联网应用，或者系统化的解决方案已经落地应用。"但是任红军透露，这个过程并非一帆风顺，因为市场依然存在认知度和认可度方面的问题，比如在智慧水务方面，虽然国内很多自来水公司都是汉威电子的客户，但是没有哪一家敢为天下先，尝试全套的智慧水务系统，一方面投资不菲，另一方面因为没有先例，不能提前预知效果，所以都认为投入风险太大。为了打开局面，汉威电子不惜收购了一家自来水公司来做应用示范。经过半年时间的实施,整套智慧水务系统正式投入运行。之后到该自来水公司参观的同行络绎不绝。当这些自来水公司真实感受到智慧水务系统带来的更低成本、更低能耗、更高效率，以及更好的运营效果后，汉威电子在智慧水务方面的订单也从全国各地飞来。

不过话说回来，寻常小企业何来如此大手笔；而在资本上有如此实力的企业，却并非有同等的技术实力。因此，单从这一点上来看，任红军坚信，有实体产品开发运营经验的企业，在物联网时代的竞争逐鹿中更有优势，一点都不为过。

• MEMS 可燃气体传感器

"产业报国"并非一句口号

打开汉威电子官网上的董事长介绍一栏，在任红军的照片旁边，一句"产业报国是我最大梦想"异常醒目。下面一行小字"我想把汉威电子变成百年企业，真正实现产业报国这个梦想！"我想，要把自己的公司做成百年企业，肯定是每一个企业家的梦想，但目的是为了实现产业报国的，估计就寥寥无几了，所以采访中，我便特意提出了这个问题。而任红军似乎从我一开口就看出了我的疑惑，所以没等我问完就打断了我。

他说，产业报国并不是一个口号，因为每个人的世界观、价值观都不同。"我是觉得一个人活在世上，要做一点有意义的事情，不管是做企业，还是从事其他工作，都是如此。作为企业，首先经济利益是必须追求的，因为要生存、要发展，但同时还要有一些高于经济利益的追求，"任红军说道，"比如在传感器物联网领域，咱们中国应该说具备机会，但是与国际先进水平仍有较大的差距。如果我们能够在这个领域达到国际先进水平，这不仅对解决客户的需求有益，而且对祖国的富强、中华民族的强大、社会的进步等就都会带来促进作用，所以产业报国并非一句空话。"

• 汉威星空-18 家

不得不说，这是一个非常伟大的理想。或许正是有着怀揣这样理想的掌舵人，才使汉威电子在成立将近 20 年后，愈战愈强。三次优化、三次升级，每次改变后都比之前更加强大，更加耀眼。

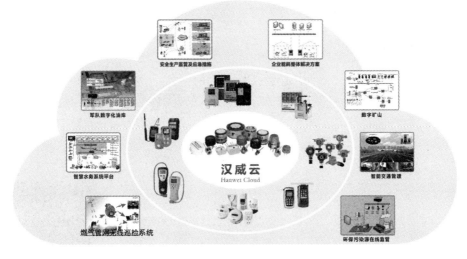

以传感器为核心的物联网，应用于各行业

• 汉威技术路线图

突然想起之前与一名刚加入汉威电子的高管的一番交流。当时他说，任红军是他见过的上市公司老板中，唯一一位几乎不参加任何娱乐活动，不在其他短期收益比较好的领域进行跨界投资，二十年如一日专注于核心业务的。任红军自己也说，他从事的事业正好是自己所喜爱的，"并且今天物联网的出现，不仅让传感器有了更大的发展空间，而且其本身的发展前景也是一片光明，所以一定会更专注。""我觉得一个人一辈子能做好一件事情就很不错了，碰巧还是自己的爱好，同时又有前景，所以一定会专注在这个领域。"

采访的最后，任红军还应我们的要求对当下的创业者提出了发展建议，他首先肯定了大众创业、万众创新的理念，同时给创业者提出了几点建议：首先要有勇气，其次要冷静，再次要选对方向，然后在这个方向上培养自己的核心竞争力，最后就是坚持。

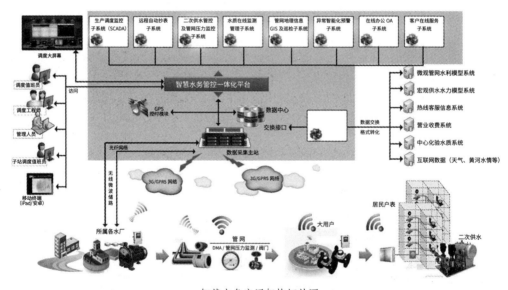

• 智慧水务应用架构拓扑图

• 任红军采访视频

10

传感器供应商向数据服务商的悄然蜕变

刘柏林

刘柏林，工商管理硕士，主要研究方向为仪器仪表传感器，现任职北京昆仑海岸传感技术有限公司总经理职务。积极参与和推进两化融合工作，是《超声波物位计》和《物联网温度变送器规范》两大中国国家标准的主要起草人。

北京昆仑海岸传感技术有限公司（以下简称昆仑海岸）是我进入物联网产业后接触的第一家传感器企业。因为第一次看到昆仑海岸的传感器是在安徽朗坤物联网公司的展厅里，所以先入为主地认为昆仑海岸是专注于为农业物联网提供传感器设备的企业。直到 2016 年，与其创始人兼总经理刘伯林进行深入交流后，才对昆仑海岸有了一个比较全面的了解。

· 刘柏林

历经 16 年，从小作坊到规模化生产

据刘伯林介绍，昆仑海岸成立于 1994 年。创始团队是一群来自中科院的科研人员。由于工作原因，他们经常会用到传感器，并且发现很多科研院在做实验的时候，都必须用到传感器。所以这几个人就一起成立了一间实验室，专门做传感器，而昆仑海岸就是其商业化公司。

由于刘伯林的专业是力学物理，所以昆仑海岸从创始之初，便定位于以"力"为主的传感器研发、生产及应用，包括压力、重力等。

也正是这样的背景，再加上当时的市场环境，在昆仑海岸成立后的十几年间，主要市场都停留在科研院所和高校的层面。由于科研院所和高校的需求是小批量和定制化，所以昆仑海岸便一直徘徊在实验室式的作坊规模。但是在此期间，昆仑海岸的技术实力取得了极大地提升，比如在 2000 年便通过了 ISO9000 认证，"当时能够通过这个认证的企业还是比较少的，尤其是在我们这个不大的行业，这说明我们的产品质量确实是过硬的。"刘伯林说道。而这也成为 2007 年左右昆仑海岸突围出科研院所市场的主要力量。

• 昆仑海岸的资质认证

刘伯林在交流中回忆说，在 2007 年左右，中国的通信业开始高速发展，通信业的主力军如华为、中兴、大唐电信等也随之水涨船高。昆仑海岸也在这个时候成为了华为、中兴的合作伙伴。刘伯林认为这其实是昆仑海岸在过去二十几年的发展历程中最

重要的里程碑之一。"因为以往我们为科研院所提供传感器的方式，属于少量定制的方式，所以公司的发展比较受限。但是跟华为、中兴合作后，它们催促着我们成长为一个可以规模化量产的、产品有良好质量保证的企业，"刘伯林说从那之后，"昆仑海岸就从一个半研究状态的小实验型生产企业，晋升为一个标准化的生产型企业"。

十数年积淀，借物联网腾飞

很多时候，技术的进步与产业的发展是相辅相成的，很难说是产业发展成就了技术进步还是技术进步推动了产业的发展。就像传感器与物联网，随便打开一个网页新闻，都可以看到诸如"物联网时代到来，传感器迎来万亿级市场"的报道。包括与刘伯林的交流中，他也表示2009年物联网概念兴起后，昆仑海岸迎来了第二次跨越，并且明显感受到传感器企业的境遇一下子变好了。

• 昆仑海岸的工程师们在测试传感器

"其实2009年时，很多人并不知道物联网到底是什么。当时的北京市经信委主任就组织了一个物联网学习班，按照当时的物联网架构图邀请各个领域的企业代表去讲课，意在让政府人员学习一下什么是物联网。我们昆仑海岸作为感知层的代表也参与了这次讲座，"刘伯林回想那段经历时感触颇多，"在2009年之前，传感技术这个行业是不被大家认知的，很多人都不知道什么叫传感器、传感器是用来干什么。当2009年物联网概念出现后，大家才意识到它的重要性，原来它是物联网的基础。因为没有传感器，就没有数据来源；没有数据，何谈物联网？！"因此，刘伯林认为对传感器企业来讲，物联网的到来是一个非常好的契机。因为从政府到市场，各个层面都开始重视传感器了，"以往我们从来没有获得过政府的支持，物联网出现后，我们开始得到了一些政府的专项基金扶持，以及一些项目支持，这种变化非常明显。"

当然，物联网给传感器带来的跨越式发展，并不仅仅是政府开始扶持传感器企业，或是市场上出现了更多需要传感器的项目这么简单。刘伯林认为，最重要的是，市场对传感器的要求改变了，"以前更多地是追求单个节点的精度，但是物联网追求的是节点的广度。当测量节点足够多时，对单个节点的精度要求就没那么高了。比如测量一个房间的温度，当只有一个温度计时，它的准确率就很重要；如果放了20只温度计，那么其中一两个有误差，并不会影响我们对整体温度的判断。"这一改变对整个传感器产业的发展具有极大的推动作用。首先，传感器厂商不必把所有精力都放在追求每个传感器的准确上；其次，单位面积对传感器的需求量增加。这将为传感器量带来突破。

• 昆仑海岸传感器的各种应用场景

不过这并不代表市场对传感器的要求降低了，从另一个层面看，反而是更高了。"物联网传感器与传统传感器有着极大的差别。第一，它必须做到小型化；第二，它要低成本、低功耗；第三，它要稳定可靠，就是说虽然不追求 20 只温度计每只都准确，但是也不能有一半或一半以上都不准确。"刘伯林如是说。总体来讲，物联网给传感器带来了前所未有的市场空间。昆仑海岸也从 2009 年开始全面布局物联网，并专注于农业和制造业。据刘伯林透露，在过去的六七年间，昆仑海岸通过合作伙伴，已经服务了一万多家农业用户，包含大田、蔬菜大棚、茶园等，以及众多制造业用户，包括自动化汽车生产线、工业注塑机械、SMT 表贴生产线及 LNG 行业的燃气、气体加气站等领域。比如在一个柔性汽车生产线上，昆仑海岸的振动检测传感器便被安装在汽车生产线焊机的自动机器手臂上，以检测该机器手臂在整个工作过程中的震动幅度，当检测到它的振动超出一定的范围时，就会发出报警，以便及时对其进行调整，否则就有可能造成装配精度不准确。

立足传感器，布局上层数据服务

企业的发展都是基于产业发展的，比如华为、中兴，如果没有电信业的繁荣，它们可能也无法达到今时今日的地位。最近几年传感器企业的发展也是如此。物联网的兴起，不仅推动了传感器本身的跨越式发展，而且带来了人们对数据价值的认知度的提升，从而带动了传感器企业从设备提供商向数据服务商的晋升，比如昆仑海岸。

从刘伯林的介绍中我们了解到，昆仑海岸现在的定位是传感器与数据采集产品供应商，提供的产品除了硬件设备传感器、物联网网关外，还有基于云平台的数据服务。"我们的云平台主要为一些中小企业提供数据服务。比如福建的一个种茶园，采用了我们的传感器，想把茶园的相关数据收集起来。传统的情况下，他们要自己租用服务器，搭建一个机房，或者租用公有云平台的服务。不管采用哪种方式，他们要自己来部署这一套东西，并且还要进行日常运维。但他就是一个茶园的老板，你给他整得这么复杂，他宁可不要这些。那么使用我们的云平台，就可以直接把传感器采集到的数据映射到他们的网站上，比如浏览他们网站就可以看到茶园气候环境的变化，以及其他物理量的变化等。"也就是说，用户无需了解什么是传感器、传感器怎么用，以及服务器、云平台等，只需明确自己想要什么样的数据就行。

• 昆仑海岸的数据服务应用案例及架构

因此，刘伯林说昆仑海岸现在已经不仅是一家传感器厂商了，而是整个物联网感知层的综合服务商，可以提供从数据采集到将数据传输到公网的一系列服务。

但同时刘伯林表示，由于传感器标准不统一，所以对物联网的快速发展形成了一定的阻力。"比如现在我们的物联网网关，只能对我们自己的传感器数据进行采集，与其他各个厂家之间还是不能互联互通。因为传感器的标准不统一，就像温度传感器，有些采集范围是0℃～60℃，有些是0℃～40℃，那么两个标准就没法兼容。"不过他认为迟早会走到标准统一的那一步，目前国家正在进行这方面的工作，并且昆仑海岸也承担了一些标准制定的工作，"我们正在参与国家物联网温度传感器标准的起草。""如果有一天传感器标准都统一了，那么整个物联网产业的发展与今天相比，就不可同日而语了。"

不得不说，物联网的兴起让传感器产业站在了风口上，正是传感器企业借势而飞的时候。但是刘伯林却依然淡定，他认为："传感器是一个需要积累和沉淀的东西。20多年来，我们始终没有离开过以传感器为核心这个理念。虽然这些年，我们的市场版图从科研院所拓展到电信业，再到今天的物联网产业，但是传感器是我们的根本，所以我觉得我们只要踏踏实实地在我们这个细分行业做好、做精、做细就可以了。"

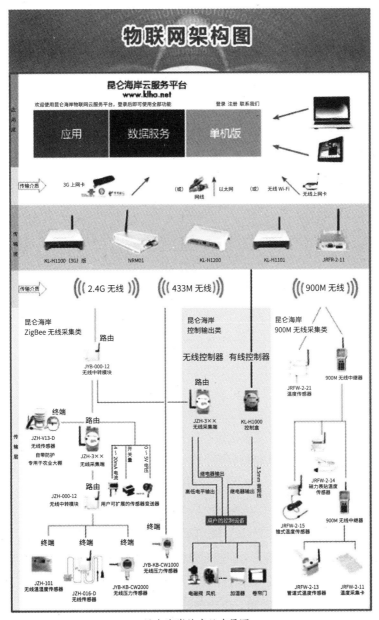

• 昆仑海岸的产品布局图

物联网时代的光纤传感新定位

施招扬

2006年毕业于湖南大学政治与公共管理学院。2011年5月加入上海森珀光电科技有限公司，任总经理。2013年1月整合森珀光电的优势资源，成立了上海铂珏传感科技有限公司，将铂珏传感从光纤传感的单一产品转型为核心设备解决方案提供商。在稳步做好光纤传感产品在线测温及周界安防两大板块的同时，它逐步构建了基于智慧管网、智能井盖等智慧市政的产品体系建设与应用，并积极参与智慧城市的建设，以提升公司物联网解决方案的供应和市场份额，从而在华东区域形成了铂珏传感在智能井盖综合应用方面的广泛知名度和美誉度。

20世纪70年代，传感器家族出现了一个新的"后代"——光纤传感器。由于光纤具有抗电磁和原子辐射干扰的物理性能，径细、质软、质量轻的机械性能，绝缘、无感应的电气性能，以及耐水、耐高温、耐腐蚀的化学性能等，所以它能够在人达不到的地方（如高温区），或者对人有害的地区（如核辐射区），起到人的耳目的作用，而且还能超越人的生理界限，接收人的感官所感受不到的外界信息。也正由此，它成为整个传感器产业角逐的新型传感器之一，同时因为较高的技术难度，也让企业有了进入的门槛。上海铂珏传感科技有限公司（以下简

• 施招扬

称铂珏传感）便是光纤传感器种族中的一员，不过是相对年轻的一员，整个发展历程只有不到 7 年的时间，但这并不影响它成为其中的佼佼者。

立足光纤传感器，拓展系统应用服务

铂珏传感成立于 2013 年 1 月，不过其母公司——成立于 2010 年 11 月 11 日的上海森珀光电科技有限公司（简称森珀光电）才是真正专注于光纤传感器的研发与生产的企业。

森珀光电坐落于上海市浦东国家 863 软件园，是专业从事光电传感监测系统的研发、生产、销售及服务的高新技术型公司。主要产品有全系列的光纤光栅温度、应变、压力、位移和流量等传感器及其解调系统，以及分布式光纤温度传感系统，可分别应用于结构健康监测，长距离电缆隧道、油罐、煤原料仓储等线型感温火灾报警。

• 森珀光纤传感分析仪

2 个月后森珀光电成立，即 2011 年 1 月，便获得了首个订单：自主研制的光纤光栅传感分析仪和温度传感器在合肥 ABB 变压器公司正式交付使用，并为合肥 ABB 变压器公司测试 50 万伏瓷瓶耐压试验的温度测试提供服务。此后，森珀光电在光纤传感领域的技术实力和市场规模更是一路攀升。

然而，兼任森珀光电和铂珏传感总经理的施招扬在交流中表示，森珀光电过去的收益完全受市场的需求量影响，市场需求量上升，其收益就高；市场需求量下降，其收益也会随之降低。因此，在保证原有业务良好运转的同时，森珀光电也时刻关注着光通信领域的市场变革与技术创新，及其带来的新产品需求和市场机会。在这个过程中，森珀光电发现，以光纤传感技术为基础的周界安防系统或将有广阔的发展前景，"因为使用这套系统后，可在防护区域的边界形成一道可见的，或不可见的'防护墙'。当有人通过或者欲通过时，相应的探测器便会发出报警信息，同时上传至监控室报警控制主机，并发出声光报警，显示报警位置，联动摄像监控系统和周界照明系统等。机场、军事基地、国境线、港口、核电站、输油 / 气管线、输变电站，以及储备油库等军事与民用的要害部门对此均有较大的需求。"施招扬介绍说，这便是 2013 年年初，森珀光电投资成立铂珏传感，开始以光纤传感器为基础，提供相关的周界安防综合解决方案服务的主要原因。

• 光纤传感设备

此后，为了让铂珏传感较快地成长为拥有核心设备的解决方案提供商，森珀光电将积累的所有市场及技术资源全部导入到铂珏传感，使得其成为以光纤传感为特色，专注于物联网感知层开发和提供相关应用解决方案的厂商。通过整合各方技术、市场资源，逐步建设一个作战力强大的团队，主要在国计民生相关领域提供智能、安全、环保的产品解决方案，为工业物联网、智慧管网等领域的安全、低碳环保等贡献力量。而森珀光电则聚焦于新技术的研发与导入，以及与多方资源开展技术合作和股权投资等业务，为铂珏传感的发展提供强有力的支持，比如将太阳光导光系统技术成功导入铂珏传感，由铂珏传感完成其产品化和市场化的任务。

不管是森珀光电，还是铂珏传感，都是比较年轻的企业。不过施招扬说，公司虽然年轻，但是创始团队的成员都在光电行业有着十余年的从业经验，所以基于森珀光电前几年在光纤传感领域打下的基础，铂珏传感在短短的两三年内，已经参与过很多重量级项目。比如石家庄火车站 110KV 变电站 26KM 光缆提供分布式光纤在线测温系统、中石化国家反恐重点项目——宁波镇海岚山油库光纤周界防入侵系统、中石油四川绵阳董家沟油库光纤周界防入侵系统、宝钢湛江钢铁有限公司原料分厂煤场光纤测温项目、宝钢股份有限公司煤输送系统改造项目、宝钢不锈钢酸洗槽在线测温灭火项目、中石化页岩气开采项目中光纤周界防入侵系统，以及东虹桥智慧市政试点项目等。其中，在中石化页岩气开采项目中，铂珏传感的光纤周界防入侵系统是该项目的首选光纤周界产品应用，并且是国内光纤传感史上单个项目用量最大的光纤周界安防订单。

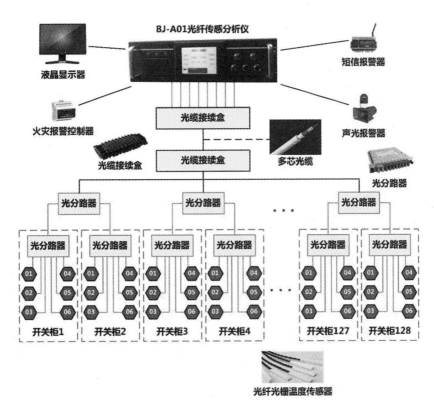

• 光钎传感应用——开关柜

这些优异成绩成为铂珏传感在光纤传感领域稳定发展的基础，但是显然铂珏传感想要的不止于此。2013 年铂珏传感成立后，便开始在基于光纤传感提供系统集成服务的同时，也开始了对无线传感及其应用的探索与尝试。

加强光纤传感，布局无线传感新方向

用施招扬的话讲，光纤传感是铂珏传感的看家本领，"我们建立研发中心也好，与高校进行产学研合作也好，都是围绕着光纤传感来进行的。"他认为铂珏传感进入无线传感领域是"迟早的事，因为它本身没有太高的门槛。"不过，在谈及铂珏传感进军无线传感领域的最终驱动力时，施招扬坦言是因为受到国家政策导向的影响。

"2013 年，我们在光纤传感领域的发展逐渐步入稳定阶段后，就开始了解国家的政策动向，因为像我们走 2B 模式的企业，要想在中国做事，还是要跟着国家政策走。当时就看到关于国家对物联网的最大应用方向——智慧城市的相关指示与引导，尤其是其中的智慧家庭已经能够触及消费者，也就是说，它能够带来的市场规模相当庞大，所以我们就思考是不是能在这些领域进行一些新的尝试，"施招扬回忆当时的情景说道，"同时，在我们光纤产品已经覆盖的石油、电力等相关能源领域和冶金领域，也开始进入了市场寒冬期，因此我们需要向更多的方向拓展。然而，光纤传感在有着诸如：无需供电、生命周期长、不受空间限制等明显优势的同时，也有着必须布线的硬伤，故而我们就决定进入无线传感领域。"

● 铂珏传感会议室

铂珏传感进入无线传感领域后，选择的第一个切入点便是城市管网的井盖管理，这当然是基于铂珏传感在光纤领域的经验积累和市场基础。以前铂珏传感的光纤传感产品及系统主要用在电力或通信的地下管网系统中，现在其服务延伸到了管网的井盖，并且其技术及产品支持也变成了无线传感产品及方案。2015 年 8 月，铂珏传感产品中标的安徽合肥城市井盖安全在线监测项目，首批 400 个监测点正式投入使用，其自主研发生产的井盖开关传感器及城市地下管网安全平台也正式落地应用。"从目前的反馈来看，产品技术、系统方案和实施效果都得到了用户方的一致好评。"说到这些，施招扬的脸上洋溢着兴奋之情。

与此同时，施招扬透露铂珏传感还在进行一些基于城市道路两旁路灯灯杆的"智慧灯杆"应用探索，"灯杆本身有通信光缆，同时又有电源，所以我们可以把一些信息采集装置安装在灯杆上面，作为一个信息传输的枢纽，比如每个信息中枢可以覆盖两公里之内的所有传感器，这样以路灯为载体形成路边接入网的物联网专网，并结合路边的光纤网络或 4G、5G 网络，将智慧城市运行所关心的各种传感信息快速地接入。一旦物联网高速通道建好了，各种光纤和无线传感器就将涵盖我们城市运行的方方面面的信息，以真正做到万物互联。"他同时表示，与智慧灯杆结合的应用项目将于 2016 年 6 月在上海开始进行试点。

● 安徽井盖项目案例

　　总体来讲，施招扬认为，未来无线传感技术将在越来越多的领域发挥作用，尤其是物联网时代的到来，给传感器企业带来了巨大的发展机遇。不过同时他认为，光纤传感器由于其自身不可磨灭的优点，也有着巨大的发展潜力。"比如现在的电信网络都是光纤到户，基于此，我有一个大胆的设想，就是在通信网络的光纤上增加传感器的部分，以进行建筑内部的温度测量。"他同时认为，随着光纤传感技术的发展，未来也可能实现基于光纤传感设备的自组网，那时候它的用途可能更加广泛，"因为一旦布设好后，之后一二十年内的维护成本就会接近于零。"

● 施招扬采访视频

12

国际传感器巨头演绎"端"的逆袭

孙崑泉

孙崑泉博士，1982 年和 1984 年分别获得中国科技大学无线电系学士学位和硕士学位，1990 年获美国东北大学电气工程博士学位，2007 年参加哈佛大学商学院高级管理班。

孙博士在美国担任教授六年，1996 年加入 NEC，领导 CDMA/TDMA 手机开发工作，后受聘于飞利浦半导体公司，在达拉斯担任总监一职。自 2000 年起历任赛芯副总裁和高级副总裁。2004 年，成立赛芯电子技术（上海）有限公司，任董事长。现任赛芯电子技术（上海）有限公司董事长及首席执行官，兼任村田制作所（中国）执行副总裁。

　　记得 2013 年年底采访村田（中国）投资有限公司（以下简称村田）执行副总裁孙崑泉的过程中，他说的最多的一句话，就是"这些不能透露"。当时觉得无法理解，后来逐渐发现这句话是大部分企业面对采访时的挡箭牌，尤其是当他对某一问题的答案还没有想清楚时。不过有一点，孙崑泉是明确表示的："2014 年，将是物联网产业发展的一个拐点。"我想这或许就是传感器厂商，作为整个物联网产业金字塔的基础，对产业发展的洞察。因为 2014 年，智能硬件爆发所带来的物联网产业回暖是大家有目共睹的，因此，在

● 孙崑泉

2013 年年底的那次采访中，孙崑泉就分享了作为国际传感器产业巨头的村田，将如何迎接物联网产业的发展大潮。

半个世纪前一家陶瓷作坊，今天的传感器巨头

提起村田这个名字，在传感器领域，无人不晓，但是在 IT 界，大家对其可能相对陌生。然而，当你了解到村田的历史，定会对其肃然起敬。

可能不会有人想得到，这个有着半个多世纪发展历史的传感器巨鳄，前身竟是一家陶瓷作坊。改变发生在它成立 2 年后，也就是 69 年前，现今世界上仍然沿用的两大电子材料之一——碳酸钡陶瓷引起了这家陶瓷作坊的注意。之后，他们便走上了一条其他陶瓷作坊想都不敢想的路，转型做电子元器件生产商。没过多久，村田制作所已经成为全球领先的电子元器件制造商，其主打产品陶瓷电容器和无线模块市场占有率分别为 35% 和 60%。

• 自行车型机器人村田顽童

如今的村田，足迹已经几乎遍布了电子相关行业产业链的所有领域：从原材料、电子元器件、传感器，到传感网络，然后再到行业应用解决方案，甚至早在 2012 年便搭建了自己的云平台。而且曾于 2005 年、2008 年和 2014 年它先后推出了自行车型机器人"村田顽童"、独轮机器人"村田少女"和球上机器人群"村田啦啦队"。其中"村田顽童"曾被《时代周刊》誉为世界上最好的发明之一。虽然这些机器人产品并没有上市销

售，但是它们是村田的形象代言，背后体现的更是村田在传感器领域不可小觑的实力。一家企业能保持半个多世纪的长盛不衰，甚至历久弥新，孙崑泉说，成就这一切的就是不断创新，而"不断创新，进退有度，取舍得当"也正是村田在中国的物联网故事。

● 村田少女＋顽童　　　　　　　● 村田啦啦队

村田的物联网布局，纵贯"云、管、端"

当时据孙崑泉介绍，村田在物联网产业中的产品布局，紧扣国际物联网技术线路图，纵贯感知层、传输层、数据处理层和应用服务层。同时，基于其在电子元器件原材料方面的优势，更有延伸之势，比如村田的故事始于电子元器件原材料，所以村田在感知层的布局就从原材料开始一直做到元器件，即现在的核心竞争优势产品——各类传感器，比如红外传感器、超声波传感器、加速度传感器、磁性传感器、温湿度传感器、振动传感器，以及土壤传感器等；然后在传输层，投入开发了各类通信模块；同时在数据处理层，基于传感器和通信模块开发了各种软件；最后在应用服务层，提供系统化的应用解决方案。也就是说，村田的产品线覆盖了物联网产业链的每个环节，小到纳米级的原材料，大到整体的应用解决方案。

● 村田主要产品一览　　　　　　● 村田负离子发生器

不过孙崑泉表示，村田在中国的物联网浪潮中，一步步走到这样的定位，其实经历了 3 个阶段。第一个阶段是 2010—2011 年，他说，那时候他们讲的最多的是"如何让传感器助力物联网解决方案，以达到最优效果"；第二个阶段是 2011—2012 年，村田开始自行开发物联网行业应用解决方案；2013 年村田开始进入了第三个阶段，即自主开发的物联网整体解决方案可以落地应用。

• 孙崑泉 2011 年无锡物联网大会演讲

这一年，村田进入了物联网行业硬件解决方案的实战年，并首先拿自己做了一番实验，比如在智能照明方面，村田的智能照明系统在东京办公大楼进行了实际应用，并验证了其节能减排的效果。根据每天 10 个小时，每年 240 个工作日计算，与传统照明方式相比，使用智能照明系统之后，整个大楼的能量消耗减少了 63%，二氧化碳排放减少了 63%，热排放也减少 63%。

在智能家居方面，村田也有与众不同的解决方案：该方案不仅包括了常见的 3G、Wi-Fi、ZigBee 等技术，还包括了极低功耗的 EnOcean 无线通信技术，以及村田自己的能量采集技术，并和国际楼宇自动化领域的知名制造商合作，在多个楼宇项目进行了商用示范。

在智能医疗方面，村田自主创新的"心率冲击扫描方案"带来了全新概念，填补了心电图检测的不足。它通过借助高精度的 MEMS 加速度传感器感知人体心跳引起的机械振动，可以快速精确地获得患者的心率、每博输出量、呼吸率，以及心率变异性等指标，对于心脏瓣膜病、冠心病等的早期检测，提供了重要的参考数据。该解决方案中采用的硬件设备不仅可以精准地收集信息，使用也非常便携，比如把该设备安装在病床等医疗设施上，只要病人接触到病床，相关数据信息即可被获取并通过网络上传到后台。

除此之外，村田在智慧农业方面也有布局。村田的土壤监测系统包含了多种传感器和无线集线器。传感器将采集到的空气温湿度、二氧化碳浓度、土壤温湿度、土壤盐分和 pH 值，以及光照强度通过配有 ZigBee 和 920MHz 技术的无线集线器传送到监测中心。监测中心的控制包括了风力控制、湿度控制和光照控制等。

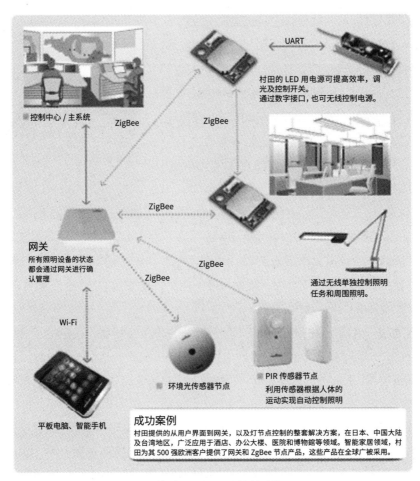

村田的 LED 用电源可提高效率，调光及控制开关。
通过数字接口，也可无线控制电源。

UART

控制中心 / 主系统　ZigBee　　ZigBee

ZigBee

网关
所有照明设备的状态都会通过网关进行确认管理

ZigBee　　ZigBee

ZigBee

通过无线单独控制照明任务和周围照明。

Wi-Fi

环境光传感器节点

PIR 传感器节点
利用传感器根据人体的运动实现自动控制照明

平板电脑、智能手机

成功案例
村田提供的从用户界面到网关，以及灯节点控制的整套解决方案，在日本、中国大陆及台湾地区，广泛应用于酒店、办公大楼、医院和博物馆等领域。智能家居领域，村田为其 500 强欧洲客户提供了网关和 ZgBee 节点产品，这些产品在全球广被采用。

• 村田智能 LED 照明控制系统

• 村田超声波传感器技术演示

孙崑泉说，村田虽然开发出了众多的物联网行业应用解决方案，但并不是未来要和物联网解决方案供应商，或者运营商"抢饭碗"。"在物联网市场领域，我们和系统集成商优势互补，所有的产品和解决方案都是根据他们的要求定制的。换句话说，你也可以理解为我们是为集成商做 ODM 的。"记得孙崑泉如此解释村田进军物联网应用解决方案这一举动，并补充说："而且我们也特别关注信息和数据安全这一块，尤其是在中国市场。"

孙崑泉说这句话的原因在于，"祖籍"日本的村田制作所，其物联网梦想却发源于中国。"'IOT'这一概念源自中国，因此，在村田，与物联网相关的产品和解决方案都是由中、美、日三方研发团队，整合了各领域的先进技术后，在中国开发出来的。当然，产品最终面向中国、日本、美国及全球其他市场。"

智能传感器是下一步发展核心

据预测，未来 10 年，传感器的市场规模将超万亿，年平均增长速度将超过 50%。也就是说 10 年后，全球 70 亿人，人均可配备 1000 颗传感器。物联网的产业供应链包括传感器和芯片供应商、应用设备提供商、网络运营及服务提供商、软件与应用开发商和系统集成商。作为金字塔的塔座，传感器将会是整个链条需求总量最大和最基础的环节。

并且，就目前物联网相关技术的成熟度来看，通信技术和计算机数据处理技术相对成熟，而传感技术平台的搭建却相对比较薄弱，因此，传感器技术的演进速度关乎整个物联网产业发展的速度。

因此，孙崑泉表示，对村田来讲，物联网带给他们的机遇是将村田的核心能力——元器件及传感器做得更好，以满足市场和客户对传感层的需求。同时拓展到金字塔的上层应用领域，进一步满足市场对整体解决方案的需求。"不管如何开拓创新，传感器都是村田坚守的核心，"孙崑泉在采访中强调。

于是，物联网兴起后，村田感受到了大量数据的产生，给传输通道及计算平台带来了巨大压力。因此，村田早已开始研发智能传感器，即传感器在进行数据采集之后，可以进行本地分析和处理，然后只将有用信息上传，而不是把全部数据都上传。其所有的数据处理都在云端，或者软件端进行。这样一来，从传感器传出的信息量就非常小了。同时，传感器自身对信息的过滤功能可以基本判断采集到的信息的对错，从而极大地节约了资源。2013 年，村田研发、生产的加速度传感器中就加入了这种智能化的部分。

不过孙崑泉在采访中表示，要想让传感器本身智能化需要解决的最大问题是：供电。为此，村田研究出了 4 种给传感器本地供电的方法：第一种是采用压电发电；第二种是采用热敏发电；第三种是采用震动发电；第四种是采用色素增强发电。

"压电很简单，就是只要我们周围环境中有某种压力存在，放置一些压电材料就能产生电流，而电流就是电能；热敏发电采用的是半导体技术；震动发电的原理也非常简单，它就是根据平行板电容器的原理：上面的极板不动，下面的极板水平方向移动。通过震动让水平方向移动，然后上下两个极板之间的相对面积就变小了，但是上面极板的电量没变，下面极板的电变散了，这时就形成了电压，而电压则可以转换成电能；色素增强发电，实际上就是采用光电效应，比如某种特定色素可以有效地把光能转变成电能。"

2015 年年底的深圳高交会上，村田展出的两款智能传感器——薄膜温度传感器和 MEMS 气压传感器成为其一大特色。据说，其薄膜温度传感器于 2014 年 10 月已经开始批量出货。

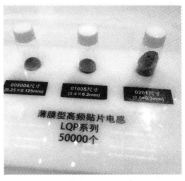

• 村田 MEMS 传感器　　　　　　　　• 村田薄膜型高频贴片电感

与此同时，村田在工业、医疗等领域也推出了诸多传感器产品和方案，比如村田在 2016 年 4 月推出的组合式 MEMS 陀螺仪加速度传感器、惯性 MEMS 传感器、三维传感 ARM 传感器，以及可以直接封装在 PCB 板上的超小型化 RFID 标签模块 MAGICSTRAP 等，不仅可以支持其在工业领域的应用，比如重型机械的精准检测和操控、建筑工具及系统、重型机械和天线稳定、地震预测，以及桥梁安全检测等领域，而且在医疗器械中的心脏起搏器、胰岛素泵、体温计、血压计和血糖仪等医疗设备，以及药品的防伪和库存等领域也可以发挥重大作用。

　　看到村田这个做基础技术和产品服务的企业在中国一天天发展壮大，一方面为物联网的兴起，终于让传感器产业迎来了一个高速发展期而兴奋。不过同时，又感慨于中国本土企业在基础技术领域的落后。

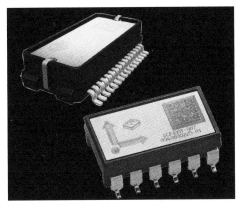

● 村田陀螺仪组合传感器和加速度传感器

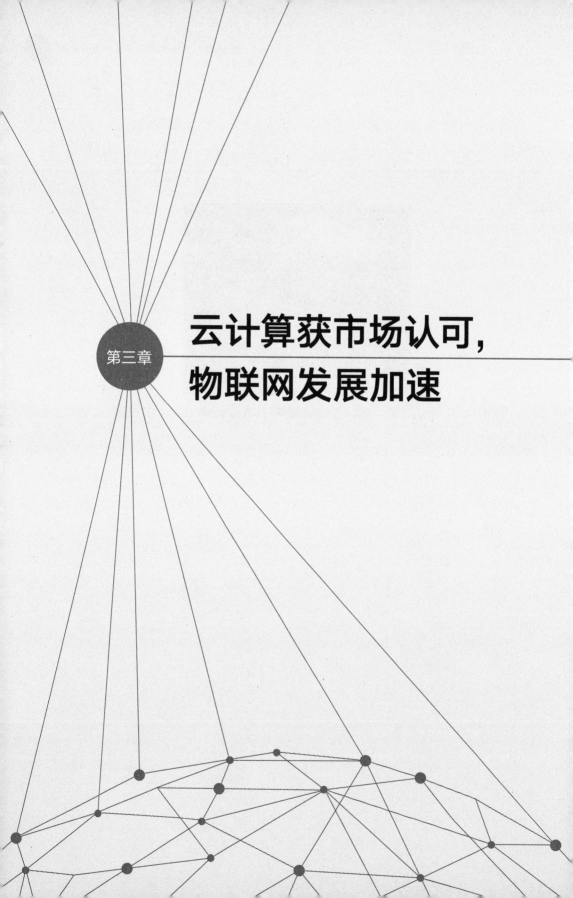

第三章

云计算获市场认可，物联网发展加速

13

第一位完整诠释云计算的中国人

王鹏

王鹏，西南民族大学教授，博士生导师，计算机科学博士后、金融工程博士后，成都市物联网产业领军人物，四川省学术和技术带头人后备人选，广东省高教学会高职高专云计算与大数据教学专业委员会理事长，中国电子学会云计算专业委员会委员，中国计算机学会高性能计算专业委员会委员，四川省计算机学会理事，四川省计算机学会高性能计算专业委员会副主任委员，四川省政务云建设专家咨询组成员，五舟云计算研究院院长。2008 年出版了国内第一本云计算专著《走近云计算》。

首次接触西南民族大学的博士生导师王鹏是在 2012年，不过第一次见面已是 2013 年年底在成都举办的高性能计算论坛上。当时他已经开始逐步从产业界"隐退"，专注于高性能计算和智能计算的技术研究。之后由于地域关系，见面未几，更多的是电话联系，但是我一直把他当作良师益友，不仅因为进入物联网行业后，读的第一本与云计算相关的书籍是其所著的《走近云计算》，而且在这几年的发展中，他给过我很多方面的指导和建议。

● 王鹏

中国云计算界的第一本专著

王鹏，生于 1975 年，先后获得了计算机科学和金融工程两个专业的博士后。2006 年回到家乡成都信息工程学院，开始研究云计算，此后又成为国内第一个云计算专业的博士生导师。在后来的一次闲聊中，王鹏曾笑言，当时在网络上还搜索不到"云计算"这个词。

2008 年，王鹏将自己过去两三年在云计算方面的研究进行整理，并编著了《走近云计算》一书。书中不仅对云计算的起源、发展状况进行了详细的介绍，而且提出了他自己的云计算实用构想——云脑系统，并通过对该系统实现过程的阐述，介绍了如何在当时的技术条件下完成一个简单云计算系统的设计和开发。同时，他还重点分析了云计算系统的界面设计、云文件系统、云存储，以及并行数据处理等有代表性的功能。

• 王鹏在 2009 年中国首届云计算大会上发表演讲

2009 年 5 月 1 日，该书公开发行，成为了中国第一本完整阐述云计算技术及应用的专著。今天，随便在网络上搜索一下云计算，便是铺天盖地的信息，且有关云计算方面的书籍有数百本之多，但是《走近云计算》一书的出现，不仅为产业界了解云计算打开了大门，而且也将王鹏推到了风口上。

同年 5 月 22 日，首届中国云计算大会在北京召开，由于一位演讲嘉宾临时无法到场，组委会便邀请王鹏去"补缺"。此后，王鹏更是成为中国云计算产业界的"红人"，而他也因此萌生了真正进入云计算产业，也就是将自己的学术研究成果进行产业化转移的念头。于是，2010 年王鹏与另外两位产业界的同仁共同成立了成都静水飞云科技有限责任公司（简称飞云科技）。随后王鹏及其团队又陆续出版了《云计算的关键技术与应用实例》《云计算中国未来的 IT 战略》《问道云计算》等 7 本专著。在 2012 年成都物联网产业年会上，飞云科技荣获了成都物联网产业"领军人物"和"新锐之星"两项大奖，王鹏还被授予了"成都高新区创新创业人才"称号。

● 王鹏和倪光南院士在中国云计算专委年会上

后来，王鹏说，在那个过程中，他意识到自己的兴趣还是在学术研究，而不是企业运营，因此又开始萌生"退意"，就是从产业界退回学术界。于是，2013 年，王鹏开始逐渐淡化自己的企业人身份，同时将全部精力又转回到高性能计算和智能计算的学术研究上。他认为，把高性能计算与智能计算相结合，有望成为下一个技术的风口，并在接下来的两三年间，取得了较大的学术成果：2013 年利用量子谐振子物理模型首次提出了一种新的智能优化算法"多尺度量子谐振子算法"，并在随后对该算法做了进一步的优化，从而获得了对超高维度复杂函数的快速优化能力。

2013 年前的云计算：如水似电

如果把 2009 年的首届中国云计算大会看作是中国云计算产业发展的开始标志，那么 2013 年应该说是整个云计算产业"前""后"两个时代的分水岭。在 2013 年前声名鹊起的企业，在 2013 年后虽然没有完全销声匿迹，但已经声势渐微。同时，2013 年后却成长起来了一批之前没什么声音的企业。当我把这种现象，当作云计算的萌芽—泡沫—破灭—反弹的市场规律描述给王鹏时，他却用一句话戳中了这一现象的根本："现在的云计算和最初的云计算技术路径完全不同。"

"按照最早的云计算定义，是让用户可以像使用水和电一样方便地使用计算和存储资源，而无须考虑要支撑什么样的应用，这样用户就只需把核心精力放在应用开发上。"在 2016 年年初的采访中，王鹏回忆 2008 年、2009 年的产业状况时说道。

他说，云计算可以分为两大类：一类是基于局域化资源池形成的云计算技术及应用，其可以理解为现在的虚拟化技术。它的资源扩张主要是以物理机为边界，而技术架构则是以虚拟化为特征的资源切分架构；它的代表性系统就是桌面云，以及其他虚拟化产品。

- 2009 年和中云网发起主办的首届中国云计算发烧友沙龙

- 在首届中国云计算发烧友沙龙上与田溯宁交流

另一类是基于广域化资源池形成的云计算技术及应用，也就是最早定义的云计算。广域化资源池的打造需要集群技术的支撑，也就是说，它需要把很多服务器形成集群，而基于这一点，现在我们所说的大数据更接近早期的云计算，比如现在的大数据技术，不管是 Hadoop，还是 Spark，都是基于很多服务器集群来处理海量数据的。

也正如此，"早期提到 Hadoop 的时候，大家都搞不清楚它到底是云计算技术，还是大数据技术，"王鹏说，"这也是为什么大家提到云计算时，总是会同时提到大数据的原因。"说到这里，他还提起了自己正在研究的高性能计算。他认为，大数据其实是高性能计算的一个子类，"以前大家都把高性能计算看作是阳春白雪，一说起它就想起超算中心这样高大的形象。其实高性能计算也分为两类：一类是传统的高性能计算，可叫作面向计算的高性能计算。它主要为科学计算、材料科学、生物科学等专业领域提供服务。使用者通常以专业领域的科学家为主；另一类叫作面向数据的高性能计算，这等同于现在的大数据，就是用大量的服务器集群构建一个资源池，去处理海量的数据。"

同时，王鹏讲到他早期和团队一起开发的"盘古云"，就是按照广域资源池打造的云计算平台。"虽然它看上去和 Windows 操作系统一样，但是后面是有一个很大的资源池做支撑的，而且能够动态地响应应用用户的需求。"讲到这些，王鹏回忆说，当时他曾经写过一篇文章，就是讲"云计算为什么会带来产业的变革"。在那篇文章中，他用举例说明的方式，阐述了基于广域资源池的云计算技术的优势，以及将带来的系列变革。"比如一个创业者，准备开发一款应用软件，如果有广域云计算服务，第一，他不用考虑提前购买服务器，并且无需考虑服务器的存储资源、计算资源够不够支撑自己的应用。这就好像我们不用担心家里添加了一个冰箱或者电视后，电会不够用一样，可以做到'予求予取'。第二，在付费层面上，他也可以像我们现在支付水电费一样，是使用后结算的付费模式。这就像家里的冰箱、空调虽然接上了电源，但是没有打开使用的时候，是不用付费的。对这个创业者来说也是如此，他的应用软件即使嫁接到了云平台上，但是在没有客户使用其软件的情况下，他也无需付费；只有在有客户使用的时候，才开始计费，并且可以后付费。"王鹏说，他认为只有起码能够达到这两点，才能算作真正的云计算。

不过他坦言，当时他们开发出这套系统后，在市场上遭遇了一些困境，"如果要使用这个系统，那么现在所有应用软件的开发模式都要被颠覆，也就是说，所有的应用软件必须重新开发，这对应用开发者来说，是难以接受的，所以那时候应用开发者就很难接受我们那套系统。"他认为，这也是后来基于局域化资源池的云计算技术能够迅速普及的原因。

2013 年后的云计算：虚拟化

以虚拟化技术为核心的云计算也并非 2013 年以后才出现，其实它出现的时间与基于广域化资源池的云计算技术同期，只能说在市场的竞争中，虚拟化云计算阶段性胜出。对此，王鹏是这样分析的："基于虚拟化的云计算技术，可以使应用的迁移相对容易，比如：如果用户以前的应用是运行在 Windows 系统上的，那么就可将它虚拟成 Windows；如果以前是运行在 Linux 系统上的，就可将它虚拟成 Linux。这种方式不会影响到用户既有系统的运行，所以他们比较愿意接受这种方式。"不过王鹏笑言，这其实是裹着糖衣的毒药。

他认为，首先，从技术路径上，虚拟化并非是一种新的技术手段，它也并没有带来根本性的 IT 产业变革，只是把传统的物理服务器变成了虚拟服务器，把原本需要安装在本地的操作系统和应用软件都部署在虚拟服务器端。其次，从商业模式上，虚拟化似乎实现了部分的按需付费，但是这种按需付费的"需"，需要用户能够提前预知，比如用户要提前告知云计算服务商，自己某时、某刻要增加一个新的应用软件系统，然后，其支付方式更像分期付款。不过，虽然它目前最多就是解决了局域化的资源分配问题，但是毫无疑问，"它能够产生立竿见影的商业效果"，并且门槛要比广域化资源池方向的云计算低很多。

● 作为云计算专家参加第一财经的对话节目

说到这里，王鹏又提出了这种虚拟化的云计算技术存在的隐患。"按照云计算的定义，包括大数据的定义，它对单个服务器的失效是不敏感的，比如说 Google 的某台服务器坏了，不会有人知道，因为它的整个体系架构是有冗余的，其中一台宕机，其他服务器会迅速接管它，但是虚拟化技术却正好相反，比如把一台物理服务器虚拟成二十台虚拟服务器。一旦这台物理服务器出现问题，那么这二十个虚拟机上运行的应用就会全部受到影响。当然，现在也有一些迁移的方法，但是如果几十个应用运行在一台物理机上，就很难快速完成迁移。这种情况下，原本是为了能够提供更稳固的基础 IT 服务，反而变得不安全了。"王鹏同时认为，现在的虚拟机系统价格都很昂贵，这也不符合真正云计算的属性。

"首先，它无需高端服务器；其次，它能够用商业化的软件，来构建高性能计算系统。换句话说，你只要随便在一个电脑城便能够买到的软件，加上一个低配的 PC 机，就能搭建出一个高性能计算系统。"他认为，这个时候集群计算的优点就能够凸显出来，因为它不在乎单个节点的性能，或者是稳定性。而当下流行的虚拟化云计算恰好是反其道而行之。"原本云计算的出现，应该像电一样，带动许多应用的产生，或者新产品的出现，但是目前的云计算就只有桌面虚拟化，或者服务器虚拟化，而应用层面却和以前一样，既没有发生大的改变，也没有出现因为云计算而激发的新应用。"王鹏开玩笑说，就像我们用水一样，"当我们不用去担心有多少水可以使用时，想象空间就很大，因为不用担心资源不够用；如果我们只有一杯水，或者一桶水的时候，想象空间就会受到局限。那么对应用开发者来讲，其创新空间也可能会被限制。"

对此，王鹏无奈地表示，"我们现在是把虚拟化这种'裹着糖衣'的技术作为了云计算在使用，而要做到真正的云计算需要付出很大的代价，需要整个产业链的共同努力。"不过他并没有因此而觉得失望，因为一种新的云计算理念正在出现。

超融合架构出现，真正云计算有望实现

王鹏说，最近学术界又提出了一种新的技术概念——超融合基础架构（Hyper-Converged Infrastructure，或简称"HCI"）。该架构是指在同一套单元设备（x86服务器）中不仅仅具备计算、网络、存储与服务器虚拟化等资源和技术，而且还包括缓存加速、重复数据删除、在线数据压缩、备份软件，以及快照技术等元素，而多节点可以通过网络聚合起来，实现模块化的无缝横向扩展（scale-out），从而形成统一的资源池。他对该技术研究后发现，超融合基础架构的定义与5年前自己阐释云计算时，提出的相关理念有异曲同工之处，比如超融合基础架构是希望能够解决计算和存储之间的融合问题。虽然他5年前提出这个理念时，没有引起反响，但是今天又有人通过超融合的理念提出同一问题，"应该说云计算技术开始往一种比较良性的方向发展了。"

不过，王鹏同时认为，现在所谓的科学计算、大数据、超融合等都是可以被整合在高性能计算概念之下，尤其是对超融合基础架构而言，集群技术应该是它的最好支持，而高性能计算的特征就是集群技术。也正因此，他说，自己更加看好高性能计算，"因为高性能计算与智能计算和大数据结合后，从以前只有科学家才能使用的技术，到可以很快地影响到我们的日常生活，比如现在的很多推荐系统都采用了这种技术，比如百度、淘宝的广告推荐，背后就是由集群系统进行数据处理后得到的结果。"

不过总体来讲，王鹏认为，虽然广域化资源池技术路径的云计算才是真正的云计算，但是虚拟化让云计算这个概念得到了普及，或者说让云计算获得了用户的认可，所以不管怎么看都是功德一件。而今天超融合基础架构的出现，似乎可以让虚拟化技术

路径的云计算向真正的云计算平缓过渡，"所以说，云计算虽然还处于早期阶段，但是目前看来还算是一个比较好的开端。"

作为云计算大数据领域的"老人"，王鹏即兴写下一段文字，回顾了云计算大数据这些年的发展：

历史分合，英雄轮当。麦师预言，云海飞扬。第四范式，变革方向。产业发展，机会已彰。

谷歌称云，百度编框。威盛新机，终未成长。华为中兴，阿里曙光。诸侯混战，总为争强。

蓝色妖姬，微软太阳。国门内外，布满列强。团结一气，凝聚力量。为我祖国，重现荣光。

资源整合，输出为上。虚拟技术，重任难当。聚合方略，终将称王。产业长链，国情为方。

物联世界，编织成网。科学计算，数据为王。聚沙成塔，集群坐庄。智能技术，再现灵光。

溯宁举旗，布局为纲。中国龙芯，吾为你狂。大师莫言，为我榜样。百年梦想，万勿成殇。

庙堂规划，前程无量。务实前行，正确主张。化云为雨，中华富强。千年历史，重奏华章。

七十年来风雨兼程，一朝云起浪潮凸现

王恩东

王恩东，男，1966 年 7 月出生，工程技术应用研究员。1991 年清华大学硕士研究生毕业后进入浪潮集团，现任高效能服务器和存储技术国家重点实验室主任、浪潮集团高级副总裁。兼任国际信息处理联合会（IFIP）中国委员会主席、中国计算机学会副理事长、存储产业技术创新战略联盟理事长、中国计算机行业协会副会长，以及中国电子工业标准化技术协会海量存储标准工作委员会主任等职。

要说云计算，浪潮肯定是不得不提的一家企业。和浪潮的接触，从 2012 年采访其副总裁王恩东开始，前前后后也有十来次，不过依然很难完整地将它刻画出来。

• 王恩东

风雨兼程 60 载，一日更比一日强

说起浪潮集团，至今已经有近 70 年的发展历程，可以说它的发展史就是中国 IT 产业的发展史。回溯至 1945 年，浪潮集团的前身——成立于上海的鑫泰昌仪器厂，原本

只是一家生产圆规、直线笔的袖珍型民族资本企业。后于 1960 年迁至济南，与当时生产指北针的"美亚仪器厂"合并组建成"山东教学仪器厂"，先后归属过山东师范学院、山东科技大学等高校。经过二十几年的发展后，又从教学仪器厂商转型成为电子产品生产商，并更名为浪潮。

• 1983 年，浪潮领导班子做出"涉足信息产业，开发和生产微型计算机"的战略决策

• 新世纪，浪潮服务器的生产车间已经今非昔比

1970 年，中国第一颗人造卫星"东方红 1 号"就采用了由山东师范学院物理系研发，浪潮负责生产的晶体管作为电子元件，使之成为了当时为数不多的能够生产这种高端电子产品的企业之一，这也算是奠定了浪潮在 IT 产业地位的里程碑事件。

• 2008 年，浪潮国际在香港联交所主板上市，国际化运作能力得到进一步提升

自此以后，在从大型计算机到 PC，再到互联网的三次 IT 产业革命中，浪潮都扮演着举足轻重的角色。在大型计算机时代，浪潮与中科院计算技术研究所联合开发出了国内第一台磁芯自动测试仪，并于 1975 年研发出了我国第一台磁芯板测试仪，进而由生产外围设备逐步渗入到了电子信息产业的核心领域，并一跃成为了中国最早进入 IT 产业的企业之一；在个人电脑时代，浪潮研发出了中国第一批个人电脑，与长城、东海并列为当时的 PC 三大品牌，将中国 IT 产业带入了一个蓬勃发展的阶段。其标志性事件是 1983 年第一台浪潮微型机的诞生，这奠定了中国 IT 发展的新起点——被动变为

主动的新契机；在互联网时代，浪潮以其敏锐的市场嗅觉，于 1993 年研发出了中国第一台拥有自主知识产权的小型机服务器，打破了国外企业多年的垄断，为中国本土服务器产业的发展打开了局面。

● 浪潮集团产业园区

过去数载，浪潮已经成长为了中国最大的服务器整机和服务器应用解决方案提供商，是中国自主品牌服务器的领军企业。它不仅拥有计算机、软件、商业终端、通信和半导体五大业务群和"浪潮信息""浪潮软件""浪潮国际"三家上市公司，而且其分支机构更是遍布全球，在美国、日本、委内瑞拉和中国香港等地均有研发生产机构，并且是唯一一家拥有企业级国家重点实验室的 IT 企业。浪潮 2010 年营业收入为 305 亿元人民币，2011 年营业收入更是高达 366 亿元人民币，其综合实力位列中国 IT 产业的前两位。

软硬"兼施"，浪潮初涉云计算

2008 年，云计算的春风吹进了中国，IT 界迎来了第四次变革——云计算时代的到来。服务器作为云计算的必备硬件载体，迎来的商机是不言而喻的。而云计算本身被预估的市场空间更是可观的，所以多少草根企业都摩拳擦掌，像浪潮这样在 IT 界已有深厚积累的行业巨头自然更是不肯错过如此良机。因此，2010 年 8 月，浪潮在北京发布了自己的云计算战略，并率先提出了"行业云"的概念。它同时表示，在云计算时代，浪潮硬件、软件，两手都要抓。2012 年，王恩东在采访中表示，当时浪潮云平台的行业用户已经占据了中国信息化市场50%以上的市场份额。在硬件层面，浪潮依托国家重点实验室和"十一五"863重大专项，研制出了云计算核心装备高端容错计算机。

• 浪潮专利墙

2011年5月31日，浪潮又在北京发布了云数据中心操作系统——云海OS。这款操作系统集合了全分布文件系统、虚拟化、大规模基础资源管理等技术，可管理数据中心超千台的IT设备，可池化50PB以上的存储空间，提供超过99.99%的总体可用性，以及支持百万量级虚拟资源与虚拟进程的管理，因而是云计算数据中心运维和云计算应用的"神经中枢系统"。

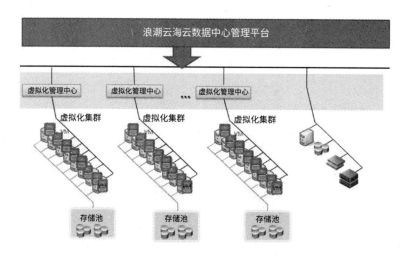

• 浪潮云海云数据中心管理平台

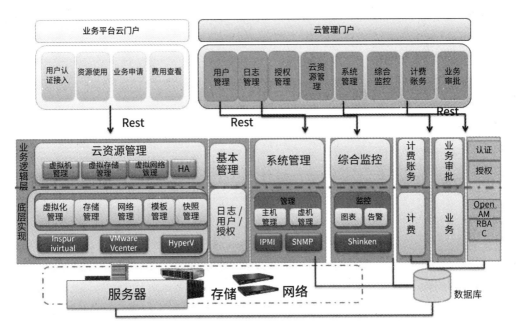

• 云海云数据中心总体架构

同年，浪潮全面实施了向云计算领域的战略转型。基于云海 In-Cloud 战略，成功上市"8 路大服务器""海量存储""云海集装箱数据中心""高密度服务器"等一系列面向云数据中心的产品与方案。其中浪潮的 32 路高端服务器，填补了国内空白，在此之前，全球只有两个国家掌握这项技术。

至此，浪潮已经具备了涵盖 IaaS、PaaS、SaaS 的云计算整体解决方案服务能力。

在 IaaS 层，浪潮凭借出色的自主创新能力研发出了一系列适用于云计算的基础装备，包括32 路高端容错计算机、海量存储、高密度服务器、集装箱数据中心、云海 OS，以及云安全方案等；在 PaaS 层，浪潮联合了 IBM、Microsoft 可提供基于 J2EE 和 NET 的解决方案，提升 Loushang、GSP 平台的整体架构水平和产品化程度，以满足内部及合作伙伴的开发要求；在 SaaS 层，浪潮联合合作伙伴整合了产品、应用和方案，建立了包括政务云、工商云、卫生云、药监云、食品安全云、烟草云、水利云、民政云、交通云、媒体云、企业云，以及文化云等跨越十余个行业的云应用。此外，浪潮还致力于打造中国最大的云计算专利池，据说 2013 年当年的云计算标准和专利数就达 160 多个。到 2015 年，云计算、大数据标准和专利数多达 450 个，从而云计算、大数据标准和专利数量均位居国内首位。

在应用服务层面，浪潮云计算服务项目正以百花齐放的态势在全国陆续落地，覆盖了海南、山东、山西、宁夏、浙江、安徽、甘肃、江苏、内蒙古和黑龙江等20多个省市地区，涉及卫生、广电、政务、水利和电力等诸多行业。其中，以云平台的方式为山东省提供卫生信息化提供服务，成为国内首个省级卫生云；同时还承建了上海青浦电子政务、济南市肉菜追溯、威海水资源监控等省市级云计算示范试点项目。

• 上海青浦电子政务案例

然而，当时浪潮虽然在中国本土企业中似乎已经独占鳌头，但是还有众多国际企业各自占山为王。可以说，当时中国的IT基础设施市场犹如春秋战国时期的中华大地。那时列国诸侯各占一方，正如：IBM、惠普、戴尔、甲骨文和EMC等软硬件厂商长期霸占着大面积的IT土地一样。中国本土企业虽有心为国家的"安全、自主、可控"出力，怎奈技术水平还是差人一等，就拿最简单的说，芯片是你自己的吗？所以作为创新欲望强烈的浪潮，就于2009年收购了领先的半导体存储器厂商——德国奇梦达，不仅让中国有了自己可控的芯片，更是开创了服务器厂商拥有自己设计生产板卡芯片能力的历史。不过，浪潮当时可能没有想到这一布局会让自己那么快受益。

借力"自主、安全、可控"，坐稳服务器江山

然后就到了2013年，这一年IT界发生了一件可以载入史册的大事件——斯诺登事件，又叫作棱镜门。这一事件引起了世界各国对信息安全的高度重视，2014年年初成立了中央网络安全与信息化领导小组，并由国家主席习近平亲自任组长。当然，按照惯例，在这之前一系列保障信息安全的计划已经确立，这一点，从2013年年底和2014年年初，外企在中国大量裁员的现象中就可见一斑。IBM在2014年1月28日，上海公司

裁员 50%；戴尔更是于 2013 年 12 月月初就制订了一套"员工自动离职计划"，变相裁员。这些现象虽然可能也与企业的业务调整有关，但是绝对与其逐渐失去中国市场不无关系。"他们裁多少，我们就收多少。"从时任浪潮上海总经理丁烔的这句话，就可以看出中国本土 IT 基础设施企业将迎来一个阳光灿烂的春天。

对于浪潮来讲，这个春天可能更长，因为 2014 年 7 月，国务院总理李克强到浪潮进行考察，表示"将要像支持高铁、核电一样，加强对中国云计算装备的推广。"这一句话直接让浪潮的服务器成为了"安全、自主、可控"的标志。这让浪潮在 IT 领域如虎添翼：2014 年，浪潮服务器出货量增速全球第一，位居全球市场排名前五；天梭 K1 进入中国高端 Unix 服务器市场前三，并荣获 2014 年度国家科技进步奖一等奖；整机柜服务器 Smart Rack 整体市场占有率达到 60%；高端 8 路服务器计算性能两次打破世界纪录，这些辉煌战绩预示着浪潮在基础设施领域的江山已稳。

发挥独特优势，打造"私享公有云"

2015 年，浪潮腾出了更多的精力投身到云服务中。2015 年 7 月浪潮宣布，其云计算总部落户上海。新任上海公司董事长兼 CEO 孙业志表示，浪潮将投资 100 亿元人民币，在全国建设 7 个核心云计算数据中心、50 个地市级云计算中心，同时完成全国云计算中心布局，并通过该布局为全国 200 个区域政府、40 个行业部委、200 个大型企业提供云服务。浪潮更是在这一次的布局中独创了"私享公有云"，这个怎么解释呢？

话说当今的云计算服务模式，可分为三种：一是公有云，用户只要按需租用空间或者计算就好，无需关心服务器在哪儿和服务器的运行状态等。最著名的公有云服务商，第一梯队有阿里云、百度云、亚马逊等，第二梯队有 UCloud、七牛、安畅等；二是私有云，就是应用部署在用户自己的服务器上，第三方服务商只是用云的架构帮用户进行应用部署，能提供这种服务的企业相对较多；第三种混合云，意思就是，用户可以选择一部分用公有云，一部分用私有云，这可以说是云服务供应商为符合中国国情，无奈之下的创新之举。起初提供这种服务的以中小企业居多，但是逐渐地，大企业也开始涉足。

• 孙业志受访

　　而浪潮的"私享公有云"可以用他们的一个案例进行解释，比如浪潮在上海市闸北区建设的一个云服务中心，该中心的软硬件投入都由浪潮承担，但是所有权归闸北区政府。闸北区政府不必一次性付费，而是以按需付费的方式来购买政务云服务。当然了，这种服务方式也只有像浪潮这样有独特优势的企业才能够提供，一般的小企业只能想想罢了。

• 浪潮闸北云计算中心签约

　　不过浪潮为什么愿意付出如此大的投入来做这件事呢？因为在全球云服务市场的总体量中，中国只占了4%的份额，远低于美国市场的40%和西欧市场的25%。市场现状表明，中国云计算的基础较弱于先进国家，但恰恰给中国用户带来了跨越发展和弯道超车的机会。虽然硬件不如国外，但是云计算对硬件性能的要求相对不高，只要求有足够广阔的应用场景，这便是中国的优势。

　　同时，2015年，还发生了一件事，就是浪潮和思科成立了合资公司。外面说是合资，内部就有人直接说是收购。这一方面说明浪潮布局完芯片，又要布局网络了，另一方面，还说明，中国企业强大了。虽然这两方面看起来都是好事，但是还是要好好思考一下联想收购 IBM 的前车之鉴。

● 浪潮与思科成立合资公司

然而，这个企业身上流淌着坚韧与创新的血液，所以即使遇到点坎儿，也无所畏惧。就说 20 世纪 90 年代，浪潮也出现过一段低迷期。由于跨国公司的参与竞争，浪潮 PC 业务开始走下坡路，传统体制方面的弊病也逐渐露出，束缚了企业的发展手脚，从而导致浪潮一下子陷入了困境。更有甚者，在 1978 年至 1982 年期间，面对国内外的市场变化严重滞后，浪潮也曾发生过产品滞销，甚至连续 5 年亏损，导致债台高筑，几近濒临倒闭的边缘。

但是，他们靠着自己的"躺椅文化"扛过了这一关。为什么叫躺椅文化呢？因为做技术开发的，要经常加班，所以浪潮就准备了大量的躺椅摆在研发大楼的各个角落，给那些加班加点的研发人员作短暂休息之用。然而，正是这些小小的躺椅见证了无数个浪潮人艰苦奋斗、勇于进取、坚韧不拔、矢志创新的创业史与发展史。谁能想到，抗日战争时期诞生的一家作坊式的小工厂，经过数十载的风雨洗礼，能够蜕变成一家综合实力位居中国 IT 产业前两位的行业巨头。从一粒种子长成参天大树，期间所经历的盘根错节的兴衰起伏，让人们看到了一个不断创新求变、顽强生存的企业，也让人们看到了中国一代又一代企业人百折不挠、自强不息的奋斗精神。

微软从"云"到"端"，
物联网化繁为简

王盛麟

法国马赛商学院工商管理学硕士。微软（中国）有限公司资深云计算技术战略顾问，微软云计算专家委员会技术顾问，华东区云计算领导者，微软 TechEd 金牌讲师，微软网络学院资深讲师，专注于企业云计算策略研究，机构规划，以及落地实施。同时也是企业信息化架构专家，对大中型企业基础架构，协作架构，以及应用架构建设有着丰富的规划，设计和实施经验。同时著有畅销全国的"windows 7 使用详解"以及"Office 365 使用详解"工具书。

纵观整个云计算产业的发展历程，微软算是涉足比较早的 IT 企业之一。早在 2005 年 10 月，微软便发布了一份名为《互联网服务时代来临》（The Internet Services Disruption）的备忘录，其要点在于推动微软整体向互联网服务转型，同时也是微软云计算的源头。

2006 年 6 月，微软成立了内部代号为"Red Dog"的项目，开始着手建立一个面向全球的互联网应用服务平台，也就是后来流行的 SaaS。之后，经过两年的全球性内部调研、设计、开发和测试，这一项目最终在 2008 年 10 月 27 日于微软年度开发者大会中以"Windows Azure"的名称面世。至此，微软的云计算平台正式公开。可以说，那个时候是微软云计算 1.0 时代的正式开始。2010 年 3 月，微软 CEO 鲍尔默发表了"WE

ARE ALL IN"全面拥抱云的战略，揭开了微软全线产品向云计算转型的序幕。同年 4 月，Windows Azure 正式开始商业化运行。

不过 Windows Azure 进入中国的时间是 2010 年 9 月。当时，微软亚太研发集团在上海成立了微软中国云计算创新中心（CCIC），希望把云服务输入中国，并意欲和中国的合作伙伴

● 微软年度开发者大会——
Windows Azure 面世

共同建设本土化的计算生态系统。2011 年 10 月，微软中国团队赴美国总部商讨 Windows Azure 的入华细节，其时间恰逢中国的中秋佳节，Windows Azure 的入华方案因此被命名为"月饼计划"。

2012 年 11 月，上海市政府、微软和世纪互联签署协议，决定在中国合作运营 Windows Azure 平台。2013 年 5 月 22 日，由世纪互联运营的 Windows Azure 正式宣布在华落地，并于 6 月 6 日开启公测；2014 年 3 月 26 日 Windows Azure 微软云服务正式在华商用；同年 4 月 15 日，微软 SaaS（软件级服务）级云服务重要组成，由世纪互联运营的 Office 365 云办公服务正式在华商用，进一步完善了微软在中国的云计算服务平台。

经过 2 年的发展，到 2016 年，Windows Azure 在中国的客户数量已经超过 6.5 万家，业务规模持续实现三位数的增长，其中，中小企业、创业企业的业务增长更高达 400%，有 1000 多家合作伙伴已经实现了云转型，并以微软云服务为基础，为国内客户打造了全新的云端解决方案。

写到这里，突然发现，大公司的发展史，就是一串数字。当然，在此期间，微软还是发生了较大变化的，尤其是 2014 年 2 月，微软新任 CEO 萨提亚·纳德拉上任后，我们明显感觉到微软在云计算上的发展力度加大了，比如在 2014 年 3 月，纳德拉提出了"移动为先，云为先"的世界观，并将"Windows Azure"更名为"Microsoft Azure"，不过在中国依然保留了"Windows Azure"的名称。2014 年 10 月，纳德拉又展示了微软云计算未来发展的完整规划——以 Microsoft Azure 公有云、Office 365 和 Microsoft Dynamics 应用云为基础，微软将面向全球各个区域、众多行业、不同业务领域的客户，提供业界最完整的云计算解决方案。当时，在世界财富 500 强企业中，已经有 80% 的企业在使用微软的云服务。2015 年 5 月，纳德拉又在 Ignite 2015 上提出了微软的三大远见：重塑生产力和业务流程，构建智能云平台，创造更个性化的计算。与此同时，Azure

升级为微软智能云，并推出了基于 Azure 的 EMS 企业移动套件、OMS 运行管理套件。应该说，从那个时候开始微软云计算进入了 2.0 时代。

● 纳德拉

微软智能云——针对物联网的云计算解决方案

2015 年年底，在对微软中国资深云计算顾问王盛麟的采访中，了解到微软智能云可以说是微软针对物联网推出的云计算解决方案。当时王盛麟表示，在 2015 年，微软推出了从"云"到"端"的云计算解决方案，"在云上，有基于微软智能云 Azure 的 HDInsight 大数据分析、MySQL 数据库服务，并专门为物联网场景打造了 Azure IoT Suite 物联网套件。此外，我们还发布了 SQL Server 2014、APS 分析平台系统；在端上，2015 年秋正式发布的 Windows 10，不但显著提升了企业级云平台的安全性、管理性，而且专门推出了针对物联网的 Windows 10 IoT 版本，这些都为物联网运行和后台海量数据的处理提供了坚实的保障，从而在统一的、便于管理和扩展的架构之下，为物联网提供了全面的支持。"

对此举动，王盛麟解释说，物联网是云计算最理想的应用场景，而"云"与"端"结合的物联网，将会是未来的大势所趋。进一步而言物联网、大数据和云计算又将会是环境智能的基础，三者的有机融合将带来真正的环境智能。"微软正致力于打造一个完整的平台，帮助人们将数据转换为驱动'环境智能'的动力，让设备更智能、更主动地服务于我们，从而真正迈入'环境智能'的新时代。"王盛麟说，这是整个微软共同努力的目标，并且不无自信地表示，"只有微软才有能力做到这一点，Windows 10、SQL Server、Power BI 商业智能、机器学习、必应搜索，以及微软智能云 Azure，微软的每个产品和服务都在共同打造一个设备、服务和环境均能真正预见和理解人类需求的全新世界。"

从设备的角度讲，微软的 Windows 10 提供了针对物联网智能设备和传感器的专用版本，从源头上确保了数据接口的安全、可靠；在后台，微软云 Azure 将为所有数据提供稳定、安全、功能强大的运行平台；基于 SQL Server、HDInsight、Power BI 的大数据应用和机器学习，则帮助用户从庞杂的数据中获取真正有用的直观洞察。

• 王盛麟

而目前，微软正在将超大规模的云平台、对数据的发掘和管理、智能化的算法和直观的洞察展现——这一整套物联网解决方案打包成 Azure IoT Suite 套件，致力于让更多客户和合作伙伴可以直接从中获益。王盛麟透露，微软未来将要推出的 IoT 套件将针对不同的应用场景提供一系列的模板，例如：可以提前发现潜在问题、防患于未然的"预防性维护"；可以对生产流程进行实时监控，并在第一时间发出警告的"异常监测"；以及可以实现基于位置信息的设备管理的"数字围栏"等。

王盛麟同时介绍说，在物联网与云计算相结合方面，微软已经有了不少成功的经验。"例如，我们的合作伙伴、微软创投加速器毕业企业 Sensoro 就利用'云子'传感器和微软智能云 Azure，为传统零售业带来了颠覆性的变革，帮助客户实现了数十倍的销量激增。同时，他们也借助微软智能云 Azure 的全球化优势，迅速将业务扩展到了全球数十个国家。"

方案完整，用户广布

采访中，王盛麟还分析了在中国当下的"互联网+""中国制造 2025""大众创业、万众创新"热潮中，微软智能云 Azure 能给创业企业和中小企业带来的主要益处：

• 云计算解决方案架构路线图

显著降低了企业购置、运营、维护本地服务器设备的资金、人力、时间成本，从而让企业实现简单IT，以真正专注于核心业务的发展；

弹性扩展的灵活性，让企业可以从容面对上下波动的使用需求——既可以随时面对高峰期的峰值需求，又不会在低谷期造成资源的闲置和浪费。按分钟计费的方式，让企业的每一分钱都花在刀刃上，避免浪费；

开源模式，全面兼容各类操作系统和编程语言，并且确保用户来去自由，消除创业企业在"站队"上的困扰。北京、上海两地相距千里的数据中心提供最多6个数据灾备，以确保数据隐私的安全，并特别强调Azure是"有节操"的云平台，不会抢客户、偷数据；

为包括网站服务、移动服务、媒体服务、开发测试服务，以及HDInsight大数据服务在内的一系列PaaS级服务，提供模块化的开发运行环境，以实现媲美大企业的快速开发和部署；

Azure在全球24个区域运营，成熟、一致的平台和技术能帮助企业业务快速实现全球拓展。

"在帮助创业企业和中小企业实现业务创新的同时，微软智能云也在帮助传统产业、大企业完成商业转型，并带动更多中国企业的业务创新与转型，帮助企业实现'弯道超车'。"王盛麟补充说，并列举了一些案例。

转型中的中国企业客户

● 智能云用户

王盛麟表示，微软智能云Azure的企业级品质和高可用性让它成为ERP、CRM软件最理想的运行后台。"国际知名的SAP便运行在Azure上。在国内，SAP的合作伙伴中——建材信息系统有限公司也是我们的合作伙伴，帮助国内用户将 SAP 部署在我们的微软云上。而金蝶、用友这样国内知名的企业管理软件，也不约而同地选择了微软智能云 Azure，这也是对我们企业级服务品质的充分信任与证明。"历数着这些重量级用户，王盛麟不胜自豪。

不仅如此，微软智能云 Azure 的足迹已经遍布了多个行业，比如在市场营销领域，做广告监测的 AdMaster，每秒钟监测全网数万条广告的曝光，它不仅运行在微软云 Azure 上，而且还使用 Azure 的数据分析服务。另外，微软云的金牌合作伙伴——云波，也借助 Azure 打造了一体化的移动互联网解决方案。

在传媒和视频播放领域，微软与合作伙伴携手，为辽宁广播电视台量身定制了一套"大数据＋云计算＋移动应用"解决方案，以促进其业务创新与转型。此外，CNTV 也用微软云 Azure 顺利完成了春晚和世界杯的网络直播，将技术准备时间从过去的 3 个月缩短为 2 天，且让它们节省了近 90% 的开支；而 PPTV 和乐视网不但在微软云 Azure 上运营视频服务，还借助 Azure 遍布全球 24 个区域的优势，大力拓展国际市场。

在一些传统行业，像海航和中海油，都在采用微软云 Azure 革新内部业务流程，提升工作效率。在零售领域，海澜之家在利用微软云 Azure 提升效率；凡客诚品利用微软云 Azure 存储和备份关键业务数据；海尔也在微软智能云 Azure 上打造了自己的"U+智慧平台"。

三大优势助力中国企业转型升级

目前在中国的云计算市场上，尤其是公有云领域，微软是实质上唯一可以参与战斗的外企。对此，王盛麟解释说是因为微软云的三大优势：超大规模、企业级品质，以及可以支持混合云。

"首先，微软能提供覆盖全球的超大规模云服务。目前，微软云 Azure 已经在全球范围内的 24 个区域运营，这个数字两倍于其他公有云服务商，提供了真正全球化大规模部署的可能。云计算的优势就在于可以随取随用、灵活扩展、分布式扩展的计算规模，并以此来打破物理和地理上的局限。"

"其次，由世纪互联运营的 Windows Azure 是首个正式在中国投入商用的国际公有云。微软全球领先的云计算技术和运维经验，与世纪互联丰富的中国本土运维能力和资源相结合，为国内用户带来了安全、可靠、值得信赖的具有国际水准的公有云服务。

微软智能云 Azure，由世纪互联在微软技术培训和认证授权下在中国运营。它在北京、上海两地分别设有两个互为备份的数据中心，可以确保安全、可靠的日常运营和快速的灾难备份，并提供有财务赔付的 99.95% SLA 服务承诺。微软智能云 Azure 是第一个通过 ISO 27018 隐私保护标准的云服务，也是第一个获得了欧盟'第 29 条工作小组'最严苛的数据隐私保护认证。2015 年，由世纪互联运营的 Windows Azure 率先通过了国内首个'可信云'认证，并获得了国际灾难恢复协会颁发的'年度最佳业务连续性策略实时奖'。"

"此外，微软是目前唯一能同时提供公有云、私有云及二者之间无缝衔接的混合云解决方案的服务商。在私有云领域，微软的 Windows Server、SQL Server 传统优势明显；在公有云领域，微软云 Azure 是目前全球发展最迅速的公有云，能同时提供从 IaaS、PaaS 到 SaaS 的全面公有云解决方案，并且提供了全面支持 Windows、Linux 及各种编程语言，可以任意迁移、快速部署的开放性；同时，通过 System Center、Azure Stack 等创新，微软云还通过私有云和公有云之间高度一致的操作体验和性能，以提供完美整合的混合云解决方案。"

最后，王盛麟由衷地说："微软植根中国 20 余年，在国内市场上积累了良好的口碑、品牌影响力，以及充足的渠道资源和完善的合作伙伴体系。在云计算时代，微软也在全力推进传统合作伙伴——软件开发商（ISV）、系统集成商（SI）向云服务商（CSV）的转型，从而更好地为不同区域、行业、领域的客户提供基于微软云而量身定制的云计算解决方案。"他还介绍了微软过往几年，以及接下来的主要合作伙伴计划：

"探戈计划"，推动 1000 家 ISV 的云转型。微软提供技术支持，帮助 ISV 量身定制了基于微软云的云计算产品和解决方案，并利用微软的市场资源帮助其的推广、销售，从而推动了 ISV 向 CSV 的转型。文思海辉、华胜天成、光明网、上海微企、沃特，以及联讯互动——微软云正在帮助各个地区、各行各业的合作伙伴发掘更多的云机遇。

2015 年 7 月，微软与中国电信上海分公司合作，推出了中国电信 Windows Azure 云应用商店，搭起了云服务商与企业客户之间交流、交易的桥梁。2015 年 9 月月初，中国电信成为了 Office 365 大陆首家云直销合作伙伴。微软在与中国电信的合作中，充分发挥其优势资源和服务能力，以更好服务企业客户的需求。

2015 年 9 月，微软、紫光股份、世纪互联共同宣布，以基于微软技术，并由世纪互联在华运营的 Windows Azure 和 Office 365 云服务为基础，为中国客户，特别是国有企业客户，提供技术领先，运行可靠，并按照客户需求，量身定制的混合云解决方案及相关服务。

微软智能云 Azure 以开放的胸怀为第三方技术提供了广泛的支持，从而让合作伙伴更好地服务最终客户。Azure 可以运行 Oracle 的数据库和 Weblogic，2015 年 3 月，微软与思科合作推出了基于微软云平台和思科架构的混合云解决方案，2015 年 9 月，MySQL 数据库在中国率先商用，2016 年 2 月，Azure 宣布支持 RedHat Linux 和 Docker 容器技术。

微软与其他企业级服务商的广泛"竞合"，创造出更多共赢的机会。SAP 的企业级合作伙伴中——建材信息系统有限公司是我们的合作伙伴，一起为企业用户提供 Azure 上的 SAP 服务。同时，用友子公司，和国内领先的 ERP 解决方案提供商——畅捷通为中小企业打造的解决方案也运行在 Azure 上。金蝶的业务后台、赛门铁克的安全服务，同样把云服务放在微软智能云 Azure 上运行。

Cloud OS Network（COSN）战略合作伙伴，是微软授权具有资格的合作伙伴。它利用微软技术为客户打造基于微软云平台的混合云解决方案。联想是微软在中国第一家 COSN 战略合作伙伴，能更好满足企业用户的业务需求。2015 年 11 月签约的广东金万邦，主要为华南地区的客户提供服务。

2016 年 4 月，纳德拉在 Build 2016 开发者大会上提出"对话即平台（Conversations as a Platform）"的理念。同时，Cortana 分析套件升级为 Cortana 智能套件，牛津计划更名为"微软认知服务"，并推出"微软机器人框架"，为开发者提供了更多云端智能应用开发的可能；微软云 Azure 覆盖了全球 30 个区域——超过其他所有主要云平台服务商的总和；全球有超过 85% 的"财富 500 强"企业采用了微软云服务。从这些可以看出，未来微软云将在智能的路上越走越远。我想，这或许也是一直感觉到微软云与其他平台不太一样的地方，因为它时刻保持着与时俱进的姿态。

●纳德拉在 Build 2016 年开发者大会上的演讲

16

7 年与时俱进，
吃透云计算助力物联网

程小中

程小中，安畅联合创始人 &CEO，拥有 15 年的数据中心运维管理经验。同时在 BGP
自治网络规划运营、OpenStack、混合云架构、运维自动化，以及容器、日志大数
据分析等领域有着广阔的视野和丰富的技术实践，带领安畅发展成国内最大的管理
式云计算公司，被行业内称为中国的"Rackspace"。
安畅于 2014 年 10 月份成功挂牌新三板，成为国内新三板第一家云计算公司。目前
为 3 万家企业客户提供一站式的管理式云服务（Managed Cloud），每天承载 3.5 亿
网民的访问，成为中国移动互联网蓬勃发展的坚强基石。

2015 年，业界有云计算的收益元年之说，意思是做
云计算的企业，开始在云计算业务上有收益了。当我把这
句话说给安畅 CEO 程小中时，他却不以为然。他认为，
虽然 2015 年，不管是 IaaS 层，还是 SaaS 层的云计算企
业，业绩都有一定增长，但是基数还是很小，而 2016 年
才会真正进入收割期。对此，我想一个在云计算领域摸
爬滚打六七年的企业，定是比我有话语权的。

● 程小中

2007 年，网络电话冠军转型云计算

国内的云计算企业，尤其是公有云层面，被分为两个梯队，第一梯队是像 TAB 这样的巨头们；第二梯队，都是创业公司里面杀出来的黑马，而安畅就是其中的一员。

安畅注册于 2007 年，但是据程小中说，公司正式运营开始于 2009 年，因为安畅并非程小中的第一次创业。

● 安畅北京分公司

程小中用"IT 粉丝"来形容自己，说大学时代学的是计算机专业，2000 年的时候开始接触"互联网数据中心"这个行业，经历了当时的互联网泡沫时期。2005 年，程小中就和另外几位合伙人，创办了一家提供语音服务的公司，姑且理解为网络电话吧。这家公司的业务一直很好，一度曾冲到行业第一的位置，但是由于国家的电信政策对那个领域没有开放，以致于程小中及他的团队觉得公司规模越大，风险就越大，所以 2007 年便开始考虑调整方向。

程小中说，他们看到电信运营商的语音业务都在往数据服务的方向转移，故而感觉到只有数据在未来才是有前景的。于是便在 2007 年成立了安畅，以正式寻求转型。在那之后，程小中和他的团队尝试了很多新业务。直到 2009 年，才锁定了云计算的业务方向，并关停了原有的语音业务公司，从此踏上了二次创业的征程。

2009—2012 年，物理裸机云保生存

云计算正式进入中国应该是在 2008 年左右。在 2011 年，我们《物联网与云计算》杂志创始之初，接触了不少早期的云计算创业企业，其中大部分企业的创始人都是海归背景。这些企业大部分都在 2010 年和 2011 年这两年成为了云计算领域的耀眼明

星，但是很多在 2013 年便销声匿迹了。不过同样在 2013 年，也有很多新星的出现。因此，当程小中说，安畅在 2009 年定位提供云计算服务后，依然有着多次业务调整时，我一点都不奇怪。如若不然，安畅便不能成为 2013 年后云计算产业冉冉升起的新星中的一颗。

程小中说："一直到今天，我们的定位、模式、方向，也还是在不断地调整和变化中，所以有的时候觉得，讨论战略是件很奢侈的事情——战略是不断地被修正出来的。"因此，他将安畅正式进入云计算领域以后的从 2009 年到 2015 年的 6 年历程，划分为 3 个发展阶段，其中第一个阶段是从 2009 年到 2012 年。

• 2009—2012 年的安畅

因为安畅正式进入云计算领域之前，对云计算产业进行了两年的探索，所以进入该领域之时，便对核心业务有比较明确的定位。程小中回忆，当时他们对整个云计算产业相关业务的分析："整个云计算业务包括两个部分，第一部分是 IDC，其实就是基础设施的建设；第二部分是云服务。第一，我们觉得 IDC 这个生意，就是转售数据中心的资源，没什么意义；第二，云计算技术还没有真正成熟；第三，用户对云计算的接受度有限，仍处于教育市场的阶段，而作为创业公司还是生存最重要，所以必须以用户需求为导向。"

因此，2009年安畅开展业务时，基于市场的需求，采用了裸机云租用的模式，"在国外叫作'Bare-metal'，今天也被归结为私有云。本质上，虽然它是把一些物理裸机服务器，直接以租用的方式交付给客户，但是在上面增加了一些云计算的技术，比如自动交付部署、自动管理，包括自动化运维的技术等。这个产品在当时很符合一些企业级用户的需求，因为它们对公有云的可靠性存在质疑，但是又想以弹性的方式获取服务器的资源，比如按需租用——随时增加配置，或减少服务都可以。"

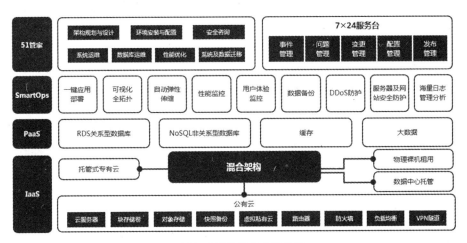

• 裸机云架构图及应用案例

程小中表示，安畅算是国内最早提供私有云服务的企业，并且在2009年到2012年间，安畅的业务一直保持着高速增长。采访中程小中无比骄傲地表示："到今天为止，在上海滩，安畅也还是这个细分领域中用户规模最大的企业。"与此同时，在2009—2012这个阶段，安畅基本完成了技术、经验和团队的原始积累。

2013—2015年，全面转战公有云

第二个阶段的调整是从什么时候开始的，程小中没有说具体时间，但是他特别强调了从2009年到2012年是第一阶段，所以我就姑且认为，这第二个阶段是从2013年开始的吧。程小中说，在第二个阶段，他们看到云技术趋于成熟，"市场开始热起来，尤其是原有的物理裸机云用户也开始接受公有云，便把自己的整个平台从物理裸机云转向公有云，并于2014年下半年，正式发布了公有云平台。"

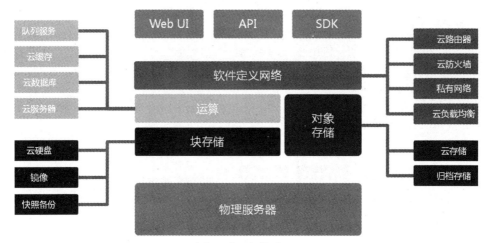

• 安畅公有云架构图

于此同时，安畅也获得了资本市场的青睐。2014 年 11 月，安畅在新三板挂牌，并启动了公司成立以来的首次融资，而且比较顺利地以 2 亿多元人民币的估值完成了 A 轮融资，且此次是由知名投资机构赛伯乐领投。

截至 2015 年年底，安畅的市场收益达到 1 亿多元；租用的机柜有一千多个；跟国内三大运营商，包括铁通、教育网等，以及一些海外一线运营商的网络全部贯通；累计服务的企业用户达十万家，活跃用户接近 3 万家，长期稳定用户达 6000 家左右。于此同时，安畅在中国香港和新加坡也部署了云平台节点，以为跨国公司提供便利。程小中透露，2016 年他们的活跃用户将会突破 3 万家，并会再布局 3000 多个机柜的资源，来应对接下来两年的发展。

• 安畅的海外数据中心

2016 年，战略布局混合云

到了 2016 年，程小中认为，在公有云的 IaaS 领域，格局已经相对明显，几乎未来就是几个巨头的天下，但是他并不认为小公司，或者初创企业就没有机会了，因为，"首先市场非常大；其次它是多领域、多层次的，有很多细分领域的需求，巨头可能没办法覆盖；再次，云的生意是有黏性的，你只要起得早一点，快速地获取了一波客户，达到了一定的规模，且只要自己不犯太大的错误，不出太大的问题，这些客户就不大会流失。"同时，程小中说，以安畅这些年在云计算领域的市场经验以及前瞻调研，可以看出一些企业级用户更愿意把自己的业务多点部署，而不是锁定于一家云服务商。

在这样的认知下，程小中认为，安畅下一个阶段，就是未来的 3 ～ 5 年内，应该走混合云的路线。其实混合云的概念目前在业界并不新鲜，但是程小中理解的混合云略有不同："第一种场景，我们认为未来有一些弹性、开放的业务放在公有云上面，而有些对私密性、安全性要求比较高的业务则放在私有云上；第二种场景，我们叫'云与物理架构的混合'，比如说数据库没法儿跑在云上面，只能还是用物理架构，而其他一些业务可以在云上运行，所以怎样把云的虚拟化环境与物理的环境结合起来；第三种场景，比如用户在亚马逊和安畅的公有云平台上都有一些业务，怎样把它们打通。"

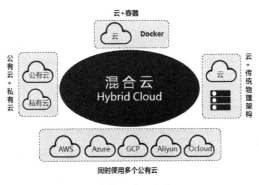

• 安畅混合云架构

基于这样的理解，安畅的混合云便具备了多个维度的属性。为此，安畅一是把 IaaS 层的产品战略修正为"一站式构建混合云"的场景；二是针对混合云的场景，把研发的重心一部分调整到未来混合云的管理和运维层面。程小中说，希望他自己的判断是对的，这样再过一两年，市场的需求点爆发的时候，安畅正好可以有一个符合用户需求的产品推向市场。

市场新版图，深入物联网

之前安畅的用户，虽然可以分为互联网公司和传统企业两大类，但是没有明显的行业特性。程小中说，安畅最初切入云计算市场时，定位是在一些有一定业务规模，并且有一定支付能力的初创类企业级市场。虽然这类企业会使安畅的客户群体极度分散，产品和服务的输出被过度地长尾化，但是在安畅看来，他们是整个社会创新的主要力量，会不断地成长壮大，同时他们的 IT 运维力量都很薄弱，所以安畅的能力就更具价值。

或许正是这样的选择，为安畅进入物联网领域赢得了先机。随着产业的不断发展，安畅发现互联网公司和传统企业也开始出现了明显的交集。比如新兴的互联网公司，基本上都是针对某一个传统行业去做深度服务。同时，传统企业也开始拥抱互联网，而安畅一直比较关注一些新兴市场，所以在医疗大健康、移动广告营销、互联网金融等领域，已经积累了一些标杆客户。

不过程小中表示，从 2016 年开始，安畅会更加主动，或者说会调动更多力量，向整个物联网产业布局。"我觉得物联网的想象空间很大，尤其是对于我们做云计算的企业，在接下来几年的发展中，物联网可能是最主要的推动力。"程小中如是说，"我们刚刚开过会，下一阶段，安畅的市场重点要向物联网领域延伸。"他同时表示，2016 年上半年会在北京设立分公司，广东也会设点。"我们现在来自北京和广东的客户占 40%，但是在广东一个业务人员都没有，一个广告都没打，所以尽快布局是我们 2016 年的重中之重。"程小中的话语中透着迫切之感。

· 2016 年 5 月安畅＋合作伙伴大会

谈到这几年的创业历程，程小中表示，有艰难，但是更多的是快乐。"不是有本书叫《创业维艰》吗？所有企业都一样，每天都会遇到各种各样的问题，但是解决这些问题也是很有意思的事情。"程小中笑言，不怕问题和困难，并且现在安畅的业务已经进入了一个比较良性的状态，"马上就会进行下一轮的融资"。

2016年5月月初，听说安畅的战略部署又要拓展一个新的领域，即云计算的运维服务，也就是说，未来安畅还会为使用阿里、亚马逊、微软及其他公有云平台的企业提供运维服务。说到这里，不得不钦佩他们超强的行动力。或许在IT行业，只有保持超强的行动力，才能保证企业不断地发展壮大，因为它本身就是一个瞬息万变的行业。记得有位IT界的朋友说，后悔大学时代选择了计算机专业，后悔毕业后从事了IT行业，每天都要学习新东西，每天都要应对新变化，"实在是太累了"。不过，这或许正是这个行业的吸引力所在吧，"挑战无时不在"！

● 程小中采访视频

人工智能借云得善价，
捷通华声蓄势待飞

张连毅

张连毅，北京捷通华声科技股份有限公司董事长。1989 年毕业于清华大学环境工程系。1989 年至 1992 年任职于清华大学科技开发总公司（今紫光集团），与清华大学电子工程系吴佑寿、丁晓青教授合作，致力于共同推进中国汉字印刷体识别系统的商品化进程，成绩卓著。2000 年与中国科学院声学所研究员吕士楠先生、清华电子工程系陈明博士创建了北京捷通华声科技股份有限公司，致力于人工智能产业的发展。2011 年推出首个全方位人工智能开放平台——灵云。为推动清华人工智能学术与产业的发展，发起并成立了清华校友人工智能联盟，而且投资创建了清华灵云人工智能研究中心，致力于实现"灵云科技 源自清华 服务全球"的战略发展目标。

　　首次接触张连毅是在 2012 年年初。他的公司——北京捷通华声语音技术有限公司刚刚发布了全方位的人机交互平台——灵云。当时物联网概念正火，所以一见面他就说，要跟我探讨什么是物联网，想知道物联网未来对他们做人工智能的会不会有影响。说实话，那时候我对物联网的理解也不深刻，所以我想我的一知半解并没有给他带去什么有用的启示，倒是灵云深深吸引了我。

● 张连毅

2011 年，高瞻远瞩布局 9 项人工智能技术

灵云到底是什么呢? 捷通华声于 2011 年 11 月份对外发布这款产品的时候，给它的释义是：全方位的人机交互平台，不过今天已更名为全方位的人工智能开放平台。在那次发布会上，张连毅宣布：捷通华声的定位，由原来的多项人机交互技术发展为全方位的人机交互技术；公司的核心技术从原来的 2 项变为 9 项：在原有语音合成和手写识别的基础之上，增加了语音识别、图像识别 (OCR)、语义理解、机器翻译、声纹识别、人脸识别，以及指纹识别 7 项核心技术能力。

张连毅说，他梦想中的灵云，可以为任何云 + 端的应用提供一种双向的感知能力——信息端感知人、人感知终端信息。"它是一种能够通过语音、手写、拍照和手势，未来甚至可使用脑波识别等智能手段来操作，并可感知手机、计算机等数字设备的网络云服务。"

● 捷通华声灵云产业生态

● 灵云全方位人工智能开放平台

灵云的后台可以实现对大量数据、信息的整合、分析与处理，所以整个灵云系统可以让手机、电脑等数字设备在与人交互的过程中，实现"能说会听、能写会识，能思考会判断"的目标，感知并完成人们过去只能通过键盘、鼠标发出的操作要求，从而使机器设备具有全方位、多样化的人机交互能力，使之与用户之间的交互变得轻松、简单、自然，更回归人性，以促进人与机器之间的和谐互动。

记得当时张连毅还向我展示了一个类似于苹果手机上 Siri 的语音交互客户端"小唐龙"。张连毅当时对此还颇为自豪：小唐龙不仅会说汉语，而且能说好汉语，"希望给用户带去的感觉不是跟机器对话，而是跟人对话，这是我们想做到的。"

• 人机交互平台形象小唐龙

后来，张连毅坦言说，捷通华声发布灵云的时候，其实还没有完全掌握这么多的核心技术，"构建灵云平台初期，我们通过整合自我与引进技术提供服务，向业界传递灵云是一个怎样的平台，将会为产业提供什么样的服务，但是在接下来的两三年，捷通华声全面掌握了灵云平台上所有的人工智能技术能力"。

说到这些，张连毅透露，当时他做出这一决定的时候，不仅外部，公司内部也有一些人提出质疑，不相信捷通华声能够研发出这么多项人工智能技术，而且这预示着公司在做出一次巨大转型。"但是我们没有因此而放弃，或者说放慢脚步。今天来看这次转型是成功的，所有的努力都得到了回馈。"张连毅如是说。

26 年前的初心：实现人工智能技术的融合应用

如果追溯捷通华声的发展历史，就会发现创业团队进入人工智能技术领域已经有26 年，也就是说，早在 1990 年，张连毅及其创始团队就已经在进行人工智能相关的技术与应用研究了，并且当时他们就有个梦想：实现人工智能各项技术的融合应用。

张连毅回忆说，早在 1989 年，大学毕业后，留校任职于今天的紫光。他受命于当时的董事长，到清华大学去寻找一些可以商品化的人机交互技术。期间，他跑遍了清华的计算机系、电子系、自动化系等，发现几乎每个系都有国家扶持，在做一些诸如语音合成、语音识别、语义理解、机器翻译，以及 OCR 文字识别等项目研究，但是每个系的研究方向都是单一项目。说到这里，他道出了原委："人类一直梦想能够造出一个和自己一样的机器，但是在很多方面都很难实现，比如首先，人对自己的认知不清楚，其次，硬件技术、算法技术都有很大的局限性。另外，每一项人工智能技术的背后都不是单纯的计算机技术，比如语音合成涉及语言学、社会科学，甚至哲学等，所以说很难一下子就把人的所有功能都造出来。不过，人类也很聪明，既然不能一下子造出一个'人'，就将它分解，比如先让它能听懂人说话，然后再让它能说话等。"在这个过程中他很朦胧地意识到，这些人工智能技术在未来应该向融合应用方向发展。

抱着这种朦胧的意识，1992 年，张连毅离开了紫光，在当时国家科委 863 计划的支持下，与清华大学电子工程系丁晓青教授联合创办了文通公司，主要提供 OCR 技术服务。2000 年，与专注于研究 OCR 技术的清华校友曾陈明博士，并在中科院声学所吕世楠、北京大学顾小凤两位专家教授的支持下，一起创办了北京捷通华声语音技术有限公司。这家公司定位于提供多项人工智能技术，并开始自主研发语音合成和手写识别技术，之后便一直在此领域深耕，直到 2011 年。

● 捷通华声董事长张连毅（左三）拜访张钹院士（右二）

在这期间，捷通华声取得了不菲的成绩：拥有自主知识产权的中文语音合成、手写识别技术在国内语音、图像识别技术市场上的占有率达到 50%，并逐步发展成为国内第一家同时提供语音合成、语音识别、手写识别和 OCR 等多项人工智能核心技术的企业。在金融、电信、交通、能源、军事、政府、医疗，以及教育等领域都有广泛的应用。特别是金融领域，在近 80% 的企业客户服务中心平台中得到了普遍应用，如中国银行、中国建设银行、中国农业银行等。在 2008 年奥运会、2010 年世博会，以及全国各地的高铁项目上，也都有采用了捷通华声的语音合成技术与产品。

三驾马车助力人工智能跨越发展

或许也正是这样的发展历史与成绩，使得 2011 年，当张连毅提出，捷通华声要布局 9 项人机交互技术时，虽然有人会担心，但张连毅和他的团队仍然充满信心。现在回看当初的选择，张连毅认为，人工智能无论是在学术界，还是在产业界，都是大势所趋。

"近几年来，几个事情同时发生了，一是 GPU 服务器的产生；二是云计算的成熟；三是大数据的出现。打个比方说，就是 GPU 服务器和云计算让我们有了一个好的灶台，而大数据则为我们提供了很好的食材，这让我们炒一大锅菜成为了可能。与此同时，机器学习也趋向成熟了，也就是说，我们不仅有了灶台和食材，还有了更好的方法。""在这样天时、地利均具备的条件下，人工智能技术获得了史无前例的突破，而其更大的意义在于，只要掌握了工具、材料、方法这三个要素，人工智能从此就不再因神秘而高不可攀。"人工智能技术的成熟，意味着实用化应用的开始。未来几年，可以说人工智能终于要开始全面爆发了。"人工智能的未来发展还会有起伏周期，但这一次相信不会再出现一会儿升到顶峰，一会儿又暴跌谷底的情况了。此时同时，我们的战略也许会有调整，但产业增长已成大势所趋。"

对此，张连毅坚信不疑，"人工智能的概念已经提出 60 年了。虽然以前也出现过发展高潮，但是没过多久就又冷下来了，因为每次人工智能中的某项技术取得了突破，大家都会很兴奋，但在实际应用中却发现还是有差距；这一次不一样了，人工智能必备的硬件、软件技术都相对成熟了。"由此张连毅判断，人工智能这次能引起人们的长时间关注，"因为一是大家发现它能用了，二是用户的包容心增强了很多，比如语义理解，以前用户希望我问什么，机器都要懂；现在大家明白了，虽然还达不到那么理想的效果，但是已经可以解决很多问题，比如智能电话客服，虽然不能全面回答客户的所有问题，但基本的问答已经实现。这不仅方便了客户，也提高了我们提供的客户服务的工作效率，从而大大降低了企业成本和管理难度。"张连毅透露，滴滴打车使用捷通华声的智能语音客服后，"几条电话线就代替了近 100 个人工客服座席"，由此可见人工智能技术的巨大威力。

说到这些，张连毅表示，灵云平台自向产业全面开放以来，通过服务百度导航、搜狗导航、导航犬、滴滴打车、汉字英雄、天行听书、天行输入法，以及触宝输入法等"家喻户晓"的移动应用，及阿里、京东商城、携程网和去哪儿网等大型互联网平台，已经可以使中国13亿社会大众充分感受并体验到人工智能技术为现代生活所带来的轻松与便捷。

于此同时，捷通华声通过以人工智能技术为核心的应用系统、应用产品的形式，针对不同行业的特殊需求，为行业客户量身定制各种解决方案，并已经陆续推出了灵云各项智能解决方案、实体化产品智能化服务，如实体机器人等。捷通华声的这些产品和方案，不仅得到了华为、中兴、Avaya等系统集成商的广泛认同，而且在农业银行、中国邮储银行、中信银行等金融行业客户；国家电网、中国石化、中国石油等能源行业客户，以及中国电信、中国移动、中国联通等通信行业客户中，都有普遍的应用。

数十载深耕终迎风绽放

与张连毅的轻松交流中，我发现他对人工智能的认知，似乎与2012年时也是稍有不同的，比如当时他给我演示小唐龙时，特别强调了"希望用户感觉到是和人对话，而不是和机器。"然而今天，他似乎已不再苛求完美。当然，对于这一变化，他归功于用户的包容，并说，因为用户的包容，也让人工智能企业的路更容易走了一些。伴随而来的就是，各行各业对人工智能的青睐，更有来自资本界、学术界等的支持，这也让捷通华声有了更好的成长环境。

• 捷通华声办公室

2013年，清华大学产业基金投资捷通华声，双方形成战略合作关系。2014年，北京清华工业开发研究院与捷通华声联合创建了"清华灵云人工智能研究中心"。同时，清华校友总会邀请捷通华声共同成立了"清华校友人工智能产业联盟"，并由中国人工智能领域的泰斗张钹院士出任联盟理事长；同年，清华海峡研究院与捷通华声联合创建了"人工智能研究中心"，也由张钹院士出任研究中心主任。在此全方位合作的基础上，捷通与清华大学电子系、计算机系、自动化系建立了稳定的合作研究机制，并以清华大学为强大的技术后盾，深度融合清华大学前沿人工智能技术，与多个实验室的教授所带领的研究团队共同进行了技术研究，从而全面开展了智能语音、智能图像、语义理解和生物特征识别等技术的研究与灵云产品化应用，在将清华多项人工智能技术进行产学研转化的同时，也促进了灵云各产品核心技术性能指标的提升。

张连毅还透露，捷通华声与清华大学的合作得到了包括清华校友在内的肯定与支持。2016 年年初，清华大学完成了对捷通华声的追加投资，成为捷通华声除了创始团队以外的最大单体股东。于此同时，还有更多的资本也参与了进来，并且，捷通华声目前的 8 个外部股东中，有 6 家都是与清华大学有关的。

每一步前行都扪心自问：是否对推动产业发展有益？

捷通华声定位是一家专注于人工智能技术的公司，"我们只做技术，不管别人拿这些技术干出了多么惊天动地的事，我们都不会眼红，更不会去抢人家的饭碗。"张连毅如此笑言。不过，张连毅的身上却有着清华人特有的家国情怀。他认为，捷通华声虽为一家民营企业，却是代表着"国家"水平的"非国家队"，所以他的梦想是推动人工智能技术，促进中国产业的升级与进步。他说，捷通华声本着以"技术为核心，服务为己任，技术服务生活"的企业发展理念，十几年来只做了一件事：把人工智能技术做出"中国水准"。捷通华声企业文化的精髓一是真，二是实，所以它在成长的过程中，从来没有放弃过对"什么能够真正推动产业发展"的思考，包括 2011 年决定转型，也是经过对这一问题的深思熟虑后做出的。

他说，当时一直回溯计算机乃至互联网和移动互联网产业发展经历的三个阶段：

第一阶段，代表企业是 IBM。20 世纪 50 年代，IBM 这个蓝色巨人，把人类社会带进了计算机时代。键盘成为了人们操作计算机的一个非常有代表性的交互手段，这个手段的使用持续了长达几十年。

第二阶段，代表企业是微软。这个过程中典型的人机交互手段的代表：鼠标。由于微软、英特尔联盟所带动的整个 PC 或者说软件产业的快速发展，鼠标成了普通大众使用电脑的最主要设备，其使用率远远超过了键盘。

第三阶段，代表企业是苹果。苹果的典型特点：全面提高用户体验的亮点就是触摸。苹果的成功体现在带有典型触摸特点的技术和产品，实际上这也标志着触控技术成为了一个产业新的标准。

然后他就想，下一个阶段会是什么? 或者说推动产业发展的下一个焦点是什么? 苹果所推动的触控时代，代表着人们对手机、计算机等数字设备操控手段的进化步入了一个全新的阶段，但是，他断定一个更自然、更人性化的人机交互体系必将取代单一的触控技术，成为未来的主流。

最终，张连毅认为，这一体系就是人工智能技术，即全方位人工智能交互系统。人工智能技术，关键是模仿与学习人。所谓语音合成就是模仿人的说话;扫描识别、拍照识别，就是模仿人的眼睛;语音识别可以理解成模仿人的耳朵;语义理解就像人的大脑在思考。只要把这些技术组合起来，就能构成一个完整的"人"。这也就是为什么在2011年他提出，捷通华声要打造 9 项人工智能技术，提供全方位人机交互服务的原因。

不过同时张连毅也认为，"其实人工智能就这么简单"。他不同意有人把它说得多神秘，多可怕。"说到人工智能，人们经常想成机器有一天会把人给统治了，也许这都是受《黑客帝国》电影的影响。其实，要是说机器战胜人，那早就实现了。当我们发明出来机器、汽车，甚至是计算器这样的设备时，机器就已经战胜人了，更别说现在的电脑、手机。然而，这些设备并没有代替人，而是给人一种非常大的帮助，也就是说，未来将是人和机器设备、人工智能的融合发展，而不是说人会被人工智能取代。"

说到当前社会一些关于人工智能的夸张论述，张连毅显得很不以为然。他认为，有个别企业为了自己的私利，故意将人工智能夸大其词，从而给人工智能披上了神秘的外衣。"无非就是想从政府，或者资本市场'圈到'更多政策与资金，但这却是一种对社会、对社会大众不负责任的做法"。他希望有一天能就"人工智能到底是怎么回事"与社会大众进行交流与展示。为此，2016 年 6 月，捷通华声和清华大学联合举办了一期论坛，以"正解人工智能"。

• 张连毅采访视频

18

智慧生活的"幕后"推手

雷巧萍

雷巧萍，云智易智慧生活物联平台联合创始人之一兼 CEO。早年就职于网易、新浪，2010 年开始服务于企业智能设备的连接与管理，成功服务过联想、用友、中国移动等知名企业。

2014 年接受易居中国的战略投资，创建了云智易智慧生活物联平台，专注于消费物联网，集多年积累技术的优势和投资方易居中国的战略资源重新出发。经过 2015 年一整年的发展，做到了智慧生活物联平台的第一品牌的地位，并赢得了超过 1000 个新客户，包括 GE（美国通用电气）、方太、天际、国美、德国凯驰，以及美国 H&K 等品牌客户，建立了物联网全产业链生态合作伙伴 100 余家。

多年物联网设备的服务经验和十余年的消费者互联网使用行为的研究，对传统产业智能化转型的发展趋势和云平台的定位，以及物联网产业在智慧生活领域该如何落地，有着深入的思考和独到的见解。

物联网社交圈里的女性创业者非常少，所以当我见到云智易的创始人兼 CEO 雷巧萍时，有一种亲切感。当时，便跟她探讨起了关于女性创业者的问题。她说，早在 2010 年以前她就在互联网的社交圈有过创业经历，当时没觉得女性创业者少，但是到了物联网领域，智能硬件的社交圈里，"发现大部分公司，不仅创始人

• 雷巧萍

都是男性，而且从业者也以男性居多，招聘时女孩子投简历的都很少"，以至于公司同事们都问她，"怎么总招男生？"她只能无奈地表示，"来应聘的都是男性啊"。说完我们都笑了。

利基市场战略——专注智慧生活，以场景定义服务

云智易，是雷巧萍在 2014 年创办的公司——广州云湾科技有限公司推出的专注于生活类智能硬件的物联网云平台，或者说 PaaS 平台。从定位来看，首先它聚焦的领域是生活，其次它服务的对象是硬件，最后它的属性是云。

• 云智易团队 2015 年年会宣传页

"生活"这个词，或是因为经常出现在诗歌、散文里的缘故，大部分时候都以相对抽象的姿态呈现在人们的脑海里，不像家居、可穿戴、农业、医疗等有比较清晰的范畴或者界限。因此，当雷巧萍介绍说，云智易物联网云平台主要为智慧生活类硬件提供服务时，我不断思索着会有哪些硬件产品与生活相关。不过雷巧萍的解释，给我进行了一次对于"生活"认知的洗礼。她说，云智易定义的生活，是以人为核心的活动半径。围绕一个人，其活动范围可能包括家庭，然后到社区，再到办公室，或者是附近的商

圈。那么，云智易要支持的生活类智能硬件，就是指在人的这些活动范围内，会接触到或者使用到的一些硬件产品或设备，比如家庭里的厨房设备、灯光设备，社区里的快递设备、门禁设备，办公室里的空气管控设备，商圈里的停车设备、刷卡设备等。"我们对生活的认知，是按照场景来划分的。"雷巧萍的一番话，让我突然意识到，如果把"生活"这两个字中的罗曼蒂克色彩去掉，是可以完全用实实在在的物质来诠释的，且并没有那么抽象。

云智易把生活切分为八大场景：家居、出行、商业、社区、健康、照明、安防，以及环境空气。不过据雷巧萍介绍，目前云智易并没有将这个八个场景全部覆盖，而是选择了照明、安防、厨电和环境空气四个场景作为切入点。"我们希望能够将单个场景做深。"雷巧萍说道，"不过在实际运营过程中，我们发现这样单个场景切入的方式，并没有造成我们在某个领域很强，而在另一个领域很弱的现象，因为实际上所有场景都是相互交叉的，比如在厨房场景中，不仅包含厨电设备，还会涉及到照明，以及防烟、防水这种消防设备，甚至是摄像头，因为如果监测到小孩进了厨房，就可以把煤气、电等对于小孩来讲比较危险的设备关闭。同样，在照明的场景中，也会涉及安防、环境空气，甚至是健康等。"从雷巧萍的一番话中，可以看出云智易对自己发展走向的清晰脉络：单点切入——垂直深耕——横向扩展。

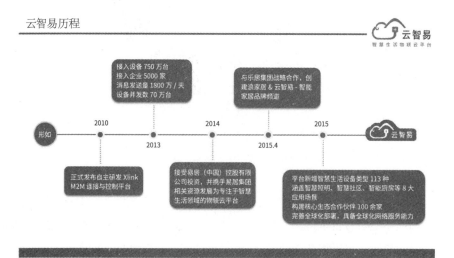

• 云智易发展时间轴

• 云智易商业模式

连接、开发与数据运营，三层服务助硬件

谈及云智易平台的具体产品和服务，雷巧萍将其概括为 3 个子平台、21 个子模块、8 个行业解决方案。

第一，连接平台。所谓连接，即让硬件可以联网，可以与服务器、与人交互，以及与其他设备联动。众所周知，这是硬件智能化的第一步。据雷巧萍介绍，通过云智易平台，硬件实现联网最快仅需一周时间即可。同时，云智易平台的高度可扩展性，能够轻松应对从几万到几百万的设备并发连接；开放的平台架构，可以实现智能硬件设备快速对接第三方平台。

第二，开发平台。首先，云智易可以提供成熟、兼容性强的嵌入式 SDK，无论是基于 Wi-Fi、BLE 等开发的智能单品，还是采用 ZigBee、RFID 或 Z-Wave 协议的智能化系统解决方案，都可以任意选择适合自己的 IoT 芯片。其次，在应用端，云智易提供的 App 快速开发 SDK 和技术文档，兼容 iOS、Android 平台、HTML5 嵌入式界面。同时它还提供了 App 端通用业务功能模块的实例源代码。这不仅能够极大地简化开发者的开发工作，而且还通过丰富的接口，将服务能力开放给上层应用和第三方系统。同时，云智易模拟器可以帮助从事硬件智能化的企业在正式量产前，快速进行产品原型的开发。对于提升产品的成功率来说，这一点至关重要。此外，云智易产测工具可以提供便捷的量产测试和服务支持，包括固件的配置管理、批量的授权、设备灵活的激活机制等。总体来说，云智易的智能硬件开发平台提供了一套完善的 SDK、RESTful 接口、模拟器和产测工具等开发工具，可以帮助硬件开发者实现快速开发和集成。

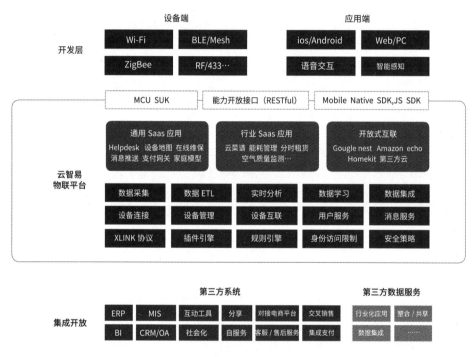

• 云智易物联平台技术架构图

第三，运营平台。雷巧萍对其的形容是：为企业提供成熟的、开箱即用的设备和用户运营平台，包含用户画像系统、售后服务系统、商业设备运营与云菜谱等 15 个运营模块。其中的数据平台已集成 AI 工具，具备数据集成、构建数据模型、数据分析等能力，可视化、易用的数据分析界面，以及自行定制数据报告。同时，平台和数据接口成熟、开放，可与企业自有的应用系统，如 OA、ERP 等快速集成。

总体来讲，云智易是一个面向智能硬件开发者，提供云端接入、远程设备管理、设备诊断、固件升级、数据收集、数据存储和数据分析等一站式服务的云平台。换句话说，一家企业，想要开发一个智能硬件产品，或者说将自己原有的硬件产品进行智能化升级，那么在云智易的平台上，就可以找到它需要的所有组件或者开发工具，以构建出产品的原型，包括产品本身的联网功能，以及用户端的 App。当然这些原型是软件层面的，因为雷巧萍表示云智易，"坚决不通信模块"。除非，你开发的硬件在云智易所定义的几个生活场景之内。

经过 2015 年一整年的发展，云智易智慧生活物联平台上接入的智慧生活类硬件产品的厂家，已从云智易品牌建立之初的 49 家，迅速增长到了 1000 家，设备种类达 100 余种，数量突破了 200 万台，并建立了物联网全产业链生态合作伙伴 100 余家。其客户涵盖众多世界 500 强企业，如照明行业的 Top 品牌：GE、欧司朗，高端厨电领导品牌：方太，空气净化高端品牌：凯驰、美国 H&K 等。

• 云智易团队云智易 2016AWE 展会现场团队合影

• 云智易获 AWS 中国区第一批 APN 认证合作伙伴

5 年 M2M 平台创业经验的总结：要深耕一个行业

其实云智易算是雷巧萍在物联网领域的第二次创业。早在 2010 年，她便参与创办了一家基于 M2M 提供商业设备连接服务的公司。雷巧萍回忆说，那时候她们对公司的定位是做物联网界的利乐，"因为不管是牛奶还是果汁，都要用到利乐包装。"也就是说，当时他们是希望，所有从事物联网的企业，只要有设备联网的需求，就都是通过他们的平台和技术得以实施。换句话说，当时雷巧萍的团队提供的是一种泛物联网的技术平台，即它有很多种发展的可能性，可以支持零售行业的设备，也可以支持工业，还可以支持农业等。不过，当时他们支持最多的是商业设备，比如商场里的 POS 机。

• 云智易团队云智易 2016AWE 团队留影

　　雷巧萍说，后来他们逐渐意识到这种通用的 M2M 平台，可能更适合亚马逊这样量级的企业去做。同时，他们也看到了物联网开发平台的行业化特性相当明显，所以又觉得自己应该去做牛奶，或者是果汁，并且在牛奶或果汁领域做到最好。因此，雷巧萍决定不再做泛物联网的业务，而是选择一个行业做深。

　　与此同时，雷巧萍也感觉到了自己身边发生的悄然变化，比如无线芯片价格的持续下降，芯片原厂在低功耗广域网领域研发力度的加强，以及对物联网产业的重视不断提升等。恰在此时，轰动整个信息科技界的谷歌收购 Nest 事件发生了。市场敏锐度颇高的雷巧萍，自然不会无视这个事件带来的冲击。因此，经过一番斟酌后，2014 年年初，雷巧萍在原有公司成立了一个部门，开辟了专注于生活类的硬件智能化服务的物联网云平台——云智易。同年年底，国内房地产行业排名第一的咨询公司——易居中国，对云智易进行了战略投资。此后，"云智易"这个品牌开始独立运作，雷巧萍也开始了自己的第三次创业。

　　说到这些，雷巧萍感慨到："对一家公司来讲，一开始就能定一个永恒不变的目标，是不可能的，只能说你的初心不要有太大变化，或者说大的方向不要改变。"也正是那一段时间的经历，让雷巧萍对物联网有了更深的认知，让她现在坚持聚焦于智慧生活这个领域。

● 云智易客户及合作伙伴　　　　● 云智易经典案例"C by GE"

　　我记得有位做投资的朋友讲过，说一旦女性选择创业，成功的概率就都会比男性大，因为实际上女性的抗压能力更好。我觉得说的不无道理，因为选择创业的女性本来就比男性少，本身或许就能说明女性更加理性，一旦选择了，就会坚持到底，这应该是从另一个层面对理性的体现吧。

　　从云智易出来时，已接近中午 11 点，大部分人才陆陆续续到公司。雷巧萍说，因为都是 80 后、90 后，喜欢晚上工作，所以公司就配合他们的规律，并没有严格的上下班制度。况且又是创业公司，大家都凭自觉，以任务为导向，而不是制度。当时我脑海里立马跳出了一个词——自由。或许"自由"式工作将成为未来大部分企业的组织方式吧！

● 云智易团队工作照　　　　　● 雷巧萍采访视频

19

二十载传感器厂商，一朝翻手触云忙

蔡奇男

蔡奇男，毕业于云林科技大学企管研究所 (EMBA)，自动化领域精英管理人士，专注自动化产业创新技术应用与发展，具有丰富的市场营销和企业管理经验。

现任研华科技工业自动化事业群中国区总经理，领导和带领团队进行中国工业自动化市场的业务，致力于推动代表先进技术发展趋势的可编程自动化控制技术 (PAC) 和 SCADA 组态软件 WebAccess，并关注研华在物联网应用与解决方案领域的发展。蔡奇男 1995 年加入研华，历任中国台湾地区研华科技业务工程师、业务课长、业务副理、业务经理和业务总监；2004 年起加入中国研华，带领工业自动化事业群销售团队积极开拓工业自动化业务，成绩斐然；2009 年升任工业自动化事业群中国区总经理，一直执着地推行垂直行业深耕战略，为电力、能源、楼宇和设备自动化等行业提供了品质稳定，性能卓越的产品和整体解决方案，并大力倡导对渠道代理商体系认证和研华培训中心的建设。在蔡奇男的领导下，工业自动化事业群的战略发展方向明确，并确保业绩稳定、强健的发展。

　　提起嵌入式元器件、工控电脑、工业自动化等词汇时，大部分业内人士都会想起研华科技。这家公司总部在中国台湾地区成立于 1983 年，并于 1999 年在台湾地区上市，是世界领先的智能系统解决方案厂商。虽然研华的产品不像日常生活用品一样随时、随地都能看得到，但是却像日常生活用品一样为我们所必需。研华在 21 个国家、92 个主要城市都设立了办公地点，拥有 7000 多名员工，并在 12 个领域开通了免费服务热线。从这些可以看出，已经有三十多年历史的研华，算是一艘"大船"。

定位智能地球推手，做嵌入式物联网领导厂商

● 研华蔡奇男

首次接触研华科技是在 2009 年，那时候我还没有涉足物联网行业，而是在轨道交通行业从事相关工业媒体业务，所以那时对研华科技的认知和了解并不深入，也不全面。与研华科技的深度接触开始于 2012 年，当时研华科技提出了"智能地球的推手"的口号，在这个产业定位的统领下，研华嵌入式电脑事业群和工业自动化事业群分别推出了 SUSIAccess 和 WebAccess 两个软件平台。也是在那个时候，我们对研华科技工业自动化事业群大中华区总经理蔡奇男进行了一次采访。一直到现在，蔡奇男的一句话都让我印象深刻："我们非常清楚、坚定并相信着物联网时代终将全面来临"。当时研华科技刚刚将"Enabling an Intelligent Planet / 智能地球的推手"作为自己的新愿景和新使命。

提起这一口号的由来，蔡奇男阐述了处于萌芽期的两年发展历程。自 2009 年 IBM 提出"智慧地球"构想，和同年 8 月前国务院总理温家宝在无锡视察工作时提出"感知中国"后，研华科技敏锐地意识到物联网时代即将到来，而这必将会改变整个产业，乃至社会的格局。因此，为顺应时代的发展，研华科技于 2011 年率先提出将"智能地球的推手"作为公司的使命，致力于成为自动化市场、嵌入式电脑市场及智能服务等领域的全球领导品牌。

他同时透露，最初提出该口号之时，包括在研华科技内部，都对这一新名词产生了质疑。大家都觉得，这一概念是不是太大了，智能地球、物联网会不会只是形式上的东西。然而质疑归质疑，并不影响研华科技业务的开展，因为据蔡奇男介绍，按照当时物联网的技术研究路径，研华科技系统化的物联网应用业务已经开展了近 15 年了。

例如，在电力能源领域，研华科技的产品在太阳能热电控制系统、风电 SCADA 系统、数字核电站系统中早就有应用，并开发出了智能变电站和自动调度水电站等方案。

在智能交通领域，研华科技的交通流量监测系统、实时交通信息显示系统、码头起重机控制系统、铁道路口实时监测系统和铁路监测与控制系统等产品，应用已经遍

布铁路、公路、港口码头。

在环境与设备设施管理方面，研华科技的水处理、设备检测、危险源监测等产品在国内外都有广泛应用。

同时，如果仅看产品应用，可以说研华科技从创立之初就是物联网产业链中的一员，只是那时候没有这个概念而已。早在1983年，研华刚成立时，虽然正值计算机盛行之际，但是PC市场尚属于起步阶段，除商用市场外，IPC市场比较冷门，那时的人们还没有工业电脑的概念。而研华却嗅到了其中的商机，从最先的板卡，到机箱，再到CPU卡、整机，一直到后来的整体解决方案，一步一个脚印，"直到今天成为世界领先的创新嵌入式工业电脑和自动化解决方案的提供厂商"，蔡奇男说到这里十分自豪。

2009年物联网概念兴起后，研华科技对整个信息技术产业的发展历程，以及自己过去将近30年的发展历程，进行了全面的梳理和分析，来决定实现这个概念的可行性，及是否适合其产业布局。经过认真的研究及斟酌，最终研华决定全面迎接物联网时代的来临。

"从过去60年信息领域的变革来看，我们相信物联网是发展趋势。"蔡奇男说道，"从1950年大型计算机的横空出世，到1965年小型机的问世，再到1980年PC的盛行，然后到1995年互联网的迅猛崛起，一直到2010年物联网概念的兴起，信息界十五年一变革的事实证明，物联网不是炒作，而是信息技术发展到一定阶段的产物。"

"另外，物联网这个概念听上去虽新，可究其根本，它和研华科技在20多年前提倡的'自动化和信息化的结合'实属异曲同工，也就是说，研华科技已经有了20多年的物联网实践经验。此外，与传统做自动化的企业不一样，研华除了自动化工业控制，还素来注重自动控制和个人电脑的结合运用，信号采集更是研华的专长，而信号采集则是物联网感知层的核心，这就是研华之所以能较快切换到物联网模式的根本原因。"

"此外，对应物联网感知层、传输层、数据处理层和应用服务层的四层架构，研华科技的产品覆盖了感知层、传输层和数据处理层，比如太阳能热电控制系统、交通流量监测系统、水处理设备监测系统等各种应用软件。同时在应用服务层，研华科技于2006年便推出了WebAccess网际组态软件。当时，蔡奇男还演示了如何通过该软件实时监控内蒙古大草原上的风力发电厂。记得该软件的7.0版本，研华科技是以"云平台"的名义对外发布的，这可以说是研华科技首次触云。不过，从理念和应用上来看，其实这并不算真正的云平台。到了2014年，研华科技嵌入式事业群在发布WiseCloud平台时，证实了这一点。

当然不可否认的是，在致力于成为"智能地球的推手"这一使命的驱使下，研华科技不仅在市场区间中竭尽所能地发挥着作用，而且在物联网人才的培养区间中也下足了功夫。2012 年，研华推动了业务组织演进，由全产品线的水平销售模式进化成更聚焦、更专注的垂直销售模式。接下来，研华在中国大陆的投入持续加大，包括建立了 Homeland 策略产品事业部及在昆山打造了具有绿色、节能、环保优势的研华科技协同创新研发园区；并且在研华科技昆山的园区中，他们还身先士卒地构建了智能停车和智慧能源管理平台，让自己成为了物联网应用的示范项目。2012 年 3 月 27 日，"研华学院"成立，提出了要提供更好的服务和推动中国自动化产业发展和自动化人才培育的目标。

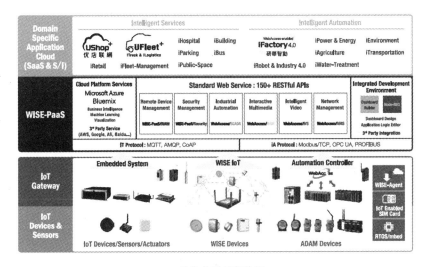

• 研华物联网架构图

此后，研华科技的画风在 2013 年 7 月开始转变。当时，研华科技在北京发布"研华中国 2018 年愿景"，研华中国区总经理罗焕城宣布其 Slogan 由"智能地球的推手"演变为"驱动智慧城市创新，共建物联产业典范"，并说，做出这一改变是为了更接近中国特色。当时罗焕城表示，运动控制是未来智能制造的核心技术之一，研华科技具备运动与视觉领域的整合优势，无论是系统控制，还是运动控制单元、I/O 设备及图像视觉，研华科技将构建全方位 PC-Based 设备自动化解决方案。该解决方案可根据客户属性提供专属服务的方式，实现以智能自动化为目标的无边界整合。未来研华自动化将深入到各行各业，其中电力能源、制造、智能交通和环境监控将会是日后研华自动化发展的快速增长点。

借云打造工业物联网开发平台

2015 年 4 月月底，研华科技嵌入式事业群在其昆山基地举办了以"分享经济 & 协同合作"为主题的 WISE-PaaS 物联网云平台联盟发表会暨大数据商机论坛。在这次活动中，我与该事业群的全球副总经理张家豪进行了一次深入交流。在交流中，他介绍了过去两三年，尤其是从 2014 年下半年以后，研华科技发生的一些变化。

● 研华张家豪

"你知道，当初嵌入式事业群和工控事业群两个部门，各做了一个适合自己产线上硬件的云平台，因为从一开始研华科技想到要给自己的硬件加软件的时候，是想确保我们自己的硬件产品高质量、好管理，然后可以预测它损坏的机会并设法避免，这样就可以让我们的硬件产品销售更好，走得更远，因为硬件最重要的是稳定性。"在谈到研华科技的嵌入式事业部和自动化事业部，分别发布了 SUSIAccess 和 WebAccess 软件平台时，张家豪如是说。

张家豪透露，单纯从研华科技的市场角度上来看，当时那么做，确实给自己的市场推广带来了较大的推动：因为在同等条件下，研华科技的产品由于有了软件的支持，附加值更大，所以对其硬件产品价格和销售量的提升都有比较直接的正面影响。"但是，在这个过程中，我们意识到，其实研华科技已经不能停留在仅仅考虑营业收入提升的层面上，"张家豪说，"因为，我们发觉了两件事，第一，未来的物联网，是要公司与客户共享价值，而不是某一家公司只顾自己的利益无限扩大，却不管客户的利益，也就是说，起码在利益的层面上大家是联动的。那对于研华科技来讲，我们的硬件产品因为有了软件的支撑，可以从 100 元人民币卖到 120 元人民币。如果这样我们就满足了，那是不够的，我们要想办法让客户的产品也可以卖 120 元人民币，甚至是更多。第二，我们发现好像这个时代不适合单打独斗了，要联合，要协同共享，才能让力量最大化。让价值最大化，然后使得所有合作伙伴的利益最大化。只有能做到这些，研华科技在物联网时代才会有真正的价值体现。"

不过，据张家豪介绍，研华嵌入式事业部当初打算推出新的物联网云平台——WISE-PaaS 时，想法与推出 SUSIAccess 的初衷没有很大差别，依然是为了增加自己硬件产品的附加值，但是当这个项目进行到 2014 年下半年的时候，似乎灵光一现，一种新的想法陡然而生："以前研华科技做好了产品就卖，客户用在了哪里，或者又将产品卖给了谁，我们并不关心，只要自己的销量足够好就可以了。然而这一次我们的观念彻底改变了，我们要通过 WISE-PaaS 这个物联网云平台真正地实现'帮助客户提升价值'这个理念。"谈到这些，张家豪开玩笑说，对客户来讲，他们不再做单纯的，对客户的客户一无所知的"无知"供应商，而是成为客户的"亲密"合伙人，与他们一起应对他们的客户需求。为了完成这一理想，"我们'翻箱倒柜'把自己的'压箱宝'都拿出来跟大家分享，比如向所有客户开放设备接口、开放软件代码等。"

最终，研华科技嵌入式事业群推出的 WISE-PaaS 不仅符合了建设之初的基本诉求：让所有的硬件都连通云端，比如数据能够在云端存储，能够通过云平台进行远程监测和控制。同时，它也能够满足前面提到的更高层诉求，让研华科技的客户通过 WISE-PaaS 平台更好地服务他们的客户，也就是说，研华科技在工业领域做了一个物联网操作系统。"因为，对嵌入式产业来说，都需要系统集成商去做二次整合，所以服务好客户的客户，对嵌入式企业来讲非常重要，但是真正身体力行地去实现它，却是一种新的尝试。"

在那次论坛上，研华科技还成立了 WISE-PaaS Alliance 联盟，希望联合研华科技在全球范围内的用户，一起来推动这个嵌入式领域的开源云平台的发展。张家豪透露，WISE-PaaS Alliance 联盟首轮会在全球范围内招募 80 个会员，也就是有应用开发能力的物联网应用服务企业，其中中国有 20 个，占比 1/4。

• WISE-Cloud 联盟

如果说研华的 SUSIAccess 和 WebAccess 时代是研华走向共享经济的探索，那么 WISE-PaaS Alliance 可谓是这场探索的成果。研华科技希望通过这一平台的搭建，实现从物联网基础硬件供应商到物联网操作系统服务商的飞跃。据张家豪透露，为此研华科技的内部机制都有可能做出新的调整，来适应市场带来的种种变化。

"真正的变革一定是自内而外的。"张家豪说。他以研华科技的嵌入式事业群和工控事业群为例，"传统来看，工控事业部的客户是工厂；而我们嵌入式事业部的客户是医疗、交通、教育等。他们关注的是工厂的自动化；我们关注的是各个行业的智慧终端。因此，原本业务团队不一样，开发团队不一样，渠道不一样，似乎是两件完全不搭边的事情，大家独立运营，独立布局。然而2014年，也就是开发WISE-PaaS的时候，我们就开始觉得不对。因为虽然技术路径不同，我们专注于设备的管理，他们专注于数据的采集，但是在物联网时代，这本来就是需要联动的、需要有机结合的，所以我们两个部门之间，从技术层面上来讲是互补的，并且在市场推广层面本身就是类似的，因而为什么不能整合呢？"

"并且，过去几年，大家各自探索，都遭遇了瓶颈，也就是说，都只能让自己的硬件产品从100元人民币卖到120元人民币，而不能再有其他层面的提升。况且当初推出SUSIAccess和WebAccess时的设定是：一旦客户采购了研华科技的硬件产品，就会有软件平台的支撑。但实际上，客户购买了硬件产品后，有没有把软件平台用起来？使用的过程中有没有问题？研华并不知道。而今天，研华的设定是：你的公司有没有让终端连通云端的计划？你使用硬件产品时，需不需要软件平台的支撑？也就是说，你有没有向物联网企业转型的计划？如果有，那么研华给你支持！如果没有，我们绝不强求，因为成为真正的物联网企业，或者具备物联网思维其实并不容易，不是使用了一个，或者开发了一个具有物联网特性的产品就可以了，而是在思想和理念上要物联网化。"从张家豪的一番话语中可以明显感觉到，研华科技在物联网的认知上发生的变化。

"因此，坦白来讲，我们研华内部的部门组织都在调整，"说到这件事，张家豪比较兴奋，"因为WISE-PaaS让我们发现自己的部门应该进行调整。虽然这个调整跟WISE-PaaS没有直接关系，但确实是在WISE-PaaS的开发过程中让我们意识到，研华科技的内部组织应该以市场为基准进行构架，而不是以技术或产品为基准。"

2016年年初，我接触过一家云计算企业，最初是做IDC的，后来又基于微软的产品提供IaaS服务。因为客户都是企业，所以从2015年开始，他们的业务在IaaS的基础上，又向前延伸了一步，开始连接企业里的设备，比如门禁、安防、打印机、电源、空调和办公设备等，以及员工的手机。完成这些设备的连接后，就可以实现企业在云端管理自己的各种设备和人员。在这里提到这个案例，是因为我发现云计算企业的业务开始向终端设备延伸；而研华科技的发展路径正好与其相反，是从最底层的基础设备一步步走向云，以借助云的技术更好地实现物联网的应用。这种现象的产生，说明云计算的发展已经到了足够成熟的地步，从而能够游刃有余地支撑物联网产业的发展。

第四章

智能硬件爆发，
物联网概念落地

20

MICO——全球首款物联网操作系统

王永虹

王永虹，上海庆科信息技术有限公司 CEO 及创始人。东华大学 MBA，目前是由马云创办的国内知名商学院——湖畔大学的第二期学员。有着超过十年的嵌入式系统行业应用及管理经验，获得 2011 年"中国嵌入式系统十大杰出青年"称号。2004 年开始创业，2014 年带领上海庆科团队研发推出物联网操作系统——MICO，专注于为硬件厂商提供完整的物联网解决方案。同年，王永虹发起了 MICO 联盟，与联盟伙伴一起打造完整的物联网生态体系，以致力于推动中国物联网及智能硬件的行业应用和技术平台的发展。

　　写完这个标题，本想加点什么修饰，后来觉得什么修饰都是多余的，全球首款物联网操作系统就是最好的修饰，因为推出这款操作系统的是一家非巨头、非政府背景的中国企业——上海庆科信息技术有限公司（以下简称庆科）。

　　记得 2013 年的时候，参加一个软件方面的会议，几位高级专家在会上义愤填膺地讲我们中国在核心信息技术层面没有任何领先的地方。我当时也听得相当激愤，所

• 王永虹

以当得知全球首款物联网操作系统是由中国企业完全自主开发后，很是激动。不过，知道庆科这家公司是在 2014 年，因为互联网巨头——阿里巴巴入股庆科，并与庆科达成战略合作，但当时对它的印象一直停留于，一家做智能家电通信模块的公司。深入了解到庆科研发出 MICO 是在 2016 年年初，我们对庆科的第一次走访。

2010 年，Wi-Fi 被政府解禁，庆科全力布局 Wi-Fi 通信方案

王永虹 1999 年毕业后，在一家 Internet 网络教育企业工作了 3 年。2002 年转战到上海工作。两年后，便和另外两位创始人一起成立了庆科的前身——沁科，主要提供嵌入式系统解决方案。

王永虹说，Wi-Fi 的标准设备刚进中国的时候曾经被禁止使用，而消费者能够使用这项服务得益于智能手机的流行。大概在 2010 年年初，国家开始允许同时支持 WAPI（一种安全协议，同时也是中国无线局域网安全强制性标准）和 Wi-Fi 技术的手机上市销售，这意味着 Wi-Fi 被官方解禁了。

"这是一件非常有意思的事情，起因于联通将苹果引进中国时，保留了 Wi-Fi 的功能。这一下子让 Wi-Fi 连接技术和基础设施的大规模普及成为可能。"王永虹说道，"非常通用的技术一旦普及，就会形成标准。在 2010 年的时候，我们认为 Wi-Fi 会成为市场的主要接入标准，并成为物联网的通用节点，所以 2010 年，我们成立了庆科，并将主要的人力和资源投入到了嵌入式低功耗 Wi-Fi 的研究和开发中。"

王永虹透露，在此之前，虽然从事的业务是工业解决方案，但在技术上也形成了很多的积累，比如 2004 年，他们只用一个 MCU 加一个 PCIE 的 Wi-Fi 网卡，就制成了一个点对点的单边 Wi-Fi 对讲机的开发板。今天他们把它叫作物联网 Wi-Fi 的原型，而那块开发板他们一直保存着。"那时候还不是真正的物联网，不过可以说是物联网的基础。"

• 早期开发板

2012 年，实力俘获海尔，发力智能家居

2010 年 Wi-Fi 的解禁，让中国的路由器产业得到了快速的发展，"用户只要买了智能手机，就希望能通过路由器上网。从 2010 年到 2014 年，路由器渗透了整个中国的家庭室内、室外，以及办公室。"

王永虹说，从 2004 年成立后到现在 10 余年的时间，庆科一直是以嵌入式软件和硬件为载体的 B2B 技术公司。只是从 2010 年开始，专注于基于 Wi-Fi 的模块开发；到了 2012 年，又在原来的基础上，增加了云端交互功能和 App 服务模块。

或许由于这些改变，让庆科进入了海尔的视线。在 2012 年，庆科一举成为了海尔未来三年 1000 万台智能家电的 Wi-Fi 模组供应商。

• 与海尔签约照片

也正是在为海尔提供支持的过程中，庆科意识到，未来，在整个物联网的细分领域中，"智能家居"这个方向落地更快，发展空间更大。只有在这样的领域中，庆科产品性能的稳定、可靠、低功耗等优势，才能得到淋漓尽致的发挥，才有可能迅速扩大企业的业务体量。因此 2012 年年底，庆科决定先专注智能家居这一个市场方向。而在那之前，庆科还有涉足电力、汽车诊断、工业等行业。

"那时，物联网是有很多行业可以选择的，比如说农业、工业、交通和能源等，但选择哪个很重要。你选择了一个市场，相当于选择了一个战场，这个战场决定了你生存的时间，决定了队伍的规模，我觉得这是蛮关键的事情。"王永虹表示，当时的选择对庆科来说是一个巨大的转折点。

2014 年，推出全球首个物联网操作系统

2013 年和 2014 年两年，对物联网产业来讲，可谓冰火两重天。2013 年，很多原本从事物联网的企业，已经逐渐转做移动互联网。此时，"物联网的概念已经结束"的论调开始滋生。然而到了 2014 年，我们发现互联网巨头们的身影开始活跃在与物联网相关的各种场合，并开始宣讲"下一个时代是物联网时代"。

恰在这个时候，庆科经过了多年的技术积累，于 2014 年 7 月 22 日发布了第一款物联网操作系统——MICO，并率先提出了"物联网操作系统"的概念。

• MICO 发布会

MICO 内含一个面向 IoT 设备的实时操作系统内核(RTOS)，特别适合运行在能量受限的微控制设备上。此外，MICO 还包含了各种网络通信协议栈、安全算法和协议、嵌入式文件系统、命令行控制台、图形化人机交互界面、硬件抽象层、无线网络一键配置功能，以及电源管理等开发 IoT 必不可少的软件功能包。

简单来说，MICO 是智能硬件底层的一个开源系统。它有先进的动态功耗管理技术，可灵活适用于广泛的 MCU，并支持常见的微控制器；具有完整的云端接入框架和应用范例，以支持多种类云平台；数据可实时更新，从而保证安全、可靠；便于进行二次开发。

基于 MICO 的这些功能，它的发布不仅让庆科声名远播，而且使其获得了众多智能硬件开发者的青睐。不过王永虹表示，对庆科来说，2014 年遇到了很多巧合，包括首届智能硬件创新设计大赛的举办、阿里巴巴的投资，以及 MICO 的推出。

首先是"庆科首届智能硬件创新设计大赛"与 Google 收购 Nest 撞期，因此这场大赛引发了业界对庆科的高度关注。王永虹回忆说，2013 年的时候，很多智能硬件公司，物联网项目找庆科合作，但是庆科的团队只有三十几个人，无法同时支持众多项目，所以为了找到更多有潜力的新人，便决定发起一场智能硬件开发大赛。于是 2013 年年底

便开始策划，2014 年 3 月 5 日正式对外发布并进入初赛。当时正值 Google 收购 Nest 事件，激起了整个科技圈对智能硬件的神往，庆科也因此一下子就被推到了风口上。也是在此期间，庆科获得了互联网巨头——阿里巴巴的投资。

• 庆科首届智能硬件创新设计大赛评委及参赛队合影

• 决赛评委及嘉宾　　　　　　　　　　• 参赛及获奖团队

　　然后是 MICO 的推出。早在 2012 年，庆科在为家电产品提供联网服务的过程中，发现了两个问题，一是芯片的迭代速度很快，但是用户的需求变化却很慢；二是如果没有一个完整的中间件，庆科的工程师们在做产品化的时候，所有的工作就都要重复。因此，庆科便把之前开发过的所有软件进行了一次封装，然后把中间件定义出了一个名字叫"MICO"，中文是"基于微控制器的互联网接入操作系统"，也就是说，MICO 在 2014 年发布的时候，庆科已经花费了两年左右的开发时间。虽然王永虹认为这些都是巧合，但是机会不会给无准备之人，巧合也只会青睐有备之士。

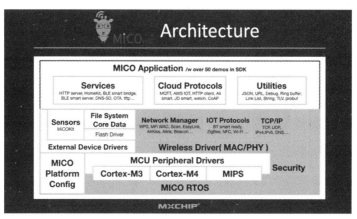

• MICO 物联网操作系统架构图

MICO 发布后，庆科的整个产品升级为 MICO+ 通信模组，也就是说，庆科不再是一个单纯提供开发板的通信模块，而是"有了操作系统的智能硬件开发模组"，以致力于提供平台化的一站式方案。这极大地降低了智能硬件开发厂商底层的开发投入，从而可以真正实现产品的网络化、智能化及快速量产。

• MICO+ 模组

2015 年庆科 MICO + 模组的出货量与 2014 年相比，销量增长了 6 倍多。"我们希望 2016 年在 2015 年的基础上再增长 3 倍，出货量达到 1000 万个。"王永虹表示，2016

年庆科的产品出货量在美国市场会有较大突破。

不跟风，不求快，铸就 MICO 稳步发展

2014 年，或许是因为互联网的介入，又或是资本的介入，整个物联网产业都不淡定了，开始像互联网产业一样追风口，求速度。而实际上，物联网产品和互联网产品是有明显差异的。物联网企业在部分产品的打造以及市场推广的模式上，可以借鉴互联网思维，但是在企业发展上也完全采用互联网的速成模式，绝对是有百害而无一利的。从这一点上来看，庆科虽然在资本上接受了互联网巨头的支持，在发展上借力了智能硬件爆发的东风，但是在步调上绝对理智。

通过对目前物联网产业发展中存在的障碍，以及发展现状的分析，王永虹解读了庆科的发展态度——认真做事，小步发展，深刻理解产业的精髓及发展的利弊，认真做好技术和产品的储备，精心服务好每个客户，冷静对待产业的起起伏伏。

首先，他认为，目前物联网产业的发展还存在诸多屏障，比如上游芯片、传感器厂商与下游的设备厂商之间存在着"代沟"。"虽然需求来自应用层，或者说来自用户，但是只有芯片、传感器取得突破才能推动协议层、应用层的创新。因此掌握着用户需求的设备厂商，和掌握着最新技术的芯片或传感器厂商需要相互了解，才能达到技术与应用的完美统一。但事实是，设备制造商对传感器的发展程度并不了解；同时传感器厂商对设备厂商的需求也不了解，他们之间没有直接沟通。底层若没有做到融合或者联动，就无法满足应用层的需求，从而造成了目前市场上流通着一块控制板上加一个传感器模块组成的智能硬件，无法实现设备间互联互通的问题，这是整个行业目前面临的困局。"王永虹表示，如果这些方面做不出改变，硬件就无法实现真正的智能。

所以，王永虹认为，虽然现在智能硬件产业高速发展，但都是非常粗浅的物联网应用，不可持续，因为在这种技术水平上开发出来的智能硬件，产生的价值并没有我们想象得那么大。

"这也是我们在 2012 年开发 MICO 的初衷。"王永虹说，当时他们认识到整个物联网设备必须包含四个核心"组件"：传感器、基于单片机的本地计算、联网的功能，以及云平台服务。庆科在这种认知下打造的 MICO 操作系统，不仅可以实现设备、传感器与云端、App 等客户终端的连接，而且可以像手机中的安卓系统一样，作为统一设备控制接口、交互接口、云服务接入接口的通用软件平台，在本地完成传感器数据的采集、过滤，以及传感器本身的校准等基础性管理工作，然后再将有效数据传到云端，从而实现智控。

● 庆科应用案例

把对产业的理解凝聚在产品中

我记得物联网概念兴起的早期，对于物联网设备到底需不需要一个有别于手机的操作系统，业界也存在很多争议。然而今天看来，这种争议似乎可以停止了。继谷歌 2015 年 5 月对外宣称将发布物联网操作系统 Project Brillo 之后，Linux 在 2016 年 3 月，专门开设了一个物联网操作系统的分支——RTOS。国内一些公司也开始关注物联网操作系统：华为 2015 年提出操作系统的概念，并发布了物联网通信协议。

● 华为在 2015 华为网络大会上，推出了一款物联网操作系统 Liteos

　　庆科作为一个在通信技术领域有着 13 年积累，并在物联网产业已经进行了 6 年探索的企业，对物联网产业的发展有着深刻理解，坚信物联网操作系统的必然存在。"未来，芯片产品的迭代速度将越来越快，而软硬件分离能将开发者与芯片的距离拉开，也就是说，拥有操作系统之后，无论芯片如何迭代，开发者都可以用同一个已经熟悉的系统完成控制。因为这大大降低了物联网开发的门槛，所以我认为 MICO 一定有存在的必要性。目前，物联网操作系统 + 模块的结构与控制板 + 模块的结构将会并存一段时间，但是最终，多传感器、高处理能力、可以简单联网的操作系统，才是未来智能设备的发展方向。"

　　因此，王永虹认为，2016 年整个物联网产业会产生三个争夺焦点，第一个是物联网操作系统 OS 这一层；第二个是设备联网标准协议；第三个是云端，更准确地说是 PaaS 层的接入协议。"所以我们会坚持做好物联网操作系统这件事，以及基于 MICO 操作系统的无线模块、移动应用开发和云端服务等物联网接入解决方案。这是我们团队的梦想，也是我们的责任。"庆科作为国内第一个提出物联网操作系统理念的企业，当然也希望能在操作系统的群雄逐鹿中脱颖而出。

　　当然，庆科对物联网产业的理解不止于此。王永虹认为，物联网有可能带来商业模式的新一轮变革，"比如物联网设备，它每天只要工作，就会采集数据。如果用户同时把数据和阿里共享，阿里再根据数据的量和价值，向用户付费。那时用户购买智能设备的意愿可能会更加强烈。因为它不仅能为用户提供本质服务，而且还能帮用户赚钱。"王永虹笑言。

　　不过同时，他又无奈地表示，以庆科目前的产业地位，还不具备振臂一呼，万众皆应的力量，因此无法用"简单、粗暴"的方式，把自己对产业和技术的理解迅速向业界传达。"我们还是先做好自己的本职工作，力求把产品做稳定，技术做扎实，然后再把这种对产业，对技术的理解凝聚在产品中。"

　　当然，遇到一些合适的场合，庆科也不会错过向业界传达物联网理念的机会。王永虹透露，在 2015 年 10 月的中国家电技术大会上，看到一些传统家电企业因自己产品还未实现联网而极度焦灼，他便在演讲中告诉大家不要急，要冷静，"先研究清楚什么才是消费者想要的智能产品，一击而中，而不是盲目跟风，盲目投入。"王永虹还呼吁，物联网企业不要被眼球经济冲昏头脑。

　　在采访的最后，王永虹表示，在接下来很长一段时间内，庆科依然会专注于物联网的接入服务，让更多的硬件设备和云平台服务商与硬件设备之间实现连接，从而更好地服务用户。

2016 年，新鲜出炉的 MICO"工业物联网方案"在工业领域，工业设备对设备性能、监控实时性要求非常高，即使是细微的设备故障也会直接影响工程的进度、质量及工程寿命。目前大部分厂商仅依靠技术人员现场诊断和维修的模式，不仅售后维修成本高，还有可能因设备维修影响项目进度。

2016 年 4 月，庆科在阿里云栖深圳峰会上发布的"工业物联网方案"，便致力于从技术源头改善这种被动的局面。设备端基于其自主研发的 MICO 物联网操作系统，实现机械与云端的连接，并通过精准的数据采集和分析，不仅可以实时反馈、诊断设备性能，还能在云端实现智能远程控制。交流中王永虹表示，随着入网设备的增多，未来可以在云端实现全球范围内的设备运行数据共享。这样大范围宝贵的现场经验和故障样本数据，将帮助工业设备制造商更有针对性地对产品进行升级。

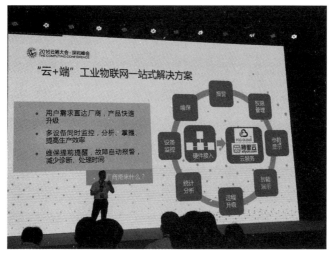

• 庆科在阿里云栖深圳峰会上发布的"工业物联网方案"

"未来物联网设备将越来越追求实时交互，操作简单的电子屏将会是为用户展示设备数据最直观的交互接口。为此，庆科与 ST（意法半导体）合作推出了 HMI 智能显示屏方案，即通过 ST 的 MCU 运行 MICO 操作系统，以实现显示屏与智能硬件设备的数据联动。"庆科似乎很看好物联网在工业领域的发展，但很可惜由于时间的关系，我们没有再深入了解是什么原因让庆科做出这个决定。

小记

　　一家企业的点点滴滴都透露着它的文化。在庆科，我们发现了一个有趣的事情：所有的会议室都以"桥"命名，办公室则以"山"命名。对此，王永虹解释说，因为他们的核心产品解决的是物联网设备的连接问题，就像桥一样。同时，桥也代表着沟通和交流，所以希望每一次会议能够达到高效的沟通，从而可以让 MICO 更加的稳建、可靠。2014 年更是以"赵州桥"的名义发布了 MICO 操作系统，以后的产品也都会以桥的名义来发布。

● 会议室办公室

● 王永虹采访视频

中国本土智能眼镜产业教父的养成

梁文隆

梁文隆，佐臻股份有限公司 (JORJIN Technologies Inc.) 董事长，毕业于高雄应用科技大学，曾任职于 AMBIT 国碁电子，ALCATEL 台湾国际标准电子，是 AMPAK 家程科技的创办人、董事长，现任 JORJIN 佐臻股份有限公司创办人、董事长。目前，佐臻因应智能穿戴式科技市场开始了自己的市场定位，利用核心模块解决方案 (无线模组、通用处理器模组、照相模组) 开发出自己的参考设计 (reference design) 整体方案，且搭配直接数字图像接口，可以提供市场作为开发出属于自己的穿戴式科技产品。

第一次接触佐臻股份有限公司 (**JORJIN**) 是 2014 年四五月份，在上海浦东举行的一场智能可穿戴论坛上。时任 JORJIN 大陆地区负责人的李传勋，用他带着浓厚台湾地区色彩的语调，像一个传教士一样，激情四射地向与会人员宣讲智能眼镜的未来。我当时立马跑去他们在现场的展台上，现场体验了一把李传勋口中与谷歌眼镜几乎有同样功能的"JORJIN 系"智能眼镜。说实话，当时我并没有感受到像李传勋描述的那种震撼。

• 李传勋在 2014 年浦东可穿戴论坛上发表演讲

　　大概 1 个月后，我们开始做基于微信的在线访谈，和李传勋约访谈的时候，他说，在线访谈很难淋漓尽致地表达清楚智能眼镜。只有现场体验，才能真正认识到它将带来的改变。此后，我就有了一次对智能眼镜的全方位体验。那次体验，让我印象深刻的有三个地方：一是 SAP 在仓库管理中，让工人使用智能眼镜进行实地操作的视频；二是李传勋说，当时全球已经量产的智能眼镜中，除了谷歌眼镜，其他都是采用佐臻的通信模块；三是智能眼镜的视野实在太小。不过总体来说，我还是相信了智能眼镜会成为新一轮生产力变革中不可小觑的力量。

• SAP 智能眼镜应用案例

　　于是，2014 年年底，我们对佐臻董事长梁文隆进行了一次深度采访。此后因为合作关系，我们算是见证了佐臻这几年的变化。

2013 年，唤醒

　　早在 1997 年，梁文隆就创办了佐臻，到 2016 年，已有 19 年的历史。在这 19 年间，佐臻也进行过几次转型，但是在梁文隆看来，2014 年的转型，应该是最深入的一次。

• 梁文隆

　　佐臻创始之初，以代理世界知名品牌 TriQuint & Sawtek(PA, LNA, SWITCH, SAW FILTER) 等零组件及 EMI/ESD 对策解决方案为主，提供了快速、流畅的供应链服务给 WLAN/GPS /GSM/3G/WiMAX 等相关系统制造厂商。

　　2004 年，佐臻成立了无线网络通信模块事业部门，致力于开发高集成、低功耗、小尺寸及多功能的无线网络通讯系统模块 (SIP Module)。这使得 2005 年平板电脑兴起后，佐臻迎来了第一个发展小高潮，从而在平板电脑中拥有较高的市场占有率，比如最早的 Kindle 5，日本的 NEC，Toshiba 等产品中都有使用佐臻的无线通信模块。

　　2009 年，佐臻开始有了不同于以往的发展：先是无线通信模块出货量已超过 5000 万颗；然后是以无线网络通信技术为基础，整合微机电系统 (MEMS) 感测技术提供了完整 WSN 无线感测网络解决方案，从而为智能手机、智能电网、数字家庭影音娱乐、工业控制、安全照护、医疗及可携式行动网络通信装置等产品，提供了全方位无线技术应用及服务；最后，将自己的业务向应用处理器 (AP, Application Processor) 的模块，也就是 AP Module 拓展。

梁文隆回忆说："2010 年，佐臻成立了系统模块事业部，将公司的产品线进行提升。我们不再停留于无线模块的设计、开发与制造，而是向更高层面的软硬件系统集成拓展；产品线从无线通信模块延展到微构装、高集成度的应用处理器模块，进入到系统的核心，也就是，产品的大脑与心脏。"这种高性能的系统模块适用于各种不同的终端，如行业用智能手机、平板计算机、电子书及各式便携式智能终端等。同时，这款产品不但融合了软硬件，而且更提

• 2012 年的通信模块

供了验证等优化处理，可以显著缩短开发的时间。""当初的想法就是怎样把系统变得简单化，把硬件变得简单化，所以就投入研发了这样一种模块。"

2012 年，整合了应用处理器及极小化无线通信模块的模块化系统解决方案，已经成为了佐臻的一大特色。这一特色不仅吸引了很多智能手表厂商，还吸引了美国视频设备厂商——Vuzix。Vuzix 希望佐臻能够为它快速开发出一款基于行业应用的智能眼镜系统方案。梁文隆曾回忆说，为了满足 Vuzix 的需求，他们花费了一年半的时间，解决芯片厂商不配合的问题、解决光学问题、解决视频传输问题等。最终，佐臻也成了除谷歌之外，已经量产商用的智能眼镜品牌的唯一方案供应商。此后，佐臻又支持了日本 EPSON 和 HITACH。

• 佐臻亮相 CES Asia 2016 展出 HITACH 智能眼镜

　　不过在支持这些客户的时候，佐臻依然是按照客户的要求，提供定制化的模块，也就是说，产品是由客户来定义的。对佐臻来说，2014 年前，自己只是先人一步进入了智能眼镜产业，但是在这个产业中扮演的角色，和之前在手机、平板电脑、电子书等产业中的角色并无差异，只是多了一条业务线而已。

　　也正是在这个过程中，梁文隆认识到了智能眼镜的价值，同时也看到了它的缺陷。2012 年，谷歌发布智能眼镜后，曾想要在消费市场进行推广，却遭受到了很多质疑与诟病。不过梁文隆却抱有不同看法："我们认为谷歌当初虽然没有推火自己的 Google Glass，但是把智能眼镜这个产业推向了市场。"

　　同时梁文隆也坦言，他不认为谷歌的智能眼镜本身有多完美。Google 的第 1 代、第 2 代我们都有买回来体验过，但是觉得在整个操作上面不是那么 Friendly。"

　　2013 年，佐臻决定进行一些尝试和验证：针对智能眼镜这个产业，佐臻不再局限于提供定制化的芯片模块，而要跃升为智能眼镜开发平台。换句话说，以前佐臻就是一个生产芯片模块的工厂。谁需要芯片模块，把各种需求参数提交给它，佐臻按要求生产即可；现在，只要客户说需要智能眼镜，佐臻就会去了解客户对智能眼镜的应用需求。然后不仅能给它提供芯片模块，还能帮它把智能眼镜设计出来。同时，佐臻也可帮它生产出来，并且提供行业应用整合服务平台。

　　为此，佐臻整合了从外观结构设计、软件服务到光机电关键技术资源，再到行业应用服务解决方案等上、下游厂商，于 2014 年 5 月 8 日，与本地合作伙伴一起，联合中国科学院物联网研发中心，发起成立了智能眼镜产业联盟 (SGIA, Smart Glasses Industry Alliance)。不过，佐臻依然坚持自己的业务核心还是芯片模块供应商，只是在整个智能眼镜开发平台中，起主导作用而已；和软件云端、工业设计、光机电技术与应用方案等合作伙伴之间也只是松散的合作关系，并没有做出更大胆的跨越。

● 智能眼镜产业联盟揭牌仪式

2015 年，质变

在 2016 年年初的采访中，梁文隆坦言，他自身真正的改变是在 2015 年。"直到去年其实我才有更大的信心，真正地进行一个调整。因为去年，我突然发现我们已经服务了很多客户；我们前面所走的路都是对的；我们已经有足够的能力去自主定义智能眼镜，而不只是作为一个模块供应商。因此，经历了几年的产品化成功经验的积累与验证，我们最终往前跨出了一大步。"

2013 年、2014 年这两年是合纵连横，游说合作伙伴一起往前冲，联合搭建一个智能眼镜开发平台；2015 年开始，佐臻通过投资入股或者重组的方式，与上、下游拥有关键技术与产业价值的厂商更加紧密地联合，从而加强了自己的主导地位，比如透过 Top Smart 结合了许多包括资本、技术、市场在内的本地策略合作伙伴，共同成立了智臻光电公司，并自建了光学设计团队；共同成立了品臻联合系统公司，以专注于各种智能眼镜应用解决方案的整合等。

• TopSmart 公司

"以前我们处于被动地位，客户要什么，我们就给他什么。2015 年我们回顾了过去几年的经历，发现我们的客户对智能眼镜还没有完整的认知。既然佐臻想要成为做智能眼镜供应方面的专家，那么我们在这方面的知识和认知就应该比客户多。只有这样才有能力去帮客户定义产品，从而让他们能够快速地使用这个产品进行应用服务。"梁文隆说，这是佐臻在 2014 年、2015 年间，他自己在认知层面取得的最大突破，并表示在台湾及大陆地区的智慧医疗、运维巡检、职业培训、影音娱乐和智慧导览等领域，基于佐臻平台开发的各式智能眼镜产品已经有许多实际的应用场景了。

当然，与此同时，佐臻在自己最核心的芯片模组业务上也有不小的进展。"我们做到了芯片的 3D 叠构，并且除了 TI 的芯片，我们还开发了 Intel 等厂商的方案系统，并计划在 2016 年的第三四季度推出佐臻自己的 3D 构装芯片。"梁文隆如是说。

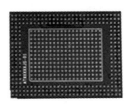

• JORJIN 最新应用处理器与无线通信模块

这些都是建立在佐臻对智能眼镜的认知加深的基础上。首先，在智能眼镜的定义层面，梁文隆认为，佩戴在眼前的这个穿戴式设备称之为"智能眼镜"也不尽准确，"应该叫'视觉增强系统'"。现在的手机界面是给眼睛看的，如果未来智能眼镜的微显示能够精进到，让眼睛看到非常好的影像，那我们还需要低头看手机吗？另外，智能眼镜最强的是视觉增强系统：可延伸我们人类眼睛的功能，比如说因为波长不同，人类的眼睛只能看到部分光，还有很多不可见光，人没有办法去判别。那我们怎样利用传感技术，来弥补眼睛的不足，这才是真正的智能化。

其次，在智能眼镜的应用层面，梁文隆认为，单纯的智能眼镜硬件，并没有什么价值。它可能演示起来很炫，首次体验会给用户带来很大的冲击，但新鲜劲过后，马上就会被用户抛在脑后。所以，2015 年，佐臻更加理性，推出的智能眼镜一定是结合某种应用场景的，而不仅仅是一个体验。针对不同的应用场景，佐臻会赋予智能眼镜不同的特性。"经过一两年以后，我们开始冷静思考，智能眼镜不应该是一个拿出来秀的硬件，而是提供应用服务的载体。因此，我们会考虑说要不要防水？要不要戴着舒适、长久？很多细节其实都需要去突破，比如针对外科手术这个场景，医生开刀的时候，他与外界的联系是被切断的，这时我们需要考虑如何通过智能眼镜去协助他？比如怎样让更资深的医生在外面给他指导？"因此，在 2015 年开始，佐臻就锁定在行业应用里，真正地站在行业的角度，去思考如何提高他们的效率，如何去解决他们现在做不到的事情。

● 佐臻最新合作的智能眼镜长庚医院应用视频

● 智能眼镜行业应用场景

2017 年，绽放

　　经过了 2015 年的调整，梁文隆认为，佐臻转型后的价值体现会在 2017 年开始。"我个人的目标是，2017 年我可能必须要进行更大的转型。那个时候，我们希望在这个领域里面，佐臻虽不是规模最大的，但至少可以确立它的领导地位。2017 年也是佐臻成立 20 周年。我常常讲 20 周年就是一个小孩子 20 岁了，该独立了，该让他单飞了，所以在我个人的期待里面，希望我们的团队 2017 年能以集团的形式呈现，而不是我个人的一个公司。这是我自身对佐臻 20 周年的一个期许。"

　　梁文隆的梦想是，未来佐臻在智能眼镜领域的角色，可以像苹果在手机领域一样："我们要出一个自己定义的系统模块解决方案。因为智能眼镜是高度定制化与个性化的，所以我们就提供高度定制化的芯片与解决方案。这对每一个智能眼镜终端企业来讲，它的智能眼镜会像 Apple 手机一样，是独立而封闭的系统，不会被复制。"

　　为了这样的梦想，梁文隆希望，未来佐臻能够像玩具界的泰斗——乐高一样，提供大量的标准化应用模块与芯片，甚至于软件、云服务、外观结构、穿戴方式等，都能够用模块化。用户拿到它们可以像搭积木一样，搭出不同的应用。"我们在供应链上，从 IC 设计到光机电系统整合，甚至是到外观结构、先进材料等，都一直在寻找最尖端的策略合作伙伴。"而且，佐臻对自己的企业架构也做了调整，以配合这个"乐高化"的理念。"大家都会问，你这样一个小公司，切分出这么多子公司，又是品臻、智臻，又是 Top Smart，这么细的分工？其实，这样才是灵活、专业的。因为这样的思维正体现了系统模组化的概念，所以能够真正符合物联网所谓的'碎片化'特性，以满足各领域、各应用场景对各式各样智能眼镜的差异化、个性化、定制化需求。"

• 佐臻与合作伙伴

梁文隆同时表示，真正要做到这样的程度，需要耐心。而这种耐心受到很多方面的考验，其中最主要的可能是收入。很多企业都会失去耐心，不愿意去"蹲马步"，练好基本功，但是和一些初创企业相比，佐臻的优势就在于，在模组和系统整合上面本身是有市场基础及销售收入的，可以支持他们在智能眼镜上的长期探索。总之，佐臻有这个耐心与耐力可以等待市场的成熟与爆发。

从 2014 年认识李传勋开始，我便深刻感受到他对智能眼镜的热情。此后随着与佐臻接触的不断深入，发觉这种热情来自于佐臻上下。不管怎么说，从传道到践行，佐臻都堪称中国本土智能眼镜界的"教父"。2016 年的这次采访，在佐臻集团上海翊视皓瞳 (Top Smart) 的智能眼镜展示厅里进行。100 多平方米的展厅，从芯片模块到各种智能眼镜成品、各种应用场景演示，一应俱全。结束时，李传勋说，展厅马上都要搬到旁边的一栋新的大楼里跟已经先搬过去的研发中心在一起。因为发展速度快，现在所在的空间已经不够用了，并且搬过去后，会有一个更大的智能眼镜应用服务演示厅及专业的智能眼镜生产测试实验室。

• 梁文隆采访视频

22

方案商转做智能眼镜，
欲领跑下一代计算机

余海

余海，"众创学院"计划发起人和"创新实践教学方法论"的推动者。带领的团队成功发布了中国第一款自主研发可量产智能眼镜整机方案，在汽车维修、远程医疗、教育辅助、仓储物流、公共执法、工业管理，以及观光旅游等领域展开了项目落地实施。此外，他还携手智能眼镜产业链的合作伙伴，以及开展中国本土化智能眼镜行业应用产品和服务定制，以构建产业生态链。同时，他加强了产业资源的融合，将产业效能的提升及智能眼镜行业应用开发的快速普及与深化作为工作重点，通过基于智能眼镜解决方案为基础的教学课程设计与研发，在大学与研究机构进行课程规划、工程实训和核心技术的研究，从而为中国智能眼镜产业的长期发展与进化建立了人才培养机制与研究环境，并打造了更多的适合应用的智能眼镜产品和方案。

首次接触上海塔普仪器制造有限公司（以下简称塔普）是在2014 年。当时的塔普还是以做通信解决方案为主，刚刚开始涉足智能眼镜，并且是与其他公司联合出现。2015 年年底，塔普以独立的角色进入了我的视线。当时正值其智能眼镜 Realmax 的全球发布会前夕。也是在那次发布会后，我们对塔普董事长余海进行了一次专访。

• 余海

11 年方案商，一朝转做智能眼镜

塔普成立于 2003 年，在 2014 年之前，塔普的业务一直以无线通信模块和相关教学仪器的开发为主。至于为何会选择在 2014 年，转做智能眼镜产品，余海认为，这是信息时代的必然选择，因为产业应用是科技创新的源泉。

余海说，一是人机交互的方式发生着新的改变，比如最早是键盘输入，后来苹果推出触摸屏，不仅引发了一次人机交互方式的巨大变革，同时也让移动互联网的地位超越了 PC 互联网的地位，从而使整个信息技术产业界发生了一次质的飞跃。塔普作为信息科技产业中的一员，一直都在思考下一个时代的人机交互方式会是什么。"我们认为，一定是更加自然的交互方式，比如通过眼睛、手势、身体姿态和语音等，而不只是通过手指、键盘和屏幕。"同时，图像视觉方面的算法逐步成熟，并可以进行商用，从而使得下一代人机交互技术能够从理念走向应用。

• 2014 年 10 月塔普发布的智能眼镜原型机

二是整个智能硬件的产业链，从芯片、图像处理到硬件制造，以及光学、电池等方面的新技术也都逐渐步入可以商用的状态。换句话说也就是，基于更多种交互方式，或者说更符合人体自然交互方式的通用计算机平台有了实现的基础。余海表示，他自己更倾向于把这个被大家普遍看为智能眼镜的设备称作"穿戴式计算机"。

与此同时，余海表示，除了技术进步带来的影响，2014 年，在与中国科学院穿戴式设备研究项目的合作过程中，塔普也获得了很多有关智能眼镜开发和量产方面的实践经验。"并且，过去我们在提供智能硬件解决方案的过程中，也积累了很多产品化的经验。"

或许正是因为对技术进步和产业发展的深刻理解，以及切身的实战经验，才使得塔普 2014 年中上旬决定转做智能眼镜后，10 月份便发布了第一代原型机；2015 年 3 月在深圳发布了第一款量产的智能眼镜，同年 5 月又接到了海外数万的订单。

同时，在 2015 年，受苹果收购 AR 龙头企业——Metaio 的影响，塔普启动了基于 AR 全产业链的生态布局，并在硅谷和国内都建立了专注于 AR 的产业基金和孵化器。"这件收购案例让我们看到了 AR 这项技术，它将带动的不仅仅是一种硬件的兴起，还包含图像的识别算法和基于图像应用的内容制作等技术与应用的繁荣。这对穿戴设备来讲，是非常好的技术支撑，能够帮助可穿戴设备更好地构建闭环系统。"余海如是说。

2016 年 1 月 20 日，塔普发布了全新的全球化品牌——Realmax。此时，全球化的 AR 产业布局基本完成。"目前，我们已经完成了智能眼镜的量产、基于 AR 的核心视觉图像算法、AR 浏览器云端的交互，以及大数据内容的机器学习等方面的商用化验证。我们目前应该是中国唯一一家承接了不低于十家海外客户订单的中国企业，也可以说是唯一一家敢承接海外 AR 应用项目订单的中国企业。"余海说到这些，不无自豪。

• Realmax 发布会

场景化思维，以解决实际需求为己任

众所周知，当年 Google 推出第一代智能眼镜时，是直面消费者的，所以在产品的推广中采用的也是消费电子的市场运作模式，这让 Google Glass 在市场上受到重创。不过 2013 年，Google 第二代智能眼镜发布后，进行了战略调整：新一代产品开始面向企业，或者行业用户提供应用服务。

余海说，塔普一开始便吸取了 Google 的经验教训，直接走 B2B 路线，并且对智能眼镜的定义是基于场景化思维的。"比如在什么样的场景中，能解决什么样的问题；要解决这样的问题，需要谁来使用这个智能眼镜。例如在消防领域，有个地方着火了，要灭火、要赶紧把人救出来，一般这样的工作都是由消防员来完成的。那么如果有了智能眼镜，在这个场景中对消防员是不是会有帮助？比方说消防员可能要知道着火点的地理位置、里面人员的位置和出口的位置等。此时，他需要一个设备来查询这样的信息。如果用手持设备，他就有可能没办法拿灭火器，但如果是戴的智能眼镜，他的双手就可以解放出来，这会带来很多方便。"

• 智能眼镜在消防领域的应用案例视频

同时，他表示，在零售业的扫码结账、医疗中的远程协助等方面，都有很多需求场景。"当智能眼镜能够解决一些刚需的时候，我想大众对它的评判标准就不会停留在它的外观酷不酷，戴起来帅不帅等层面。也只有在这个时候，智能眼镜这个产业才能进入到一个良性的发展状态。"

此外，塔普的智能眼镜，不仅一开始就是以应用场景定义的产品，同时也可以实现高度定制化。为此，塔普还为它配备了开源的操作系统，从而可以满足塔普的合作伙伴们，并基于这个操作系统，开发出了更多的应用。

布局八大行业，主攻三个领域

塔普在 2016 年 1 月 20 日的发布会上，提出了要布局八大行业。不过余海表示，截至 2015 年年底，塔普的 Realmax 已经有落地应用的，是三个行业。

"第一个是教育培训领域，公司发布的中国 AR 智慧工厂教学培训系统获得了各方面的好评。它结合工业领域的实际场景，针对"提高生产率，降低出错率"匹配了完整的解决方案，并参与了发改委、教育部关于《中国制造 2025》人才培养体系的编写；第二个是医疗领域，主要用于医疗的远程协助，以及辅助医疗教学。目前围绕上海市经信委打造的基础健康物联网，Realmax 在上海的一些医院有所应用，包括在互联网医院方面的三级联动平台建设，我们也有参与；第三个是旅游领域，比如以前旅游都是导游到一个景点，就给大家讲它的历史或者故事，但是以后游客戴着智能眼镜，每到一个景点，它就会自动给你讲解相关信息的同时，该智能眼镜还可以拍照、录制视频，并且还能实时分享，比如你在旅游，智能眼镜可以把你看到的东西拍下来，通过即时交流工具，传给你的家人、朋友等。"

● 智能眼镜在智能制造领域的应用案例视频

● 智能眼镜在医疗领域的应用案例视频

　　余海表示，在这三个行业，塔普已经建立了一些标杆型，或者说灯塔型的项目。另外，它在电商、零售、家居、家装，以及教育出版领域都有一些落地的应用案例，并且如果要再细分的话，已经接近 20 个不同的行业。

　　到 2017 年年初，余海预计，突破十万套的 AR 硬件终端出货，从软件 SDK 的装机量，我们预计将突破 100 万。"

　　2015 年，塔普获得了数千万元的天使轮投资，并且开始在全球范围内多点布局。可以说塔普在一年之内，从一个名不见经传的通信模块方案商，一举跃升为一个全球性的智能眼镜产品供应商。用余海的话说，就是："以前想都不敢想，一些国际信息科技巨头的优秀人才，会加入到塔普，但是今天，在硅谷的塔普分公司里，坐着来自微软、苹果等公司的优秀技术人才。"他并表示，公司的这种瞬间膨胀，不仅给自己带来了很大的压力，同时也让原有团队面临着不小的挑战。

　　不过塔普本身是一个有着十几年历史的公司，因此这种跨越式发展，给团队带来调整的同时，更多的却是兴奋。"我们的核心高管团队，都是一群有梦想的年轻人，所以才会在 2014 年做出转型的决定。那么，为了我们的梦想，现在有更多更加优秀的成员加入进来，一方面是对我们原有能力的补充，另一方面可以在业务上形成扩张。因此，如果说团队有什么变化，一是人员增多了。从原来的 30 多个人到现在的 140 多人，而且到 2016 年年底，预计会达到 200 来人；二是目标更明确了。过去，即使我们做得再好，也是一个点，但是现在，我们有可能成为引领全球的独角兽公司，而大家作为其中的一员，对工作表现出了前所未有的热情。"

● 塔普创始团队

科技以人为本，塔普让人自然生活

余海说，塔普之所以愿意为智能眼镜这个产品，投入如此多的精力，是因为他自己深刻地认识到"科技是为人而生，也是为人而改变的"。然而，事物总是双向的，比如智能手机的出现，给人们带来了便利的交流、工作、信息获取方式的同时，也带来了一些负面的东西。其中最明显的，也是最让人类担忧的就是"低头病"。

• 手机带来的"低头病"

"我们吃饭的时候、走路的时候，甚至开会的时候，都在低头看手机，"说到这些，余海表现得有些激动，"这一定是不符合人类自然交互需求的方式，所以更多人性化的人机交互手段必将出现。而智能眼镜能够带来的最大改变，就是人们在与设备交互时，可以保持正常的身体姿态，无需低头，无需占用一只手，从而完全以自然的状态进行交互。""同时，用户可以得到更加真实，或者说更加实时的内容展现，比如用户戴上智能眼镜后，看到任何一个物品，只要他有需求，就可以调取和这个物品相关的所有信息。"

讲到这里，余海还对智能眼镜的未来发展做出了一些预判，比如在智能眼镜上，加入一些意念感知的功能，"这样就会让一些操作更加方便。当然，这个可能还需要很多年的发展。不过，基于目前的技术发展速度，我相信已经为时不远。"

说实话，塔普的发展速度，是我完全没有料到的。不过余海表示，塔普在高速发展的同时，也面临着诸多挑战，比如随着产业链日益成熟，塔普产品的迭代速度要不断加快。

再比如，塔普的智能眼镜目前主攻 B2B 市场，而且定位自己的产品是下一代计算机，所以在业务开展的过程中，不仅要保证产品本身的稳定、可靠，还要考虑如何让这个新型设备与用户原有的信息管理系统无缝连接。在这个时候，要求塔普在卖产品的同时，还要提供咨询服务，承担教育市场的责任。余海说，这也不算难点，而是作为第一批吃螃蟹的人，必须经历的过程。

同时，现在塔普与海内外的很多知名院校，如哈佛、斯坦福等都建立了全球化的创新合作实验室。这些高校通过联合实验室，将它们的前沿技术输送给塔普，由塔普进行产业化和商用，或者是应用到自己的产品和项目中。余海说，这种产业化的过程，看似简单，实则不然。

• 塔普办公室

不过，这些在余海看来都不是大问题，因为塔普正是在解决这些问题的过程中，获得了快速的成长。"温室的花朵是经不起风霜的，只有那些经历过寒冬酷暑的，才能成长为参天大树。"

记得 2014 年走访塔普的时候，他们还在上海的一个职业技术学校里办公，一栋老式教学楼改建的办公室，塔普虽然占了 2 层，但是应该说比较简陋，没有任何装饰。2016 年年初的这一次访问，是在这所学校旁边的一栋新式办公楼里，地方虽不算大，但是装置精细。前台的企业 Logo 背景、办公室里的各种植物，顿时让我觉得公司的格调高了很多。同时，余海在交流中透露，为了应对全球协同办公的需求，塔普斥资 200 多万元部署了一套协同办公管理系统。看到今天的塔普，我的脑海里突然跳出学生时代同学跳级的画面，当然希望塔普能够一路跳级。

• 余海采访视频

可穿戴设备，为改变用户习惯而生

陈越猛

陈越猛，翰临科技创始人 &CEO。加拿大籍，1977 年 2 月出生于中国浙江，1998 年毕业于浙江大学信息与电子工程系，后在加拿大西蒙弗雷泽大学（Simon Fraser University）获得科学和电子工程硕士、博士学位。从 2001 年至 2007 年，任职美国硅谷 Centrality Communication 公司。2010 年加入了美国硅谷 Obihai 公司任，首席软件架构师，主导家用 VoIP 网关的开发。2012 年加入了美国硅谷 Striiv 公司，任首席软件和算法架构师，主导智能无线健康类产品的研发。有着超过 15 年的业界消费品电子产品设计经验。2013 年年底返回中国，成立了翰临科技，任 CEO，致力于研发新一代智能可穿戴设备。2015 年，被中共上海市委组织部评为第五批上海"千人计划"创业领军人物。

　　陈越猛是加拿大籍华人，三个小孩的父亲，国家"千人计划"专家，一开口就会让你感觉到他是一个很有亲和力的人。祖籍浙江上虞，1998 年从浙江大学毕业后，到加拿大 SFU 获得了科学和电子工程的硕士和博士学位。之后，他在硅谷多家公司任首席软件架构师，期间包括设计和发布全世界首批基于 SoC 的全球定位系统及多媒体芯片（Centrality Communications），设计和

● 陈越猛

发布全美和加拿大地区免费通话的家庭网络电话网关（Obihai Technology），以及首款基于健康和健身的游戏设备（Striiv Inc.）。2013 年年底回到中国，创办了上海翰临科技有限公司，主要从事智能可穿戴设备的研发、生产和销售。过去两三年，翰临科技已经陆续推出了 Cling 系列智能手环和手表（手表外形的手环）产品。

游戏手环创业经验，看清商业价值根本

第一次接触陈越猛是 2014 年的下半年，在我们的在线 i 访谈上，当时他作为受访嘉宾，介绍了翰临的第一代智能手环。那场访谈，让我印象最深刻的是他们研发的 Cling 手环能够测体温。然而也正是这个功能，让很多人都提出了疑问，也包括我，比如我当时的疑问："在手腕上测的体温有什么价值？" 至于回答，我现在已经记不得了。回看当时的访谈记录，竟然连这个问题都被删掉了，实在遗憾。

缤纷腕带随心换

我们设计只因我们热爱穿戴。

• Cling 一代

2014 年，可穿戴设备很是大火了一段时间，尤其是手环。据统计，国内当时的手环品牌有 120 多个。然而好景不长，在 2014 年 7 月的时候，小米推出了价格为 79 元人民币的手环，将手环界的泡沫彻底捅破。随之而来的是，整个可穿戴设备的热度骤减。当然，原因并非是真的受小米影响，而是用户的新鲜感过去了之后，逐渐回归理性，从而发现了当时的可穿戴设备只是赚噱头的本质，就连苹果的 Apple Watch 发布都没能再激起大的涟漪。记得当时一位留美华人女孩，跟我说她的导师开发出来了一个智能手环，想在中国落地。我当时的建议是：如果跟现在的手环功能差不多，就不要想了。后来便没有听到她在这方面的声音，想是没做。此后，其实我比较少关注可穿戴设备，不是不看好，只是觉得真的没什么能入眼的产品。另外，我感觉这个朋友圈的人心浮躁，或许会对它的良性发展带来负面影响。

2015 年年底，有幸和陈越猛进行了一次深入交谈，这使得手环，或者说可穿戴设备又重新回到了我的视线内。具体原因如下：一是翰临手环的价格，并没有受到小米低价攻略的影响，仍然保持在六七百元人民币的较高水平；二是陈越猛的态度，或者说他的状态，让我重新对可穿戴设备找回了信心。当时，翰临刚刚和健身领域第一品牌——一兆韦德开展合作。一兆韦德一百多万会员的会员卡全部换成了翰临的智能手环，因为翰临的新一代智能手环不仅有传统的计步、测睡眠心率、来电提醒等功能，还融合了卡的功能，"能整合 6 ~ 8 张卡。"陈越猛说。他并透露，2015 年的销售增长量是 2014 年的 5 倍，其中的主要推动力是 B2B 的业务。

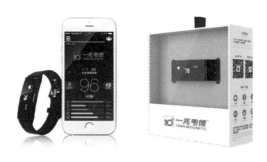

● 一兆韦德专供的 Cling 手环

当时触动我的就是他不经意的一句话："主要推动力是 B2B 的业务。"因为我一直觉得，B 端（企业或机构）用户远远比 C 端（个人）用户挑剔得多；C 用户可能会为了新鲜感买单，而 B 用户一定只会为价值买单，所以，当时我就觉得，这家公司已经在赋予手环一些能够解决痛点需求的功能和价值。

随后陈越猛在介绍他们新手环功能的时候，道出了一些自己的理念和创业背景。早在智能手环的鼻祖——Fitbit2008 年创始 CES 时，陈越猛就在现场见证了 Fitbit 原型机的无线记步演示，并和 Fitbit 的创始人交换了意见。之后几年，他更是见证了 Fitbit 的智能手环从 Demo 变为产品的过程。那个时候，陈越猛所在的公司是做游戏产品的，他们想过是不是可以将游戏与健康结合起来，"比如以前一个人如果要玩游戏，需要花钱买金币，那么现在是不是可以让他通过运动——走路、跑步等方式来替换金币，并且走的步数越多，游戏就可以玩得越好。"随后，他们便开发出了一款计步设备，并且整合了很多游戏。这个设备可以挂在身上，用户甚至能一边走路，一边打游戏。他们当时希望，用户可以感受到游戏的乐趣在于运动。这样的话，就可以通过游戏和运动的结合增强该设备的用户黏性，从而改变人们不运动的习惯。陈越猛说，当时产品上市后，反响很不错，短短几个月就吸引了 50 万用户，但是他们并没有逃过游戏行业市场规律的魔咒，没多久就没有人玩了，最后那个项目也无疾而终。反观 Fitbit，陈越猛看到它一直坚持运动健康的理念，并且在其发展的整个过程中，所有的改变都是以运动健康为核心，所以越来越强大。"游戏不会万年不衰，但健康是永远的。"陈越猛总结说。

• 陈越猛在美国时期开发的与游戏结合的可穿戴设备

不理外界纷扰，坚守创始初心

后来陈越猛回到中国，创立翰临时，便选择了以"健康追踪"为第一个入口，致力于打造数字健康生态系统。同时他也意识到，如果要真正做好健康追踪这件事，首先要改变用户的习惯。此后，改变用户习惯便成为了翰临一直探索和追求的目标。

• 翰临团队

2014年陈越猛做访谈时也表示："我们定位于小巧且精美的智能可穿戴产品，并通过它营造的数据生态系统来改变人们的生活。我们的设计一直围绕着解决两个问题：1）如何更好地了解自己；2）如何有效地改变生活。"他说，他始终认为可穿戴产品可以改变人的某些生活方式，就像苹果手机当初所做到的那样："苹果推出了一个手机，不只是让用户拿来打电话，而是还想改变用户的很多习惯，而且通过5年到7年的时间，差不多就实现了它的愿望，比如手机除了打电话，还可以做信息操作、听音乐、拍照等。换句话说，就是以前你需要用很多设备来完成的事情，用一台苹果手机就可以实现。"

创始人团队

陈越猛：CEO&Founder
科学与电子工程博士，在美国硅谷工作10年，倾其所有投资Cling，致力于研发全球领先的运动健康可穿戴设备

张煊浩，供应链、量产管理前赫比国际工艺主管，16年电子产品制造经历，交付数以百万级苹果、耐克等顶级电子设备

张新龙，模具、结构工业设计狂人，跨界医用电子产品，手机，可穿戴设备，超过16年设计经验

高盈颖、首席设计师
专业平面及视觉设计
前法国阳狮集团创意总监
于法国设计界11年
获多项世界级行业大奖

林志嵩：软件及平台
浙大电子工程98级毕业生，前硅谷掌微电子软件平台总监，18年跨平台开发经验

罗成诚，营销副总经理
HS新加坡商业运营主管
超过15年综合营销经历

在2015年年底的交流中，他依然坚持着自己的观点，并且表示，Cling不仅仅是产品品牌，更是一种倡导健康生活的生态系统。这个生态系统中会有多种产品，其中硬件是Cling的系列产品，包括已经推出的手环、手表，以及未来可能推出的其他可穿戴设备，而应用和服务可能由不同的人，不同的机构提供。"比如支付机构使用Cling的硬件载体开发一些应用，那么这个载体可能会具备支付的功能；管理机构用它开发一些人员管理的应用，那么它就可能会具备管理的功能；一些服务机构拿去，就可能会赋予

它一些会员管理的功能。""当你购买一部智能手机时，不会要求它已经把微信、新闻、游戏等都给你安装好了，反而更希望买的是一部没有任何杂乱应用的手机，然后需要什么自己来安装。你可以把 Cling 的硬件产品想象成一部智能手机，我们只会赋予它一些基本功能。当然这些功能是基于我们所倡导的健康生活，比如采集最基本的身体参数、人体活动参数，乃至身体周边的环境参数等，然后我们希望用户有什么需求，可以自己'下载'。毫无疑问这个前提是，Cling 的生态系统中已经有足够多的应用可以供用户来选择。虽然现在，离那一天还早，但是 Cling 的每一代产品都会植入这一理念。"

我记得他说这段话的时候，语调很平和，没有慷慨激昂，也没有焦灼宣泄，反而让人看到了更多的希望。

2016 年年初，翰临发布了第三代手环，其中两个功能成为亮点，其中一个是酒精含量监测，即通过呼气和 VOC 的实时监测，可以测算出一个人血液中的酒精含量，未来可能成为交警查酒驾的利器；另一个是空气质量监测，可以监测人体周边的香烟烟雾、甲烷、异丁烷、一氧化碳、氢气、乙醇及 PM2.5 等有害气体的指数。整体来说，这些可算是手环界的一个小小突破。

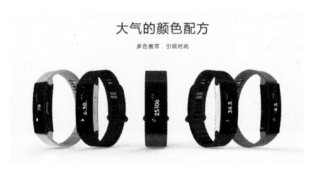

大气的颜色配方

多色装帧 引领时尚

• Clingband.

就在 Cling 第三代手环发布后不久，陈越猛说，想召集一次基于智能手环应用服务的开发活动，把他之前提到的手环的各种应用场景变成现实，比如让原本发会员卡的机构，可以用手环来代替卡等。他并透露，接下来还会发布一些，有别于手环、手表的其他类型的可穿戴设备，"比如由于戴在手环上测的体温意义不大，因而我们就会研究身体哪些部位的体温，对健康的价值最大，从而有针对性地开发一些可穿戴设备。我们开发可穿戴设备的宗旨是'以健康管理为核心，围绕健康管理的需求开发相应的设备'，而不是以可穿戴设备为核心，只是在上面叠加健康管理的应用。"为此，陈越猛表示，他们希望自己开发出来的可穿戴设备，能够变成用户愿意穿戴的设备。

　　记得 2015 年年底的那次交流，我们还聊到了中国的创业环境，比如跟风抄袭的现象比较严重。陈越猛说，其实他不太关心外部环境的起伏变化，只关注推动产业发展的根本，坚持自己的初心。在他的眼里，中国现在就像一个二十几岁的小孩子，很容易犯错，并不断做错事，但是一定会慢慢成熟起来，逐渐走向规范。或许正是这种淡然的心态，让翰临的创业之路看起来比较平顺，没有受过资金之困，没有大规模的用户投诉，没有任何负面新闻。同样，它也没有很多的对外宣传。"在硅谷及博士研究设计的十几年的经验，让我对现在我们的行业和所做的设计有了更深入的认知和理解。数字健康可能看起来有别于卫星导航或网络电话，但是在基础数据分析和用户习惯层面与其并无差异。"陈越猛说。当然，他的坚定与低调，在今天这样一个"大众创业，万众创新"的时代，是有百利而无一害的。

● 陈越猛采访视频

24

十年专注位置服务，室内定位监狱称王

邵力斌

1967 年 4 月生，1988 年毕业于华东工学院，分配到南京市政工程总公司（1988—2000 年）。之后在南京五岳科技（2000—2004 年）、南京荣飞科技有限公司（2004 年至今）工作。2011 年获南京师范大学 EMBA 学位。

第一次见到南京荣飞科技有限公司（以下简称荣飞）的总经理邵力斌，大概是在 2011 年 9 月，南京的一个物联网大会上。熟识起来，是 2013 年 7 月，在荣飞的支持下，我们组织了 17 位物联网企业的 CEO 在南京举办了一次聚会，算是今天我们 CEO 沙龙的前身。不过一直以来，我对荣飞的印象都停留在监狱信息化系统集成商上面。一直到 2016 年，

• 邵力斌

借着采访的名义，我才了解到，其实近几年，尤其是从 2013 年以来，荣飞已经发生了很大的变化。

2016 年 3 月中旬的一个周日，我再次来到了坐落在南京邮电大学物联网科技园 8 楼的荣飞。时隔三年，荣飞的办公室并没有发生大的变化，但是明显感觉到邵力斌的状态似乎不同于以往了，而接下来的交谈，更让我感受到了他本人，以及荣飞的深刻改变。

从项目到产品的跨越

如果从企业分类上来讲，荣飞从创立开始，就是一家监狱信息化系统的集成商。荣飞成立于 2004 年，起家于研发监狱的安防系统管理软件，但是它的这套软件，不是以安防设施本身的集成为主导，而是以"监狱的工作流"为主导。同时，它还把安防系统渗透到工作流的每一个环节，比如从一个警察的上班开始，涉及打卡、门禁、报警及电话等几十个场景。总体来讲，就是提供监狱里的综合管理信息化系统集成服务，这种项目型的业务，荣飞一直到现在都还有在进行。不过邵力斌说，系统集成其实是荣飞一直都想偏离的方向。

"做系统集成的过程很痛苦，因为每项工程都会涉及到很多种产品的需求，比如监狱的日常管理软件、各种工作流的控制软件等。因为其中大部分都是定制化开发的，所以最多时候，我们大概开发了几十项软件产品。同时，承接一个系统集成项目后，我们要与各种厂商进行对接。虽然当时看项目规模都很大，但是实际上并没有给公司带来太大的效益和沉淀。"

于是，2006 年，荣飞就开始尝试产品化路线，并投入了第一款基于位置服务的标准化产品——室内定位系统：通过可穿戴设备将服刑人员、民警、外来人员和车辆转换为一个个信息点，从而可以直观地了解其在监内的位置信息，并根据监所的实际管理规则，制定一系列管理规范，以实现系统自动对监管场所内的人员、车辆进行管理。目前，系统已成功运用于浙江省乔司监狱、南京女子监狱等监管场所。

● 定位腕带　　　　　● 超声波基站

说到这个产品的起源，就要追溯到邵力斌的童年时代。他说，他自己从小就是一个无线电的拆机爱好者，家里所有带电的东西，除了电视，其余都被他拆过。大学毕业后，进入政府机关工作，由于相对比较轻松，所以业余时间就帮人修各种电器，并且天天想的就是，什么时候自己能够"整出来一个新东西"。

正是这种情结，让邵力斌在看到 GPS 技术的强大威力的时候，开始考虑既然室外定位可以实现，那么室内定位是不是同样可以? 他说，当时让他印象深刻的是《国家机器》这部电影中的一个情节，就是在人身上注射一个芯片类的东西，然后无论这个人走到哪里，卫星都能定位到他。

对系统集成业务的厌烦，以及对无线电技术力量的神往，让邵力斌下定决心从 2006 年开始，投入研发基于监狱犯人管理的室内定位系统产品。然而当产品出来以后，市场却并不买账，"因为理念太过超前，经常是跟客户解释半天，人家还觉得是很奇怪的东西。"现在回想起来，邵力斌自嘲道："当时也不知道哪根筋搭错了。"不过，邵力斌并没有因此而放弃，一直坚持到 2010 年，产品经过多次迭代后，荣飞的努力终于得到了用户的认可，并获得了当年公安部颁发的科技创新二等奖。

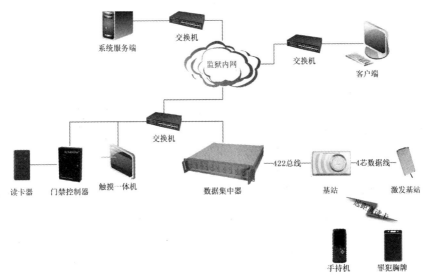

• 监狱区域电子点名系统

到了 2012 年的时候，荣飞的室内定位产品已经开始有了规模化的应用。邵力斌透露，截至 2016 年，国内已经有十几个监狱使用了荣飞的产品。"司法部有一个规定，所有犯人每隔半个小时，就要点一次名，以防他们逃跑。以前，监狱就用一个小本子，每隔半个小时，让犯人签一次字；现在使用了我们的设备以后，因为每个犯人身上都有一个传感器，狱警拿着手持设备在监狱里走一圈，就可以自动点名了。"邵力斌举例子说，其实这个设备让监狱的管理模式有了很大进步，并且以前的那种方式可能会出现纰漏，而现在的则更加严谨了。

2013 年，荣飞这种基于位置服务的产品，又延伸到了监所内人员外出的管理。全国几乎每天都存在着大量的在押人员外出，对比监所内全面覆盖的监控探头、高墙电网、层层门禁等技防系统的保障，在执行所外押解任务中（如：所外就医、投牢等）缺乏必要的技术手段，民警仅有手铐、脚镣等少量装备可用于辅助管理，而押解过程的安全几乎完全依靠值勤民警的高度责任心和警惕性来保障。

近年来，由于押解任务日益频繁和押解环境因素日趋复杂，传统的手铐、脚镣加人防的管理模式，已很难确保押解安全。管理手段的落后已成为外出押解脱逃事件高发的重要原因，所以针对这个场景，荣飞又开发出了一个产品，类似于一个隐形的绳索：从技术层面上，包含室内和室外定位两部分；从产品层面，整个产品包含两个设备，一个是给警察用的手持设备，另一个是给犯人用的脚铐。"警察可以在他的手持设备上设置报警距离，比如脚铐离开手持设备 10 米，就发出报警。这样一是可以阻止犯人逃跑，二是一旦逃跑，还能通过各种定位方式把他抓回来。"邵力斌解释道。之前他们去推广产品的时候，某地方的公安机构就让他们实地实验，让一个警察戴上脚铐，提前 10 分钟跑，之后让荣飞的工程师去追。经过多次堵截，实验民警弃车、躲入山中的坟地内。最后，荣飞的工程师在坟地内把实验的警察给抓了回来。"目前全国已经有十几个省的监狱都在使用荣飞的这套产品。"邵力斌说，他希望 2016 年能够覆盖到所有的省份。

• 电子脚镣

小产品里的高科技

邵力斌坦言，虽然今天荣飞的产品化转型，已经取得了阶段性的成功，但是过程也非常痛苦。"做项目的时候，起码做一个就能看到收入；做产品，就面临着很长时间的投入，却看不到回报。"

尤其是室内定位这个产品，研发投入了四五年的时间，并且早期想的过于简单，就是通过无线通信节点间 RSSI 值的大小结合一定的定位算法，来判断人员位置，以至于在实际应用的过程中遇到了很多问题，包括穿墙、信号的反射等很多原因，都会造成位置的不准确。"比如当我们打电话的时候，会遇到网络忙、串线等问题，是因为基站下的信号不够分配了。在 2G/3G 时代，一个基站几千个人都很难支撑；而我们的应用场景是在监狱，都是成千上万人，并且是在一个集中的空间里，同时完成定位、信息采集、传输及数据处理等任务，难度更大。"邵力斌说起他们早期遇到的瓶颈，感慨颇多，"如果用传统的定位方式，就是不计成本的广布基站，但是市场不会接受。"

为此，从 2012 年开始，荣飞就尝试使用时分、频分技术，自己定义了一套室内基站定位协议，以实现在一个集中的区域同时管理上万个犯人，邵力斌对此颇为自豪。

同样，在电子脚镣这个产品上，荣飞也投入了很大的精力。2014 年产品刚做出来的时候，一拿到监狱里去试用，就出现了各种问题，比如周边环境里的金属物品会对信号造成干扰，尤其是在医院里面的 ICU，会有很多仪器，以及信号屏蔽设施，都会让电子产品产生误报。之后，在这些方面的优化上，荣飞下了很大的功夫。

● 参加展会

再比如使用无线电波的传输时差技术，来代替雷达技术，从而使设备定位出的距离误差降低到一二十厘米。"人是一个导电体，并且对无线信号的干扰特别大。若使用传统的定位技术，当你拿着设备时，转一个方向就会影响到它的信号强度，进而影响位置的准确性，比如转个 180 度，就可能产生几十米的误差。后来我们使用了时差技术后，它对距离的测算是点对点的。因为跟方向没有太大关系，所以定位就会准确很多。"同时，脚镣的材料也采用了强度较高的合金；锁更是采用了需要 270 分钟以上的时间才能被打开的 B 级机械锁。

正是这一个个看似细微的技术突破，使得 2015 年，荣飞的电子脚镣不仅功能更完备，而且外观也更加漂亮，以至于一些客户看到产品后，会问："你们这是 copy 国外的吧？"这让邵力斌感到无奈的同时，也颇为欣慰，因为，多年的精力、财力投入终于得到了认可。"每年荣飞都把一千多万资金，几乎是利润的一半，投入到室内基站定位和电子脚镣这两个产品上。"邵力斌说，对此，公司内部和外界，都有颇多微词，觉得一个小公司，研发投入这么多，不能理解。不过邵力斌还是义无反顾地坚持，哪怕在早期产品不被市场接受的时候，也没有退缩。

愿景：统一司法领域的室内定位标准

2015 年的时候，荣飞的室内定位和电子脚镣这两个产品，都得到了用户的大范围认可。邵力斌说，荣飞接下来要开始逐步退出系统集成的业务。"希望在整个监狱的信息化系统中，我们只提供通信协议站的技术、传感技术及产品，然后其他应用和系统集成就让其他厂家去做吧。"说这句话的时候，我感觉到邵力斌仿佛卸下了千金重担，"我曾开玩笑说，希望多少年以后，全国的监狱、看守所都在用荣飞的室内通信定位产品。"

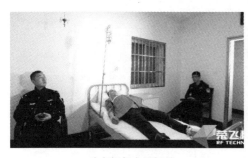

• 外出押解应用场景

• 电子脚镣应用案例

　　为此，邵力斌表示，未来几年想做的一件事，就是把全国公安司法领域的室内定位标准给统一了。"因为它这个行业比较特殊，人多，然后又集中，所以对可靠性要求极高，并且数据的存储和处理量大，传输量少。"邵力斌如此解释自己的愿景，"此外，目前这个领域只有荣飞一家在做，且已经形成了一定的品牌影响力。同时，监狱这个行业太细分，大公司看不上眼，小公司又不愿投入研发，所以我们有机会。"据他透露，目前荣飞已经参与了公安部的电子脚镣标准制订。

　　最后，邵力斌还表示，接下来荣飞也会向更多需要室内定位的领域发展，因为经过过去几年在监狱领域的实际应用，荣飞的室内定位技术，在移动物体多、数据传输量小的场景下，已经得到了很好的验证。"比如未来，在养老院，可能也会有很好的应用。我们也准备针对这样的场景，开发一些可穿戴设备，比如手环等。"

　　在室内定位领域，荣飞扮演着电信运营商的角色，并且在不断得到更多的肯定。过去的两三年内，荣飞已经获得了两轮投资。"6月份会进行股改，然后先上新三板。2017年年底，或者2018年，我们想去冲IPO。"邵力斌描绘着公司的蓝图。

● 邵力斌采访视频

25

借力智能汽车，重新定义物联网

沈海寅

上海交通大学自动控制及工业管理双学士学位。至今拥有 15 年互联网行业经验，在硬件、搜索、广告、游戏，以及电商领域都有较多的经验。1993 年任职于上海航天局。1995 年担任上海佐竹冷热空调技术有限公司高级工程师。软件事业部经理。1998 年远赴日本，供职于 OpenNetwork Inc.。2000 年到 2013 年间在日本创业，先后创立了 3 家互联网公司。2000 年在日本创办 JWord Inc 并担任 CEO，该公司后成为日本领先搜索公司，并于 2005 年被 Yahoo Japan 和 GMO Inc. 收购。2005 年和金山软件合资，在日本创办了日本金山软件，2007 年首创杀毒软件免费模式。2006 年创办的 ACCESSPORT Inc. 是视频搜索、页游运营等领域的领先企业。2009 年到 2010 年任金山软件集团副总裁、金山安全软件公司总裁。2013 年到 2015 年间任奇虎 360 公司副总裁。

首次见到沈海寅是在 2014 年秋季的一个可穿戴设备论坛上。之后我们在 2015 年年初举办的——3 周年论坛上便邀请他做了一次演讲，那时候他还是奇虎 360 的副总裁。后来没过多久，就听说他离开奇虎 360，自己创业做智能汽车了。听到这个消息时，我还是比较震惊的，因为我印象中的沈海寅，一副儒雅书生模样，和智能汽车这

• 沈海寅

么大体量的硬件相当有距离感。再次听到他的消息，便是他造的智能汽车——奇点汽车召开发布会了。不过，当天巧遇谷歌机器人 AlphaGo 首战李世石。之后与沈海寅谈起这个事情，他笑言，奇点算是借势 AlphaGo 了。

多变量齐发，汽车行业面临洗牌

沈海寅毕业于上海交通大学，并获得自动控制与工业管理双学士学位。他于 1993 年和 1995 年先后任职于上海航天局和上海佐竹冷热空调技术有限公司。2000 年到 2013 年间，在日本，先后创立了 3 家互联网公司，其中的 ACCESSPORT Inc. 成为了日本的第四大搜索引擎公司。2013 年，沈海寅从日本回国，加入了奇虎 360，出任副总裁。在那一年的六七月份，沈海寅为 360 组建了硬件团队，此后推出了 360 儿童手表、360 安全卫士、360 家庭卫士和 360 安全路由等多款智能硬件产品。

• 360 儿童手表

沈海寅表示，也是从那时候开始，他认为物联网一定是未来的一股新兴潮流。在多个公开场合，他都会讲到三次商业浪潮：第一次浪潮是 PC 互联网时代；第二次是移动互联网时代；第三次便是万物互联，其实就是物联网。说到这里，沈海寅补充说，他一直不愿意讲物联网，是因为这个概念早期在国内被狭义化了。大家一提到物联网，可能想到的就是自动抄表，或者给某个设备装上 RFID 标签、传感器等。因此，他情愿叫它万物互联，IOE。他认为，万物互联，也就是物联网这个时代的来临，需要一些前提，而这个前提就是移动互联网的蓬勃发展。"因为它带来了足够便宜的带宽、足够快的宽带传输、传感器价格的急剧下降，且让每个人都有了一个智能手机——相当于是一个随身的 CPU，这些因素从客观上推动了物联网时代的到来。"他表示，正是看到了产业的这种变化，让他认定了智能硬件这个领域。"其实在奇虎 360 的时候，也带移动互联网团队，但后来就专注于做智能硬件了。也是因为这个原因，我觉得这个行业本身的发挥空间足够大，能在里面开疆辟土。"

• 2015 年沈海寅在《物联网与云计算》杂志年会上发表演讲

对此，沈海寅说自己从事了十几年的互联网行业，圈外人都觉得很热闹，而辛苦只有圈内人自己知道。"互联网行业最大的问题在于，每一个细分领域只有做到老大或者老二的位置才能存活，老三、老四都没希望，并且老二还时不时地被老大兼并一下，叫'被结婚'。那么如果选择在这个领域去创业，你就必须有足够的自信，或者有足够的心理准备，说自己一定能做到老大或者老二。曾经团购平台们的'千团大战'就是活生生的例子，最后只剩下了美团和拉手。拉手当时可能是十亿美元量级的资金不断投下去。不过，现在基本化为泡沫，也就是说，互联网其实是一个风险非常高的行业。所谓一将功成万骨枯，一个成功者的脚下踏着无数个失败者的尸骨，非常残酷。然而，物联网相对来讲不是一个绝对垄断的行业，比如说智能家居，会有很多家企业共存，每家都会有一定的市场份额，并且他们之间还会形成一种良性竞争的态势。同时，用户的'趋不同性'会更强，也就是，个性化需求会更多。只要能找到一个差异化的点，就能够获得一个粉丝，这样一件事情就能够先做起来。

另外，在互联网行业，半年之内不做到这个细分行业的老大，压力就会很大。不过，涉及实体产品，就不一样了。哪怕一开始只有 0.5% 的份额，甚至 0.1% 的份额，销量也是很大的，尤其是像汽车、房地产行业，哪怕是 0.1% 的市场份额，也会有几十亿元人民币的销售额。同时，你的竞争对手，或者说友商们，是感觉不到这 0.1%

份额的影响的。在这种情况下，你最终得到的结果就不会只是 0 或 1，做得好就有可能乘风而上；即使做得比较中庸，发展不是特别顺利，至少也能够获得一部分小众市场，就是说，不会到所有投入完全化为乌有的境地。"

• 奇点汽车发布会

基于这样的思考，2014 年，沈海寅决定再次创业的时候，就选择了智能硬件这个领域。不过，至于为什么会选择智能汽车体量这么大的硬件，他说，使用的消除法，就是发现手机有人做了，电视也有人做了，然后各种硬件都有人做了，就只剩下汽车没人做。当然我们都知道，没人做智能汽车，是因为它的门槛相对较高，并且电信运营商、大的互联网公司等都有尝试，只是没有取得根本性地突破而已。所以，从这个角度看，沈海寅还是相当有魄力的。

当然，创业这么大的决定，不会凭着一个消除法、一拍脑袋就决定了，背后肯定是有相当强的理论依据的。沈海寅认为，汽车虽然体量大，但是经过上百年的发展，汽车行业早就形成了一套成熟的规范和流程。在这个基础上，只是让它变得智能化，难度并没那么大。同时，他从整个汽车行业的发展现状，和遇到的拐点层面，对汽车智能化是必然趋势进行了分析："从纵轴上来讲，我们要看一个行业；从横轴上来讲，我们要看时间点。我认为，在当前这个时间点，汽车行业正在发生着翻天覆地的变化。当一个行业的发展，面对着一个变量的情况下，这个行业里的传统玩家，是有可能跨越过去的，但是现在的汽车行业同时面临着很多变量：首先是动力系统，由传统能源变为新能源，然后是智能化，同时出现了无人驾驶和终端智能两种属性。同时，企业的销售模式也在发生变化，原来是 4S 店的销售模式，现在也逐渐过渡到线上销售、直销等。此外，市场营销也在发生变化，原来我只需要让广告公司帮忙打广告就可以了，现在要做社会化媒体的营销，要直面用户。那么，在这么多变量同步发生时，这个行业会面临一个速变革期，肯定会有一部分企业被淘汰。"

　　沈海寅说，他们保守预计，再过十年，现有的车企可能只有一半能够存活下来。换句话说，一半的市场份额就会空出来，而填补这部分空白的一定是新的企业。"从达尔文进化论的角度来讲，这个时候会产生新的物种，我希望我们是一个新的物种。"沈海寅如是说。我想这或许也是另一种起点的降临——智能汽车从无到有的新物种的起点。2015 年 5 月，沈海寅在智车优行正式就位，从而为中国首辆智能汽车的打造拉开了帷幕。

● 公司团队

重新定义汽车，只为更优用户体验

　　一般情况下，我们听到"智能汽车"这个名词，首先想到的就是无人驾驶。不过沈海寅认为，智能包含两个层面的含义，"一个是从交通工具的层面上来讲，逐渐会过渡到无人驾驶；另外一个是它作为智能终端的属性，如何给使用者带来更多便捷。"

● 谷歌无人驾驶智能汽车

"在这个层面上，我经常会把汽车智能化分成三个部分：第一是在同一辆车上，针对不同的驾驶者的习惯和喜好，自动改变驾驶环境，比如说，它可以通过人脸、指纹、声纹等方式，对用户进行身份识别。之后它自动把车辆调整成符合当前驾驶者习惯的状态，像年轻人可能喜欢动力强一些，年龄大一些的可能喜欢稳一些等。"

"第二是针对同一类汽车，让它们在不同使用环境中的状态达到最优。汽车在出厂的时候都是千篇一律的，比如设定的运行温度范围是零下三十摄氏度到零上八十摄氏度，就是说，各种零部件的设定参数，都是可以广泛应用的参数，而不是针对不同的环境和条件，设定的最优参数。然而，每辆车被使用的环境和条件都是不一样的，比如有的在南方，有的在北方；有的在山区，有的在平原。这种情况下，使用者如何根据自己的实际环境，把汽车的各种参数，比如发动机、电池等调到最佳状态，我觉得这是可以通过智能化来实现的。"

"第三是实时了解车辆中每一个组件的运行状态，比如现在一辆车坏了以后，要到4S店进行检查，才知道它什么地方有问题。如果是一辆智能汽车，它每一个零部件的运行状态都是实时上传到云端的，有可能在它没坏之前，就能够预测到哪个部位会出问题，然后提醒用户去检修。"

要做到这些，汽车就要像现在的智能手机一样，是由软件来定义的，而不再是一个简单的功能汽车。它会有操作系统，上面会运行各种应用，可以不断地进行系统升级，并且每次升级都会对原有系统进行优化，或者增加一些新的功能。那么对用户来讲，不仅自己的车会越跑越好，而且养车的成本也会大幅降低，比如买了车之后，一项最大的开支就是车险。假设两个用户前一年都是开了一万公里，如果其中一个一直都是在平坦的道路上驾驶，而另外一个总是在坑坑洼洼的道路上驾驶，投保的金额就应该是不一样的。并且，有些人驾驶习惯好，有些人驾驶习惯差，都应该有差异化的对待。然而目前决定保险费高低的依据，只是前一年开了多少里程，有没有发生过事故，事故的严重程度等，然后以此判定当年保费的金额。而智能汽车的出现将改变这种千人一面的方式。保险公司可以通过大数据的分析结果，给用户提供一个恰到好处的保险。此外，包括车的维修保养、停车、充电等方面都会有比较大的改变和优化空间。

总之，沈海寅说，他在考虑做智能汽车时，首先考虑的是如何做一部好车，比如外观要好、性能要好，然后是性价比要高，因为这是基础。然后才考虑如何用智能化的技术满足一部好车的基础需求。同时，很重要的一点是智能汽车会比传统汽车更安全。"传统车的安全预防，是建立在对事故发生后的场景预测上的，所以车企一般比拼的是钢板够不够厚，有多少个安全气囊等。然而对于我们来讲，在这些必须做到的同时，更多的在于如何避免危险的发生，比如可以通过雷达、摄像头等，监测用户的驾驶状态，以及周边的行驶环境。一旦发现用户疲劳驾驶，或者酒驾，或者周边出现危险环境，就会发出预警，提醒他停车，或者采取避险措施等。"

● 智车优行奇点智能
汽车路测视频

2016 年 3 月 9 日，智车优行发布奇点智能汽车，虽然没有透露过多的车辆数据和信息，但从沈海寅把它开上演讲台的那一刻，它就成为了国内第一辆从 PPT 走入现实的智能汽车。当然，为了这一刻，沈海寅和他的团队付出了诸多努力：首先，资金的大量投入，然后，为优化产品的三电动力系统，战略投资了日本 GLM（Green Lord Motors）电动超跑公司；为达到最优的产品设计，在法国成立了产品设计中心，还引入了日本人性化设计师资源；为提升技术实力，联合 TI、QNX、LG 和 SHARP 等多家供应商，通过参股、利益共享等合作形式，展开共同研发。同时他们还与中科院、清华大学、地平线机器人技术研发有限公司和 MINIEYE 等科研机构及企业展开了深入合作。交流中沈海寅表示，生产是由一家成熟的主机厂承担，将于 2017 年实现小批量量产。

跟沈海寅交流结束后，我的第一感觉就是，这不就是前几年所说的"车联网"吗？为什么跟沈海寅的智能汽车一比，那些做车联网的立马变成了传统企业。再这么一回想，过去几年物联网产业的发展历程，似乎也是如此：和智能硬件理念和技术路线相同的物联网概念，提出来四五年都没有大的发展，但是 2014 年，智能硬件的概念出现后，整个物联网产业立马活了起来。当然，这里面虚火的成分依然不小。不过从另一个角度来看，我觉得这就像互联网之于新闻门户、之于电商，因为有了实际的应用，它才能真正地从概念走向落地。因此，与其说物联网定义了智能硬件，不如说智能硬件重新定义了物联网。

● 沈海寅采访视频

第五章

互联网应用高度细分，
物联或成企业新拐点

修苹果手机这个小生意

张凡

1995 年毕业于陕西师范大学旅游系，获管理学学士学位，2007 年西安交通大学管理学院，获管理学硕士学位。曾长期就职于旅游公司，负责市场营销及公司管理工作。2002 年组建陕西友联国际旅行社，并于 2011 年以注册收购的模式出售给 A 股上市公司曲江文旅，任董事总经理。2011 年 10 月至 2012 年 5 月，组建友宝陕西公司并任总经理。2015 年 4 月，就职北京飞享锋翼科技有限公司，先后任董事长助理、CEO 至今。

2016 年 3 月，在北京一座商住两用住宅楼的顶楼，我们见到了北京飞享锋翼科技有限公司（以下简称飞享锋翼）旗下品牌乐乐达的总经理张凡。乐乐达所在的顶楼是复式的格局，并且用高高低低的台阶把内部分割得错落有致。外面有一个大阳台，一半做成了阳光房的样子放着茶台，和张凡的交流就是在这里开始的。

• 张凡

从专修苹果手机到苹果全球首家 O2O 经销商

乐乐达所从事的业务属于一个高度细分的领域——上门维修苹果手机：用户在线下单、在线支付，乐乐达提供上门维修服务。不过据张凡介绍，这只是乐乐达成立之初希望主打的业务。自从 2016 年 3 月 1 日，乐乐达拿下了苹果中国官方的经销授权，并成为了其全球唯一的 O2O 经销商后，乐乐达的业务就变为了三个板块：一是如前面所述的上门维修苹果手机；二是苹果手机以旧换新，比如用 iPhone 6 换 iPhone 7，用户只需在线上如实填写自己旧手机的情况，比如是否有过碎屏，是否进过水等，然后就能直接估算出自己手机的标准价格。确定更换后，只需补差价就行，随后乐乐达的工作人员会上门送新手机，并回收旧手机；三是苹果手机的 O2O 电商，就是用户在线下单，乐乐达上门送货。

● 乐乐达工程师的背包和名片

调整后，第一个板块是基础。在这个板块上，乐乐达将通过透明、低廉的价格，以及专业、高效的服务来引爆用户。"第一，就是我们的价格透明，你看，这上面从 iPhone 4 到 iPhone 6 Plus，随便选一个型号点进去，显示屏多少钱，主屏幕按键多少钱，摄像头、听筒多少钱，都一目了然。并且有些部件我们会给出两种价格，比如显示屏，我们就会有乐认证屏和原装品质屏两种，其中乐认证屏会标明是原厂品质，但它不是由苹果官方认证工厂出品；而原装品质屏，就是苹果官方认证的原装屏。"张凡一边演示着乐乐达的 App，一边说，"第二，是我们的价格低廉，或者说物美价廉，比如 iPhone 6 的显示屏，我们的乐认证屏是 258（元人民币），而原装品质屏是 399（元人民币），苹果店的价格应该是 700 多元人民币，甚至你随便到一个路边小店，原装屏估计也要五六百元人民币，换句话说，我们的价格比那些电子市场和小店都便宜得不止一点，并且产品也让用户更放心。"张凡放下手机，继续说道："第三，就是我们的工程师都是经过专业培训的。乐乐达所有的维修工程师在入职后，都要经过为期 20 天的技能培训，并且都会配备专业的工具。刚刚在办公室里，你看到他们办公桌上那些红色的背包，就是我们标配的工具包。第四，就是我们服务的高效。一般规模的城市，接到报修后，我们的维修工程师会在 1 个小时内到达用户指定的维修地点，并且在半个小时之内解决问题；大一点的城市，可能在 2 小时之内到达。这个比起官方渠道的提前网上预约，送去后再等一个礼拜取手机，给用户的体验肯定是完全不一样的。"与此同时，张凡表示，乐乐达还保证 180 天的维修质保，也就是说，用户的手机经乐乐达维修之后，如果 180 天内，乐乐达更换的零部件出现问题，则乐乐达会再次上门免费维修。

• 乐乐达工程师出工

然后，第二个板块，也就是苹果手机的以旧换新，将成为乐乐达未来的业务重心。对此，张凡解释说，是因为企业要生存发展。为了快速占领市场，乐乐达将维修的价格压低到了极限，并且该环节所有的利润将全部返还给维修工程师，也就是说在维修这个板块上，乐乐达是不可能获得多少收益的。同时，纯粹的 O2O 电商又面临着和京东、苏宁这样的平台竞争。而以旧换新这项业务目前还没有其他平台进入，尤其是乐乐达又拿到了苹果的官方授权，所以有明显的竞争优势。第三个板块不仅是乐乐达的尝试服务，也是苹果的首次尝试。

核心理念——聚焦于苹果手机

从乐乐达的业务规划中，我们可以明显地看到，其核心理念就是专注于苹果手机，并且先从维修这个点切入，然后再一步步渗透到它的销售环节。同时，据张凡透露，乐乐达目前还准备开发一款名为"苹果盒子"的产品。用户可以把它看作是一个苹果手机专用的无线移动硬盘，"针对苹果手机存储空间不足而开发的。它有 4T 的存储空间，并且连接好 Wi-Fi，和手机进行蓝牙配对后，支持一键将手机里的所有内容同步存储到苹果盒子里。同样，更换新手机后，也可以一键将苹果盒子里的所有内容同步到手机里。"也就是说，乐乐达已经开始涉足开发苹果的衍生品，但是能够投入开发这款产品，还是因为它最初的聚焦。

张凡认为，乐乐达能够拿到苹果官方的营销授权，最大的原因就是专注于苹果。"因为专注，苹果才认可了我们。如果我们一开始就目标分散，什么品牌都修，就不可能这么快获得苹果的认可，同时可能也做不好。因为每一个品牌的配件都不一样，不让一个工程师专心地修苹果，而让他又修三星，又修华为，虽然看似简单，但实际上一定是什么都修不好，所以一开始一定要专注一个点。只有把一个点打透，才能把产业链打通。所谓'集中优势兵力打歼灭战'，我们就是集中优势兵力打苹果，"张凡笑言，"并且它的销量足够大，用户也比较稳定，不会说今天用苹果，明天就换一个其他品牌。同时，苹果也是最昂贵的电子消费品，一部手机六七千元人民币，用一两年就扔掉了，所以我们就抓住最贵的东西，围绕它做服务。"

• 乐乐达获得苹果授权

为此，乐乐达拿下苹果的营销授权后，开始考虑下一步是不是要拿它的指定维修权。"当然业界都认为，只要拿到苹果的指定维修权，我们就胜利了，但是我们也有自己的顾虑，一旦拿到它的指定维修权，可能我们就被它绑架了，比如在配件的价格上，就不能达到让用户满意的程度。"他说，有这些顾虑，是因为乐乐达的宗旨是"全心全意为人民服务"。他极其认真地表示，这真的不是一个口号，"如果你不是以这样的心理去面对用户，老想着投机取巧挣小钱，事情一定做不好，这跟做人的道理是一样的。"张凡由衷地说。

这种"全心全意为人民服务"的理念，还渗透到了乐乐达维修工程师培养和专业维修工具配备的层面。张凡说，他们在招募工程师的时候，首要标准就是诚信，"不贪小钱、不偷换用户的零部件、认真遵守维修流程，所以我们招人时，哪怕他是一张白纸，只要人品好，技能就可以培养。我们都有专门的教材，并且都是配备的专业工具。"

• 乐乐达工程师工作中

当然，乐乐达会选择聚焦苹果手机，还是得益于它有足够大的销量。据一些咨询机构披露的统计数据显示，2015 年苹果手机在中国的销量是 4700 万部。而某提供碎屏险的知名保险公司透露，每年有 8% 的手机碎屏率。按照这个比例来换算，每年有300 多万部的苹果手机可能会出现碎屏的损坏。同时，还有其他的损坏方式，也就是说，生意看似小，但是如果做到行业第一，市场空间还是相当可观的。更不要说未来的各种衍生市场，"比如做苹果手机的 O2O 经销。一旦这种模式被用户认可，就可能产生巨大的销量。那时候对我们来说也是一种挑战，比如要配备很多人，所以我们希望未来可以像滴滴打车那样，每一个上门配送、维修的人员都是从社会上招募的。"

2016 年覆盖大半个中国

截至 2016 年 3 月，乐乐达在全国已经布局了 32 个城市，"2015 年五六月份开始一直到 2016 年 2 月，一口气开拓了 30 个城市。之后因为拓展得太快，导致管理、线上平台开发跟不上，所以 2016 年 3 月后便暂停了一段时间的市场开拓。现在又要开始了，广东、江苏、浙江、福建等陆续都会进入。"张凡说，他们的计划是 2016 年进入 100 个城市，就是设 100 个站点，以覆盖中国的大部分地区。当然，他们采取的是直营加盟的方式。不过对加盟商的首要考核标准不是加盟费，而是加盟方对乐乐达理念和模式的认可。

然而乐乐达与直营加盟方也有明确的分工，比如加盟方需要找到员工，来承担本地的运营及推广费用；而乐乐达则承担全部的品牌营销宣传，比如在 58 同城、百度等平台上投放广告。同时，它还给维修人员进行免费培训，并给他们配备电脑、标准工具背包等。不过张凡透露，2015 年的加盟商，每家都有获得乐乐达 2 万元人民币的本地宣传推广费用。

同时，乐乐达不仅没有门店，而且所有直营加盟都和乐乐达总部一样，租住在商住楼上，"因为我们提供的是上门服务，用户不需要到我们工作的地方来，所以至于我们的办公地点是很高大上，还是很屌丝，对用户来讲都无所谓，只要服务做到极致就行了。这样，我们在房租上节省下来的费用，都通过极低的维修费用，补贴给了用户。"张凡诠释着乐乐达的理念，不过同时表示，未来各方面都上了台阶之后，不排除会做出改变，比如设门店等。然而，当前还是采用低成本运作。"其实我们前面已经拿了不少投资，360 的天使，红杉资本、SIG 资本、源码资本联合投的 A 轮。当时，虽然估值已经超过了一个亿人民币，但是也没怎么像其他 O2O 平台那样，大规模地去砸广告，因为第一阶段我们还是希望做口碑传播。"

飞享锋翼这家公司成立于 2013 年 4 月。不过据张凡介绍，乐乐达这个项目是从 2014 年年底才开始筹备的，2015 年进入了大力发展时期，到了 2016 年，除了继续扩张以外，开始进入了品牌塑造阶段。"我们的战略一共有 4 步，第一步叫'产品为王'，就是我们要修炼内功，要让我们的配件、服务，包括我们的技术都达到最精湛的状态，从而让客户满意度达到最高；第二步叫'网络效应'，就是全国铺点，现在全国有 30 多个城市，只要在微信公众号上发一条消息，第一轮会有几百的阅读量，第二轮就几千。这些城市就是已经达到了相互交织、互相影响的程度；第三步叫'规模效应'，就是要开始做广告宣传推广，比如现在我们在 58 同城上已经做完了广告投放，当你进入 58 同城的网页，查找修手机时，第一条一定是乐乐达。现在针对百度的 Web 页面优化也正在做；第四步叫'品牌效应'，就是乐乐达这个品牌的塑造力与影响力的提升。"张凡说，目前乐乐达处于第二步和第三步之间，但是在广告宣传方面，重点也会从以前的上门维修调整为以旧换新。

当然，从张凡的话语间可以了解到，未来有一天，当乐乐达把围绕苹果的维修服务产业链打通了之后，也有可能向其他产品拓展。

其实飞享锋翼的董事长，也是乐乐达品牌的创始人叫杨少锋，早在 2012 年的时候，因为他的另外一家做教育云平台的公司——北京七易时代科技有限公司，就有接触过。当时，因为他要错开堵车高峰，所以我们便一边吃晚饭，一边交流。期间，他讲了自己的几次创业经历，并且还教导初出茅庐的我应该怎样去做公司、开拓市场。令我记忆深刻的是他投入 2 万元人民币创办了七易科技，并且后来还成为了奇虎 360 的董事、副总裁。之后，便几乎再无交集。谁曾想 4 年后，他又杀到了 O2O 行业，而且是如此细分的领域。不过，听张凡说，杨少锋前面投资的专注于司法行业的教育培训机构——厚大教育已经上市了。"他说，互联网思维就是一定要聚焦，所以厚大就聚焦于中国 60万的司法应试人员。现在厚大已经覆盖了中国 95% 的司法学生。这样规模效应就有了，比如前一阵有一本与司法相关的书，厚大销售了十万本，而它的第二大竞争对手只卖了47 本，这就是互联网的赢家通吃。"张凡说，他与杨少锋是西安交大企业家俱乐部的校友，也是因为认可他的理念，才全身心地加入了乐乐达。为此，他还把自己原有的公司交给了团队经营。

• 杨少锋

　　我是非常认可聚焦的，不管做什么事，因为未来的社会分工越来越细已是必然趋势，在这种趋势之下，业务聚焦也是不可避免的。然而，互联网的聚焦不是一开始就有的，而今天这种聚焦最先出现在互联网领域，不可否认的一个原因是，互联网的发展已经达到了巅峰，尤其是 O2O 的出现，说明纯虚拟化，或者纯线上的东西已经没有了发展空间，所以才会出现这种将业务的一部分搬到线上的互联网方式。而今天看来，O2O 也进入了高度细分的时代，由此互联网的发展是否也需要下一个拐点呢？

● 张凡采访视频

27

"互联网+"照进现实，
大学生欲改变传统物业

段永嘉

芝麻管家创始人。上海大学工商管理学士、企业管理硕士。研究生毕业后放弃某商业银行行长助理一职开始创业，致力于用移动互联网、云计算及大数据技术开创小区管理的新模式。曾供职于新浪微博市场部，负责电商品牌企业微博拓展、商务合作。主要客户有阿里巴巴、淘品牌等。曾参与摄影行业移动互联网创业项目，负责品牌策划及产品推广。

　　见到芝麻管家创始人段永嘉的时候，我和同事都愣了一下。一副90后的模样，如果在深圳遇到可能会觉得正常，但是在上海，还是让我有点吃惊。所以坐下后，我问的第一句话就是："你是90后吗？"他马上摆手说："不是、不是，我是89的。"我们都笑了。

• 段永嘉

当骨子里的不安分碰上时代机遇

上海尚房信息科技有限公司（以下简称尚房），是由段永嘉和他的大学同学们一起创办的一家互联网公司。2015 年 6 月注册成立，7 月份正式开始运营，"7 月 20 日"段永嘉显然对这个日子铭记于心。

段永嘉 2012 年本科毕业于上海大学，当时有一份非常好的工作机会摆在他面前，但是他却选择了继续读研究生。之所以没有像大多数大学生一样选择一份安稳的工作，是因为他一直怀揣着一个创业梦，想着毕业后能做一些不一样的事情。在读研的两年时间里，他一直在寻找这件"不一样的事情"。段永嘉说："希望是一件能够为人们的生活，或者为这个社会带来一点点改变的事。"对于创业初心，段永嘉说，他很认同优客工场创始人毛大庆的观点，"时代感召、个人追求、自我完善"。

最终，段永嘉选择了"互联网 + 物业"这个点进行创业。在读大四的那一年，段永嘉有幸在新浪微博实习了一整年。正是这一年的实习经历，让段永嘉深深感受到了互联网的魅力。"开放、平等、自由、分享"，段永嘉说，这是他所理解的互联网精神。同时，他觉得 80、90 后这一代人从小就接受着互联网的熏陶，对互联网有着更加清醒的认知。"互联网能改变什么，不能改变什么，我们的认识更深刻。"此外，段永嘉认为，做实业对于一个刚毕业的大学生来说，不是特别现实。"互联网的进入门槛相对较低，所以基于互联网的创业可能更适合我。"段永嘉说道，"当时，其实想到过很多种互联网的应用场景，比如像滴滴打车，因为学校周边的黑车很多；比如美味不用等，因为去商场吃饭需要排很久的队。然而，等我从国外交换学习回来后却发现，这些场景都已经有人做了，而且规模都不小。然后有一天，我就想到了物业。"我们这代人自出生以后，就生活在一种叫'小区'的环境里面，家人和自己都有过与物业打交道的经历，而且经常很不愉快。它们给人的总体感觉就是物业的办事效率很低，沟通很不方便，态度也不是很好，所以，我想能不能做一个产品来解决这个生活场景中的问题。"

为了深入了解这个行业，以更好地设计符合使用场景的产品，段永嘉通过多种方式做了一系列调研，来了解业主的需求、了解物业公司的经营状况。调研过程中他发现，不仅业主对物业公司的服务不满意，物业公司本身也面临着非常大的困难，比如人工成本越来越高，经营压力越来越大等，所以它们也在寻求转型。

就在这时，段永嘉看到了一则关于彩生活服务集团的信息。这家传统的物业公司通过打造彩生活社区服务平台，转型为社区生活服务商，并于 2014 年 6 月月底在香港地区上市，从而成为了国内第一家上市的物业公司。

　　得益于这个案例的启发，段永嘉觉得这种通过互联网改造传统物业的模式具有很大的市场潜力。同时，彩生活只在自己管理的小区内运用这种模式是很难实现互联网的规模效应的。如果能做成一个独立于物业公司的第三方平台，它所带来的价值就更大，发展空间也就更大。于是，段永嘉拉着上海大学的几个同学，开始了创业之路。

专注于解决物业与业主的沟通问题

　　段永嘉和他的团队给自己的产品取名叫"芝麻管家"，"希望通过互联网＋物业的模式，解决业主与物业之间的芝麻小事。"段永嘉如是说。

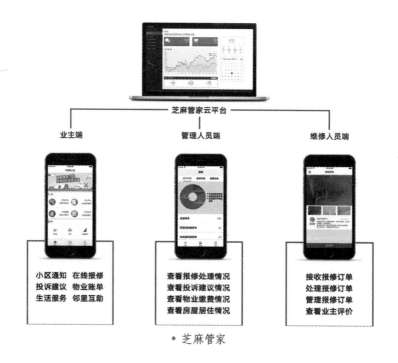

• 芝麻管家

　　业主与物业的传统的沟通方式，要么是通过打电话，要么是直接到物业管理处。"我们在实际的生活场景中发现，这些方式越来越不适用。具体原因如下，一是很多年轻人不愿意通过这些方式去跟物业沟通；二是物业公司与业主的上下班时间一样，给事务处理带来了诸多不便；三是物业公司不能给业主及时的反馈。而'芝麻管家'就是为了解决这些问题，或者说优化物业服务的流程，"段永嘉介绍道，"比如原来物业公司只能通过张贴纸质通知的方式，将停水、停电等信息传达给业主；现在通过芝麻管家后台系统，便可将重要信息发送到业主的手机上，从而保证通知的送达率和及时性。再比如原来业主找物业报修、报事需要打电话给物业公司，或者亲自到物业管理处。这样既不方便，也不能实时掌握物业的处理进度，导致他的体验不够好。此外，80、90后正在成为新一代的业主，传统的物业管理模式很难满足他们'挑剔'的要求，物业公司需要尽早认识到这些问题，以提高自己的服务意识和服务标准。"

"芝麻管家"目前包含三个版本，覆盖 iOS 和安卓系统。其中一个是业主版，专门给小区业主 / 住户使用；另一个是服务版，给小区的客服和维修人员使用；还有一个是经理版，给小区的物业经理使用。"三者之间的关系是，业主通过芝麻管家业主版发出的各种服务请求会同步发送给服务人员和物业经理；服务人员收到请求后可以立即受理并做出反馈。同时，物业经理可以通过芝麻管家经理版看到服务人员处理业主报修 / 报事的详情，比如业主什么时间发起了报修 / 报事，服务人员什么时间受理了该报修 / 报事，多长时间之后问题得到了解决，以及业主对报修 / 报事的处理结果是否满意等。"

• 芝麻管家经理版、服务版　　　　　　• 芝麻管家业主版

段永嘉说，2016 年年初，芝麻管家开始在几个小区进行试点。如果试点成功，便准备启动融资，开始拓展市场。"之前的所有资金都是我们自己投的，我们希望做出产品原型，并在市场上验证了可行性之后，再接受风险投资。这既是对投资人负责，也是对我们自己负责"

• 团队合影

差异化也是一种创新

如果套用一些商业术语，芝麻管家应该算是一个 O2O 类的产品。2015 年可以说是 O2O 类产品的梦魇之年，一大批企业纷纷倒闭，尤其是一些社区 O2O 平台，几乎是一夜坍塌。究其原因，还是在于同质化严重、盈利模式不清。因此，我问他们之前是否考虑过这个问题。

对此，段永嘉说，他和团队成员经常会关注同类产品的走向，或者是他们最近的动态。"经过比对，能够更加清楚自己的产品应该聚焦在哪些点上。那些企业（社区 O2O 企业）更多的是想做社区周边商品的配送，以及上门服务等，更像是一个 O2O 的电商平台；而我们想做的是一个一站式的物业服务平台，提供的是业主和物业之间的沟通工具。物业提供什么服务，我们就开发什么功能。"因此，芝麻管家是专注于物业服务整个过程的平台。"我们要把物业服务中的每一个环节不断地优化，以提高物业服务的效率，提升业主的体验。在一些高频、刚需的功能上，我们一定要把用户体验做到最佳，比如芝麻管家的主要功能之一就是报修。对于小区业主来说，这是跟物业打交道中频率较高的事情。因此，在开发报修功能的时候，我们就会考虑是否要让用户上传故障照片？上传照片是否能让物业更好地了解故障的状况？如果照片不能传递更多的信息，是否还上传短视频？此外，经理版、服务版和业主版之间的连通也需要更加流畅。"段永嘉如此解释。

段永嘉表示，如果和同类型的互联网企业相比，他们的产品其实没多大创新，只能说有差异化。"不过，我认为差异化也是一种创新，"他又笑言："但是相对于传统物业企业来说，我们有很大的创新。至少我们给物业公司提供了一种新的工具，帮助他们优化了原来的服务流程，延伸了他们的服务范围，甚至改变了他们的运营模式等。但不好的一面就是，我们的发展会受制于他们的认知与能力。"

在实际推广中，芝麻管家也遇到了一些难题。一开始，他们想通过收费的方式维持公司运营，结果发现物业公司的购买能力并不强，而且还增加了推广的难度。特别是在市场上有同类产品的情况下，如果竞争对手打价格战，芝麻管家便很难与其竞争。而采取免费模式的话，物业公司可能会不够重视，导致产品形同虚设，所以他们现在采取的措施叫作"有条件的免费"。物业公司可以免费使用芝麻管家，但是要交一定的押金。当物业公司达成一定的指标后，比如小区内有多少业主安装了芝麻管家，再把押金退还给物业公司。

芝麻管家未来的设想是，物业公司不仅可以免费使用芝麻管家的服务，而且还能通过芝麻管家获得额外收入，比如 App 内的广告收入分成，与周边商家的合作分成等，从而实现业主免交物业费的终极目标。不过，要达到这样的目标，并非朝夕之事。"还有很长的路要走。"段永嘉坦言。

创业永远没有成功可言

交谈中，段永嘉表现出的语言组织能力和逻辑能力都比较强，可以说在同龄人中是比较出彩的，但是我依然对他们这个平均年龄不到 25 岁的创业团队感到担忧，所以一直追问他们一旦失败，会做何打算，想了解他们的承受能力。

段永嘉的回答是："我们现在做的这件事情，能不能做成，或者说这个产品到底能不能达到我们的期望，我没法保证，但是我能够肯定的是，未来一定会有一家公司，或者说有一个产品在做我们今天所做的事情。我希望做成这件事的就是芝麻管家，因为我们有这个信心。虽然我们很年轻，也没有太多的经验，但是我们足够认真，足够踏实，也足够耐心，我们没有赚快钱的想法。"

"即使这个产品最后失败了，我们也能接受，因为只要我们的团队还在，我们就可以再换一个产品重新上路。我一直非常看重的是一起做事的人，而不是事情本身。如果这个团队强大，即便这件事情没有做成，我们还可以做另外一件事，但是如果这个团队不行的话，即便这件事情短时间内做成了，可能也会很快失败。"

段永嘉还表示，对于创业这件事，他认为，永远没有成功的概念或者定义。"你说获得过几轮大规模的融资就算成功吗？或者说公司上市了就算成功吗？其实也不一定，融资后失败的案例也有很多，上市后倒闭的公司也不少。由此，我认为创业，或者说做企业这件事情永远没有成功的概念，只能说短期内没有失败的风险罢了。如果说永远成功，我觉得不会有这样的企业存在。"

因此，对于段永嘉和他的团队来说，能把这件事情做成，能够真正地改变一些人的生活所带来的成就感，或者说满足感，才是他们创业的动力。"创业一定不是赚钱的最好方式，如果抱着赚钱的目的去创业，最终的结局往往会让人失望。只有把事情做好了，才能有所收获。"段永嘉补充道。

公司是一个让大家发掘能力的平台

在尚房，每个人都可以自主安排自己每天的工作量，也可以对公司的发展提出不同意见。"我们团队的人能聚在一起，是因为有着相似的价值观，或者说行为习惯，所以每个人的积极性、主动性都比较高一些。我不会刻意去约束或者限制他们，而是给他们自由发挥的空间。我经常给大家说，工作是做给自己的，公司只是把大家聚集在一起的平台。不管芝麻管家能否做成，只要大家能在这个平台上学到东西，就是有意义的。"不过，企业管理专业出身的段永嘉早已未雨绸缪，"我个人非常清楚，当公司规模不断扩大的时候，势必会发生一些意想不到的事情，所以在公司刚创立的时候，我就跟我们的 HR 讲，很多东西要尽可能提前准备好，包括公司的一些规章和制度，虽然现在不实行，但是不代表我们没有。"

最后，段永嘉透露，在做芝麻管家这个产品之前，自己最想做的领域其实是智能家居。"对年轻人来说，把家里所有的电器通过一个设备遥控，很酷，也很方便，但是经过仔细考虑，还是认为这不是一个初创公司能够做成的，毕竟行业里面已经有太多有实力的巨头了。"不过，他并没有完全放弃与智能硬件的结合，他和团队成员已经在规划如何让芝麻管家连接小区内的一些智能设备了，"比如小区的门禁，或者是停车设备等。"

• 核心团队

　　访谈结束后，给他们团队拍照留念。虽然是一群年轻人，但是没有我想象得那么活泼，各个都显得很沉稳。也许，这就是一种企业文化吧。当前，中国的智慧城市建设正在全面开展，而作为智慧城市的核心组成部分，智慧社区的建设将为小区居民的生活带来更多的方便和快捷，以满足小区居民的多样化需求，从而改变人们的生活方式。在此，我祝愿这群年轻人能在这波浪潮中勇往直前，笑到最后。

• 段永嘉采访视频

国产第一智能血糖仪的理想与现实

李承志

1987—1991 年毕业于武汉理工大学本科，1996—1999 年毕业于湖北工业大学硕士；1991—1996 年在航空部宏图飞机制造公司做研究员；1999—2003 年就职于摩托罗拉电子有限公司（北京）；2003–2010 年任德信无线集团事业部总裁；2010—2013 年任 Infosonics 中国 CEO；2013 年至今任北京糖护科技有限公司创始人 &CEO。

说到北京糖护科技有限公司（以下简称糖护科技）的创始人李承志，引发了我对网络的感慨。通过网络，我们认识了很多人，但是又好像不认识。就比如和李承志，2014 年八九月份，他参加我们的在线访谈后，就相互加了微信好友，算是认识了。虽然之后在微信上也偶有交流，但是时隔一年后，当在线下见面时，似乎依然是陌生的，又要重新认识一遍。因此，现在有时候被问起："你认识某某某吗？"如果跟那个人

• 李承志

有微信交流，但是没见过面，我一般会回答："我有他微信。"我想，这或许就是虚拟世界和真实世界之间存在的鸿沟吧。这让我想起，踏足物联网产业之初，一位业内高人跟我说的一句话：互联网和物联网的区别，前者是创造一个虚拟世界，后者是增强真

实世界。然而今天，尤其是最近几年，我们的社会开始从虚拟世界和真实世界分离的状态，逐步走向相互融合的状态。且不说互联网走向 O2O，互联网公司布局实体制造业，单说传统制造企业＋互联网的模式，就已经逐步成为了产业发展的常态。而自我定位是移动互联网公司的糖护科技便是其中的代表。

想法是 App，落地是软硬结合

糖护士是糖护科技的主营产品，其专业介绍是这样的：一款将血糖仪与智能手机通过耳机接口相连接的智能血糖仪。它具有传统血糖仪的所有功能，并充分利用智能手机的强大运算和通信功能，以实现血糖测量、数据记录、数据分析、数据分享及护士提醒等功能。通俗点说就是：这是一款包含实体血糖仪器和手机 App 的智能血糖管理产品。用户可以通过仅一包纸巾一半大小的血糖仪进行血糖测量，然后再通过手机的耳机接口连上与其对应的 App。通过该 App，用户可以查看过往的测量数据、一段时间内的数据分析，并且能将这些数据和分析报告分享给关联人。同时，在数据异常的情况下，还有可能受到医护人员的提醒。

● 糖护士

不过，这只是糖护士的一款产品，2015 年，他们还推出了一款针对老人的血糖管理产品——杏。这款产品与原有产品的最大区别就是，增加了一个微型显示器，也就是说，原本糖护士在设备端是不能自己显示信息的，故手机就是它的显示屏。因为很多老人不会使用智能手机，所以为了老人的方便，杏这个产品，就另外配备了一个显示器，但是在家属端，其实主要是子女了，还是可以通过 App 来实时了解父母的病情。

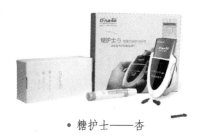

• 糖护士——杏

从这些介绍，我们可以了解到，糖护士是一个软、硬件结合的产品。把它的任何一部分拿掉，就都不能称之为一个智能产品。不过据李承志介绍，早在 2012 年 6 月，他开始构思这款产品时，给糖护士的定位是基于移动互联网的糖尿病自我管理产品。通俗地讲，就是当时只是想做一个给糖尿病人自我管理使用的 App。李承志说，当时的想法很简单，就是希望能提供一个小工具，来改变糖尿病人和家属记录病情，以及日常交流的方式。

• 2012 年的糖护士 App

当然，李承志会有这样的想法，是基于他之前在通信、手机领域 14 年的工作经历。1999 年大学毕业后，他加入了摩托罗拉做手机研发；2003 年又加了入了德信无线，并从 2006 年开始在德信无线担任事业部总经理，先后负责过两个手机事业部的管理工作。

2009 年年底，李承志拿到了一家美国上市公司的投资，做该美资公司中国区的 CEO，其公司的主要业务涉及手机研发、生产、出口销售等。在此期间，李承志意识到，手机已经越来越变成了一个技术门槛低、产品同质化严重的供应链整合产业，所以他逐渐就萌生了转行的念头，而基于手机做一些产品似乎是最为水到渠成的。此外，早在 2007 年，李承志就开始关注移动医疗，当时想做远程心电监护，并还很认真地写了一个 BP，甚至已经给一个投资人看了，但是那个时候的移动互联网还没有开始，并且心电是一个更偏医疗，一个重资产的方向，所以最后他自己认为理由不充分，就放弃了。

之后就到了 2012 年，当时李承志的一位医生朋友的儿子是糖尿病患者。看到他们用本子和笔记录病情，并一天几遍电话询问的烦琐，他就想可以做一个 App 来解决这些问题。李承志说，当时只是想当个业余爱好来做。然而事情总是无心插柳的多。正好那个时候，国内生产血糖仪的上市公司——三诺生物传感股份有限公司找到李承志的团队，希望能帮他们开发一个可以通信的血糖仪。因为在手机、通信领域的多年技术积累，所以对李承志来讲，开发这样一个产品很容易。之后，他们就对中国的冠心病、糖尿病状况做了一番调研，觉得这是一个很有机会可以把业余爱好变成事业的方向。因此，2013 年 1 月份，李承志带着创始团队的 4 个人，在原有 App 的基础上，又投入了智能血糖仪的研发。

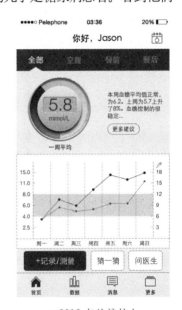

• 2013 年的糖护士

不过，当时他们并没有马上成立公司，而是进行了多方面的调研之后，直到 2013 年 7 月份，4 位创始人全都觉得市场很大，并且产品有意思，所以就正式成立了糖护科技。谁知道，一个星期后，公司就获得了三诺生物和创新工场的联合投资，"我们自己投的钱都没来得及花。"李承志笑言。2014 年 2 月，针对 55 岁以下的 1 型、妊娠型糖尿病，和 30 ～ 55 岁之间的 2 型糖尿病群体的糖护士一代血糖仪，拿到了医疗器械注册证。之后，该产品便被开始投入了量产。由于和三诺生物的股权关系，公司在市场渠道上也有诸多借力。因此，2014 年，糖护士跃升为血糖管理领域的第一平台。也是在那一年，李承志坚定了一定要和硬件相结合的信念。

• 2014 年 2 月，糖护士获得医疗器械注册证

2016 年，"1+3+1"的虚实结合之路

我一直认为，2016 年会成为移动互联网和智能硬件类企业的生死存亡之年。这一拨企业的兴起是在 2014 年下半年到 2015 年上半年。而 2015 年八九月份以后，资本市场迅速冷却造成的余震，一定会反映在 2016 年，所以 2016 年大家比的就是真本事了。不过，就我看到的企业，大部分在 2015 年都过得很纠结。

李承志说，糖护士也不例外，一直犹豫徘徊在到底是走 2B 的道路，还是 2C；做院内，还是院外；服务医生，还是服务患者，以及是不是要马上开始构建一个生态圈等。针对这一点，我也算有所见证。在 2014 年的在线访谈中，他就说，面临的最大挑战是"在一个极其保守的产业链里面构建自己的生态圈，从医院到医生、到药企、再到病人都要涵盖在内"。可以看出，当时糖护士是想打造一个围绕糖尿病的医患生态圈。"由于资本和产业的浮躁，所以让自己不断左右摇摆，在各种方向上不断去尝试。这样的一些事情会特别耗费你的时间、精力和金钱，但是好在在我们不断折腾的过程中，把方向看得更加清楚，知道自己该往什么方向走。"2016 年年初的采访中李承志说了这段话。

李承志口中更加清楚的方向，就是要符合商业本质，或者说符合互联网的裂变原理。同时，他认为，这一商业模式的第一原则是高可复制性，"也就是说，业务的发展不是靠关系，而是靠资源。"李承志说道。基于这一原则，糖护士最终决定做 2C 市场，当然不是说完全直接面对 C 用户。比如在销售层面会借助渠道，但是产品的打造一定是围绕 C 用户。对糖护士来说，这个 C 用户就是患者。定下这一发展基调后，糖护士接下来的发展战略可以归结为"1+3+1"——1App+3 硬件 +1 服务。

• 2015 年糖护士的应用尝试案例（华为）　　• 糖护士的 App 界面图

其中的 App，听起来似乎不怎么高大上，但是后台却是有强大的技术和运营支撑的。首先，在血糖记录环节要打通软、硬件接口，并保持传输的稳定性；其次，在数据报表板块，要根据患者输入的数据，或者使用糖护士血糖仪检测到的数据，自动生成各种能让非专业人士看懂的报表；再次，在糖学院板块，要对诸多糖尿病的管理知识进行收集及整理，并每天更新；最后，要让家人、朋友可以通过安装糖护士 App，便能实时了解患者的情况，并满足他们的在线互动需求。当然，这些对于 IT 圈儿的人来讲，都不是什么难事。不过，李承志透露，糖护士的平台搭建已经开始引入大数据和人工智能技术了。"我们 App 的最新版本上，已经引用了很多 AI 人工智能的产品，对过去两年我们搜集到的上千万级多维度的数据进行了医学解读，然后会反馈给用户一些分析结果，并智能引导到相应的解决路径。"从李承志的这句话可以看出，糖护士不断强化自己后台的目的是为了做好另一个"1"——服务。

当然，服务这个"1"应该是糖护士未来的业务核心。为了这个核心，糖护科技不仅在软件上下足了功夫，在硬件上也相当走心，所以才会有"3"硬件——糖护士基础版。目前已推出了第三代糖护士"金"，其准确度达到了当前全世界的最高标准；糖护士"杏"，针对不会使用智能手机的中老年患者设计；与胰岛素注射剂量采集相关联的新设备，将于2016年6月对外发布。李承志表示等糖护士"金"在9月拿到医疗注册证后，在血糖检测领域，糖护士的硬件产品线就基本完整了。

最后，就是服务这个"1"。针对这个"1"，李承志表示自己的愿景是，希望糖护士未来能够成为中国最大的糖尿病患者自我管理平台和辅助治疗工具。对于这一目标，李承志分析说，因为糖尿病是一种慢性病，并且和生活、行为习惯有很强的相关性，因此是可以通过自我管理让病情得到有效控制，甚至缓解的。而自我管理是否能达到这样的结果，取决于患者的主观能动性是否足够强。"病情能否得到有效改善，一般是由科学方法和主观能动性共同决定的。其中科学方法是指医学治疗手段，打针、吃药等，这是需要医院来完成的。然而针对糖尿病，即使科学方法再强，如果病人自我管理的主观能动性不高，效果也不会好；相反如果病人自我管理的主观能动性足够高，饮食健康、运动规律，哪怕没有科学方法，病情也可以得到有效控制。当然，如果科学方法和病人自己的主观能动性都很高，效果自然更是不言而喻的。"

因此，李承志表示，糖护士聚焦于如何提高病人自我管理的主观能动性。这也是糖护士推出硬件产品的原因之一，"因为人都比较懒，你让他去自己记录，他想起来就记一下，想不起来就你也没办法，所以我们就要通过硬件进行采集，然后自动上传。"为此，李承志透露，糖护士还要布局机器人测量环节的家人互动、病友社区等，从而让测量这个环节也有人监督，"甚至未来如果有一天，你看到一些糖尿病患者'网红'也不要奇怪。"李承志笑言。

当然，糖护士是有资本怀揣这样的梦想的。在过去3年的发展历程中，糖护士获得了若干第一，比如是国内治疗糖尿病方面，第一家和商业保险合作的移动医疗公司，目前已经与平安保险和泰康人寿进行了合作；同时，它也是治疗糖尿病方面第一家和社保合作的移动医疗公司。2014年参与了由天津市人力资源和社会保障局牵头，三潭医院参与试点的糖尿病门诊特定病种按人头付费项目。一年后的结果显示，人均社保基金有效控费25%。2016年的"第一"将出现在技术层面，即8月份推出的胰岛素剂量采集设备，这是全世界第一个把胰岛素和血糖数据进行关联的设备。

天津医科大学代谢病医院
Tianjin Medical University Metabolic Diseases Hospital

妊娠糖尿病管理团队成立

五年来我国妊娠糖尿病患病率呈逐年上升的趋势，特别是随着国家二胎政策的实行，高龄孕妇促进了患病人数的上升。2015年天津市怀孕妇女人数约为11万，其中7.7万人进行糖筛检查肖试验，异常者约为1.6万人，阳性率达20%。

妊娠糖尿病不仅有易引起胎儿发育异常、畸形及流产，还可造成孕妇感染、产伤及难产之病，为帮助肮妈妈顺利地过孕期，我院特别成立了由专业医生及教育护士组成的妊娠糖尿病管理团队。

【妊娠糖尿病门诊时间】
每周三下午

【联合出诊人员】

李树颖
副主任医师

张怡
教育护士长

【就医流程】

建立档案 → 饮食运动指导 → 病情评估

网上在线指导 → 纳入网络管理 → 制定治疗方案

● 糖护士在天津医保控费项目中的应用案例

2016 年初给李承志做的这次采访，应该说经历了数月的约访过程。从 2015 年年底就开始预约，而他一直处于出差的状态，最终还是在 2016 年 4 月中旬的一个晚上，通过电话进行的采访。采访中他说，2016 年很关键，我当时想说："从你的工作状态中就看出来了。"不过，这不仅是一个成立了 3 年的公司创始人的状态。更是所有企业创始人的状态。他们中天天喝茶、闲聊，旅游、休闲的很少，所以说，创业是条不归路。

● 李承志采访视频

29

健康管理平台的软件结合之路

周涛

开云健康创始人、CEO。2002 年毕业于哈尔滨工业大学控制工程系，获工学学士学位。2005 年获上海航天技术研究院导航制导与控制专业工学硕士。先后就职于上海航天局、中兴通讯等单位，从事过多个国家级、部级项目的科研攻关工作及市场策划、业务运营工作。2012 年创办开云健康，专注于移动医疗、健康管理领域。目前，开云健康已成为业内领先的健康管理、家庭医生工具。

我们曾经把数据库中的企业成立时间做了一个简单的分析，发现了一个有趣的现象：从 2009 年开始统计，2014 年新成立的企业数量最多，2011 年和 2013 年新成立企业的数量处于同一水平；选择转型的企业，2010 年和 2014 年、2011 年和 2013 年几乎相同；在 2012 年，不管是新成立企业还是选择转型的企业都是这几年来的最低值。不过，从事移动健康的河南开云信息技术有限公司（以下简称开云健康）并非成立于扎堆创业的年份，而是成立于 2012 年年底。

• 周涛

移动互联网轻公司健康管理界受阻

我与开云健康的创始人周涛相识于 2014 年，或许因为是老乡的缘故，很快便熟识了起来。周涛 2002 年毕业于哈尔滨工业大学控制工程系，后就职于上海航天局，从事科研攻关工作。之后还在某通信企业任职，并与他人联合创办过一家提供企业办公自动化的信息服务类的公司，2012 年年底创办开云。最初开云的定位是提供基于移动互联网的行业级应用。创始初期开云推出了移动 CRM、移动智慧园区、林业移动巡护系统，以及移动健康管理平台等产品。2013 年年初，周涛意识到，自己开办公司不是为了赚钱，而是要成就一番能干一辈子的事业。那么，业务就不能太分散，必须专注于一个产品。因此，经过各种权衡后选择保留了移动健康管理平台——开云健康。

● 2013 年创立之初，开云员工合影

2014 年 1 月 29 日，iOS 版的开云健康 App 上线，一周内下载量就达到了 4000 人次。当时团队受到了极大的鼓舞，但是没过多久却发现，不仅用户的活跃度直线下降，而且用户总量也几乎没有增长，到 2014 年年底的时候，用户量只有不到 10000 人。

周涛回忆说，当时他们就开始分析原因，而分析的结果是虽然用户有需求，但是开云健康平台的功能和提供的服务却过于简单，比如当时只有健康问卷、健康知识和简单的健康状况评估等功能，而这些服务对用户来说过于简单，图新鲜偶尔用一两次还可以，但是无法形成用户永久的黏性。

当时正值智能硬件的风头兴起，各种可以联网的手环、血压计、体质仪及血糖仪等产品开始大量涌现。此时，周涛开始思考如果能够连接各种便携式健康监测智能设备，是否能让开云健康平台更具吸引力。结果就是开云健康从一个纯移动端的 App 变成了 App+ 硬件 + 服务的模式。

据周涛透露，这个软硬结合的过程，开云健康颇费了一番周折，服务的板块也经历了一些演变。

• 2013 年年初的开云健康 App 截图

首先是连接硬件这件事，周涛的初步想法是开云健康平台开放接口，与其他健康监测类智能硬件的联网接口打通，让它们的测量数据可以自动上传到开云健康的平台上，比如开云健康的用户，同时购买了 A 厂商的运动手环，B 厂商的血压计，如果 A、B 两家厂商的设备接口与开云健康的平台互联互通，那么用户就可以通过开云健康的平台，了解自己的健康状况。这对用户来讲，本是件好事，但是在厂商端却遇到了问题。现在所谓的智能硬件在手机端都有一个相应的 App，每个厂商都希望自己 App 的用户量最大，自然不愿意让自己的产品为他人导流。因此，经过一番尝试之后，开云健康想要接入第三方硬件的设想宣告失败。不过，周涛并没有在连接硬件这条路上退缩。

2014 年是过去 7 年的创业巅峰之年，而引发这个巅峰的正是智能硬件类企业，主要集中在两个行业：家居和健康，所以这一年，想要在这两个行业整出点硬件产品，不管是 OEM，还是自己开发都相对容易。要想贴牌，扎堆的硬件开发公司、深圳大批的生产工厂在那儿候着；想要自己开发，有专门的硬件开发平台，可以在三五周内搭建出一个智能硬件原型。换句话说，对于能联网的硬件产品，只要你有办法解决后续的销售问题，开发与生产就不是问题。在这种情况下，开云健康自然不会受困于第三方硬件公司不开放接口，"大不了自己做"。不过，开云健康没有选择自己开发硬件产品，而是采用了 OEM 的方式，挑选质量口碑过硬，能够满足日常健康管理需求的几类硬件产品：运动手环、体质仪、血压计和血糖仪。此后，开云健康正式成为了软硬一体的健康管理平台。

• 2016 年的开云健康 App+ 硬件

其实类似于开云健康这样，从纯移动端 App 运营逐步走向软硬结合的健康管理服务平台企业，在 2014 年和 2015 年间特别多，几乎成为了一种现象，所以这在某种层面上定是在表明一种行业特性，比如纯粹的移动互联网应用，甚至简单的 O2O 服务，并不适用于健康管理领域。

软硬结合是健康管理服务企业正道

2016 年 4 月的交流中，周涛说，现在开云健康平台上整合的硬件种类又多了一些，除了原有的手环、血压计、血糖仪及体质仪等，还增加了类似血氧、心电等相关的监测设备。此外，硬件的来源和接入方式也发生了改变，比如以前主要是 OEM 的产品，但是现在有些产品厂商比较强势，就直接用第三方的品牌。另外，开云自己也开始研发了一些创新性的硬件，并透露 2016 年的九、十月份便会推出一款，属于非常细分领域的产品。

• 2015 年 9 月开云健康宣布新定位

不管怎么说，在产品规划上，开云健康经过了 2014 年些许的动荡之后，已经基本稳定，即坚持走 App+ 硬件 + 服务这条道路，不会再有大的变动。当然，在企业定位上还是一些改变。2014 年，周涛说，开云健康的定位是：通过最简洁的方式建立"健康评估—健康指导—数据采集—再评估"的健康管理闭环平台；2015 年 9 月以后，开云健康的定位变为了"业内最好的健康管理工具"，不仅推出了健康管理师、全科医生专用的机构版 App，而且硬件形态也从原来的开云健康套装升级为：个人健康腕带、家庭健康套装、社区健康小屋及省市健康管理中心的四层架构。

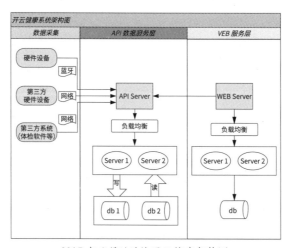

• 2015 年 9 月以后的开云健康架构图

当然，从本质上来讲，两种定位之间没有根本差别，比如其"专注于治未病、控慢病，并且可以对常见的血压、血糖、运动、睡眠及体质等 20 多项指标进行大数据综合分析，从饮食、运动、心理等多方面给出指导和建议，使用户每天都可以完成一次健康反馈流程，以感受到健康水平的不断提升"的理念都没有发生改变。只能说 2015 年的调整，以使开云健康的发展路径更加清晰。

比如针对不同用户的 App 多样化、硬件的四种呈现形式，尤其是六个维度的健康档案，周涛认为是开云健康的创新所在。其中第一个维度包括基因、周围体质辨识和单病风险评估；第二个维度是每半年或两年一次的定期体检；第三个维度是连续的检测数据整合，包括过往的病历、病程等；第四个维度是疾病筛查或单病评估；第五个维度是日常数据的采集，就是通过可穿戴设备采集的连续性数据，且这部分数据是原来医学界所不曾掌握的；第六个维度是生活环境中的数据采集。开云健康可以通过这六个维度的数据，提供准确、个性化，而且因地制宜的健康分析报告。周涛说为了提供更好地服务，他自己还考取了健康管理师资格证书。

• 周涛的健康管理师资格证书

同时，这种清晰还反映在开云健康的商业模式上。2016 年 4 月和周涛的交流中，他表示，从 2015 年 9 月开始把开云健康定位为"业内最好的健康管理工具"后，便确定不再开发 C 端用户，全面转向 2B 的模式，即就是为健康管理机构提供线上的健康管理工具，帮助它们更好地服务 C 端用户。开云健康会在其 App 上为机构用户单独开出一个通道，根据每个机构的不同需求，为它们定制一些服务模块。当然如果机构有特殊要求，开云健康也会为他们定制 App。

其实，开云健康创立之初，便定位于为专业的健康管理机构提供工具服务，但是为了检验开云健康平台的用户体验，所以 2014 年到 2015 年间采取了一段 2C 的模式。正是那段时间的探索，让开云健康更加坚定了走 2B 道路的决心。"一方面一些体检机构虽然有健康管理服务的意识，但是缺乏相应的工具；另一方面个人用户在选择医疗健康产品和服务的时候，会希望服务提供方是能够提供完整服务的机构，而不是碎片化的健康数据，或者分析报告服务。如果服务提供方不够知名，那么用户就希望它是由比较有公信力的机构做背书的。"周涛说道。

目前开云健康已经基于"健康管理工具"这个身份和国内 300 多家机构达成了合作，其中包括体检中心、健康管理公司、健康养老机构、养生机构，以及医院等。周涛表示，希望 2016 年年底可以与 1000 家机构达成这样的合作。换句话说，开云健康采取的这种"退居幕后，成就他人"的市场方式，在目前这个阶段来看是成功的。

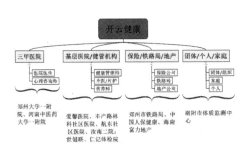

• 开云健康的合作单位布局，及与合作伙伴在一起

两年探索总结：不会出现一夜爆发

记得 2014 年的时候，开云健康的整体产品定位是"硬件 +App+ 专家一体化健康服务"。其中比较强调的是专家服务，主要包含 4 个方面的内容：1.专家咨询。回答用户健康问题。2.主动关怀。为付费用户提供 3 次/半年的关怀服务。3.异常预警。对异常指标和情况进行预警，提醒用户及时就医。4.健康报告。每 3 个月生成一份健康报告，作为每年一次体检的补充。从这个产品定位中可以看出，当时开云是有计划走 2C 的市场道路的。不过，那时候在我们的在线访谈上，周涛说，开云健康的市场定位涵盖 2C 和 2B 两种模式。它既可以提供个人和家庭的健康管理服务，同时也可以为保险公司、体检中心等机构用户提供健康管理平台服务，比如可以把原来一年一次的体检延伸到 365 天。当时开云健康在北京、上海都设立了市场开拓团队，主要开拓专业健康服务机构市场。这就是说，哪怕一开始的理想是抓个人用户，但现实是 B 端市场用户的接受度

更高。

2015 年，开云健康又推出了社区健康小屋的业务模式。该模式是由社区出场地和几乎可以忽略不计的费用，然后由开云健康出设备，在居民社区里建设一个微型体检中心。社区里的居民只要下载一个开云健康的 App，并在这个体检中心进行体检后，便可以通过 App 及时查看相关数据，以及一段时间内的身体状况分析报告。从商业模式上来看，开云健康希望走的是 B2B2C 之路。其实如果有足够的财力和人力支撑，这应该是一种不错的方式，但是要想快速发展起来，得要有像滴滴打车一样的后盾。

● 开云社区健康小屋

当然，在如此浮躁的资本环境中，创业者如果说自己没谈过投资，几乎会被人诧异。虽然周涛也一直在寻找投资，但是似乎在投资这件事上并不认真。尽管如此，在2015 年年初，开云健康还是获得了一个上市公司的战略投资。不过，2015 年年底的时候，他跟我说，那笔钱他们几乎还没动过，也就是说，至少开云 2015 年的收支是平衡的，并且证明了他们自己起码是有自我生存能力的企业。虽然这个阶段整个公司的主要收益来源还是硬件销售，但开云是靠着自我输血走出清晰的商业模式。

2015 年 9 月以后，开云健康的定位在前面已有详述：做业内最好的健康管理工具。虽然平台和产品架构与 2014 年没有大的差别，但是一看这句话就知道是面向机构用户提供服务的。不得不说中国文字的博大精深，这个定位是开云健康花费了两年时间进行探索的结果。而类似于开云健康这样的健康管理平台，在过去两年也都在进行着同样的摸索。换句话说，在非纯软件应用的领域，企业一夜爆发几乎是不可能的。因此，滴滴打车可能是互联网产业的最后一颗明星了。

说到这里，其实应该感谢资本在物联网产业的"不捧之恩"。虽然各类企业都有拿到金额不等的投资，但是没有互联网巨头和资本大鳄动辄上百亿元人民币的力捧某家企业，这才让企业有了慢慢探索的空间。不过，这也是物联网产业的特性所致，不是资本单驱就能跨越发展。就说传感器和芯片，国家投资的还少吗？依然水平低下。另外，或许企业也更加理性，毕竟资本是把双刃剑：既是加速器，又是催命符。没有它的支持，企业还可以慢慢探索；有了它，企业有可能因环境的浮躁，陨落得更早。

● 周涛采访视频

微知健康，一个慢病患者的情怀凝聚

郑朝晖

郑朝晖，男，1973 年出生，祖籍浙江，于上海交通大学获得本科及硕士学位。先后任上海贝岭 (Belling) 测试开发经理、晶晨 (Amlogic) 半导体运营经理、创锐讯（Atheros）通信中国区运营总监，以及高通（Qualcomm）上海工程总监等。

"生命的价值不在于长度，而在于厚度。"郑朝晖说到这句话的时候，我是有鼓掌的冲动的。当然，这是在听完他整个创业故事后，否则像这样的鸡汤名言，我只会把它当作一句寻常箴言。

• 郑朝晖

"微知健康"是我们采访过的第 63 个医疗健康领域的新兴企业，并且在我掌握的关于微知健康的业务信息中，没有发现它与其他慢病管理平台的明显差异，所以一开始这个采访，我是有些许排斥的。如果你聆听过成百上千个大同小异的故事时，相信你会和我一样，亟须看到一个能让你"眼前一亮"的东西。因此，当我见到郑朝晖时，一面让自己保持"随便一聊"的冷静，一面又让自己处于"挖出新东西"的亢奋。

● 捍康公司的办公区一角

只为不把余生虚度

在我的印象中，一般会从事医疗健康产业的人，以往经历中大都会和这个行业有着千丝万缕的联系。在我们采访过的 60 多个该领域企业的 CEO 中，有些是医护人员，有些是医护方面的研究人员，还有些是原本就在这个行业的相关企业任职，只有极个别的是"外行入侵"，但是创始团队中必有医疗背景人员，因为这个时代的创新创业跟八九十年代，乃至本世纪初都有着很大不同。借用吴晓波的一句话："以前是从无到有，现在是从旧有到新有。"这种不同反映到一家企业的创始团队上，就是"以前可以单枪匹马，现在必须四角俱全。"

由此当我问郑朝晖的从业背景时，心里已做好了准备，他的回答会在这几类人中对号入座。然而，当他用略显低微的声音缓缓讲完时，偏与我的设想一个都没对上。我当然不甘心地加了一句"那您的创始团队中有医疗从业背景的人吗？"答案依然是没有，明显地不按套路出牌，这打乱了我的问题顺序，所以我抽搐了一下嘴角，想着该把哪个问题提前。

郑朝晖却没有等我提问，"因为我自己是一个病人，甚至可以说是一个严重受慢病困扰的病人。"听到这句话，我略微惊异地看了他一眼。不过，他的眼睛一直向下看，依然用低缓的声音继续道："那是在 2004 年的时候，我发现了身体的一些异常，去医院检查的结果是慢性肾炎。从检验报告来看，我肾的常用功能已经只剩下 57% 了。从医学上来讲，CKD（慢性肾病）分为 5 期，第五期就是尿毒症，而我的 CKD 已经到了第三期，也就是说，已经处于比较严重的状态了。从那之后，我开始了各种中西医结合的治疗，不仅多方求医，而且还到远离尘嚣的疗养院疗养等，以试图能让身体复原。这期间吃过的中药至少有十麻袋，但是到了 2013 年年初的时候，还是转化成了尿毒症。"

在这个期间，医生一直希望郑朝晖能够去监控自己的病情，但是"当时并没有一种工具能够让我来这么做，所以我只能用 Excel 表格把我那七八年的求医经历，以及每一次的检查诊断结果记录了下来。在我被确诊为尿毒症时，医生看到我记录的这些信息，觉得对下一步的诊疗很有帮助。"这些记录可以说是郑朝晖创办的"微知健康"的基础和雏形。最终郑朝晖比较幸运，找到了可以匹配的肾，2013 年的 10 月 18 日，他被推进了手术室。郑朝晖说，在被推进手术室的那一刻，他就想，如果还能活下来，一定要做点什么，来帮助像他一样受慢病困扰的人群。结果，幸运之神又一次眷顾了他。经过了一年的康复，2015 年年初，郑朝晖和联合创始人张佩贤一起投钱创立了上海捍康科技有限公司，做了"微知健康"这个慢病监控服务平台。

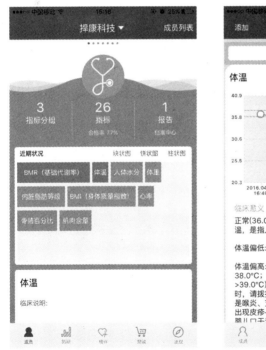
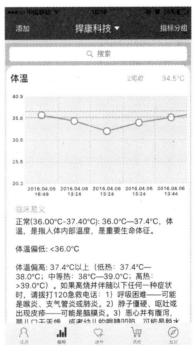

• 微知健康界面截图

听他说完这些，我一时间不知道该怎么继续，是深表遗憾，还是大加恭维，都不在我的词典里，所以我略沉默了一下后，也换作低缓的声调接着访问："不管做什么事，情怀是不能少的，但是如果要把情怀转变成事业，就必须考虑它的商业价值。"说到这里，我觉得自己特俗，但是郑朝晖俨然明白了我想要问什么，所以，直接接了过去："对，做企业必须要考虑它的生存问题，也要考虑如何保证它的持续服务能力。"接着他便从容不迫地谈起了"微知健康"的 6 个服务模块——健康管理、指标分析、智能硬件连接、云端储存、病人医生交互式信息系统，以及线下实体药店背后的商业逻辑。

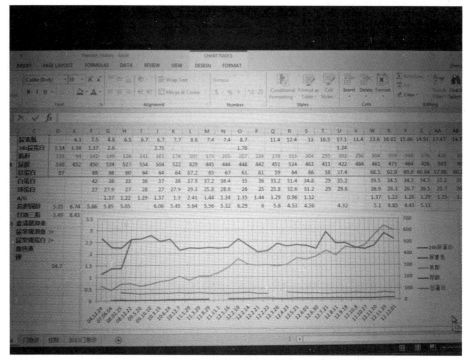

• 郑朝晖早期的 Excel 表格记录病案图

慢病管理 + 健康商城 + 交互式信息系统 + 实体药店

"曾经有一位 VC 问我，如果把微知健康的核心业务压缩到 1 ~ 2 点，那么我们最想留下的是什么？"

"我就告诉他，一个是对慢病的监控以及围绕家庭成员的慢病监控管理，比如说我们的软件，一个账号可以支撑 8 个家庭成员，每个家庭成员可以选择各自的参数、模式，然后再用图表的方式进行管理。同时，他们也可以把自己的病历、体检报告全都上传，比如昨天做了什么化验，今天又做了什么检查，结果怎么样等。这样家人间就可以像看微信朋友圈一样，看到上传者的所有身体状况。"

"另一个是软、硬件结合的商城，或者说健康大商城。你可以想象任何一家公司都有一个精髓，就是它的盈利模式。打个比方，你在淘宝或者京东上去购买医疗器械，由于它们的商品琳琅满目，所以你不知道哪家的产品最好，是不是有医疗器械注册证。然而了解这些信息的过程，会浪费你大量的时间。"

"而微智健康商城里面，同类的产品不会超过 3 样，也就是说，我们会进行筛选，同类产品我们只会允许 3 个不同的厂商供货，这样可以直接帮用户排除选择障碍。"

"后面这个 VC 又问，如果只保留一个核心业务呢？"

"我们认为这两个核心是并重的，一个都不能丢。虽然我们创建捍康科技的时候，是带有公益心的。因为首先我自己是一个慢病病人，换肾之后，要终生服用抗排异药物，所以我本身就需要一个慢病监控平台。现在还能服务更多的人，我就觉得非常有意义，因而这部分我们是希望尽量让用户免费使用。

但同时，如果要给用户更多的帮助，就需要确保产品做得好，并有持续服务的能力。这就要求我们不能不切实际，要有商业化的部分，而健康大商城就承担着这部分的重任。因此，慢病管理平台和商城一定是相辅相成，不可分割的。

由于捍康科技拥有以上两点能力，所以发展实体药店就变得顺理成章了。然而，App 线上商城的销量不是短时间内能够迅速做大的，除非不计成本地借助大量的广告来宣扬。即便这样，也未必有效果，因为这种方式对于自筹资金的初创公司尤其不适合，所以捍康便与上海雷允上这样的百年老店结盟，收购了两家雷允上药房，并通过购店、加盟、供货和采购等方式，实现了线下与线上商品的调配。"

同时，捍康科技利用自身的互联网＋智慧硬件＋指标管理等技术，为切合社区医院、地段医院、线下药房的实际需求，已经成功开发了完全符合国家慢病管理规范的病人医生交互式信息管理系统，即 HK-iHIS 系统。它能让病人在家里测量的血压、心电图、体温和血糖等多种指标，迅速自动传到医生办公室的电脑桌面上，从而让医生以最小的付出，来更轻松地掌握所管理病人的病情；反过来，医生提出的医学建议，也能够迅速传到病人的手机上。这些过程，可以不用 App，而是通过微信来实现。 HK-iHIS 系统一经面世，就有数家医院看了后觉得产品很有创新，主动提出付钱买单。捍康已经开始将此系统投入实际试运行。

改变老百姓和健康相处的方式

谈及微知健康和 HK-iHIS 的创新，郑朝晖坦言，如果和以前相比，慢病管理平台就是一个新产品；如果和其他类似的慢病管理平台相比，创新可能在于，由于自己十几年的慢病管理经验，所以更清楚地了解用户与医生的需求，从而开发出更加符合实际需要的产品。

"创办这家公司之前，我们研究过很多互联网医疗类的平台，像春雨医生、好大夫在线等。它们大多都是以医患对话、预约挂号等为出发点的，主要解决医生与病人，或者医院与病人之间的问题。我虽然因为身体状况，与医院打交道较多，但是作为一个小公司，或者创业公司，是很难打通医院的一些数据的，所以，我们肯定要有不同的地方。由于我了解病人的需求，那么别人面对医院和医生，我们就面对病人，主要为慢病人群及其家人提供服务，因而我们公司的名字叫'捍康'，就是捍卫家人身体健康的意思。"

郑朝晖表示，他同时希望把中国的"孝"文化，通过关爱长辈的健康这一举动，融入到产品中来。

"如果说慢病管理这一点不算创新，那么我们的创新在于，把那些经过认证的智慧医疗器械逐渐地汇集到这个平台上。什么叫汇集？并不是我们跟厂商说，你这个产品我们来做代理，然后厂商同意了，双方签了合同。于是，我们卖产品这么简单，而是我们会将各种硬件产品都接入我们的平台，用户不需要在手机上装太多种 App，而且还有社区医生为你服务，这算是我们的创新理念。"

郑朝晖说，目前捍康科技已经申请了 6 项软件著作权，并透露其中有一项是，通过 OCR 把化验报告的数据读取到 App 中，同时和用户所关注的身体指标关联起来。"就是可以实现相关数据的自动提取。不要小看这个功能，因为化验单是一张很薄很容易褶皱的纸，一折所有的数据都很容易扭曲，而且它的格式每家医院都不一样，字符也是各种符号或者阿拉伯字符，以及各种单位等。由于单纯读取对用户来讲没有意义，所以需要把它转换成用户能读懂的文字，这就对 IT 技术带来了很大的挑战。"

情怀的质变

2015 年三四月份，郑朝晖按照当时的想法，邀请惠普 IT 经理张佩贤全职出来成立

了上海捍康科技有限公司。初期相当于自己做了天使投资。张佩贤主管公司的日常运营，
郑朝晖则负责战略和融资方面的事务。

　　捍康科技最早尝试过将平台开发外包，但是后来证明不可行。因为总是跟不上进
度，所以后来组建了自己的技术开发团队，目前已经有全职15人，还有一些兼职的医生
顾问。

● 捍康团队

　　到2016年年初的时候，"我们在安卓、iOS、Java的技术开发上，已经有相当强的
交付能力了。"郑朝晖如是说，"捍康成立后的第一年基本上是在做技术。我觉得做技
术主要还是在于人，比如之前我们的很多进度都发生了延迟。当然，实际上以我们花的
钱，和做出的成果来看，我们已经算是领先其他公司了，加上近期各方面人员的继续充
实，架子已经全了。"

　　"现在架子搭起来了，就更要快，因为模式很容易被复制。如果我们不够快，可能
很快就会被赶超。"

　　不过郑朝晖表示，他本人的心态比较淡定："我也算经历过生死的人。所谓人生无
大事不过生和死。因此我是想得开，才创办这家公司的。以我这种身体状况，不如早点
退休，何必还自己投钱创业呢？但是既然做了，就要努力做到我们能达到的最好状态。
至于明天、后天，或者很远的以后会怎样，不是我现在会焦虑的事情。"话语间，我感
觉到郑朝晖的心态有一种"看云卷云舒"的淡然。有时候，这种淡泊名利的心态，却
更能够成就一番事业。

　　谈及创业成败的因素，郑朝晖觉得一是团队；二是创新；三是执行力："这三者是
决定一家公司成败的三大要素。捍康的企业愿景是用科技照亮人类健康之路；捍康的

核心价值是解决用户需求；捍康的企业文化是团队、创新、执行。"

对于未来，郑朝晖表示，争取 2016 年基本实现盈亏平衡。如果能实现，对于一个初创的医疗健康 start-up，是很了不起的。"目前几个产品，比如蓝牙体温计、HK-iHIS，还有后续更多的医疗健康服务，让我们看到了很大希望。"

• 郑朝晖采访视频

统战停车平台，已不能单靠互联网

谭龙

谭龙，毕业于空军第一航空学院，中欧国际工商学院 EMBA 在读；现任 ETCP 的董事长兼 CEO，谭龙把高速公路 ETC 与停车相结合，一手创立了不停车电子支付停车费的智慧停车模式。他提出的智慧停车大平台构想和对汽车后市场全面连接的商业模式，更是成为整个从事智慧停车行业的企业效仿的对象。同时，众多传统企业也依据 ETCP 的模式纷纷转型，成立了相关事业部或项目组，着力向智慧停车行业发展。可以说，作为智慧停车行业的开拓者，他引领了一个行业，并让智慧停车真正加速发展。

　　采访 ETCP 创始人谭龙时，他开玩笑说是"一个空姐引发的 ETCP"。不过，按照他的逻辑，以及 ETCP 目前在智能停车领域取得的成绩，说是一个空姐引发的智慧停车服务变革，也不为过。ETCP 是一个智慧停车服务平台，或者说目前国内最大的智慧停车平台。而谭龙当初萌生创办 ETCP 的念头，是因为他曾经的空姐女友。

• 谭龙

RFID+App+ 固定停车场 = 失败

据谭龙介绍，早在 2008 年，他便产生了做智能停车服务的念头。因为他曾经的女友是位空姐，所以谭龙每个月都要往返北京首都机场四五十次去接送她上下班。那时候，整个北京只有首都机场高速安装了 ETC。为了方便，谭龙就成了最早的 ETC 用户。正是因为感受到了它带来的便利，谭龙就开始想如果把 ETC 用在停车场，不仅能够减少大家排队、等候的时间，而且还可以间接地推动节能减排、改善空气质量等。此后，他便开始关注智能停车，但是由于应用环境还不成熟，比如 ETC 刚进入中国，成本较高，大家对 ETC 的认知也不深入等，所以谭龙当时只是停留在想法的阶段。

● 2008 年的首都机场高速 ETC

到了 2009 年，前国务院总理温家宝提出"感知中国、物联中国"的概念，之后物联网更是被写入"十二五"规划。因此从 2010 年到 2012 年年间，物联网在各行各业的应用实验进行得如火如荼，这也成为了谭龙把想法变成现实的一个诱因。再之后，因为交通拥堵在各个城市越来越严重，收取停车费成为了政府控制拥堵的手段。同时，因为机动车辆的数量越来越多，造成了停车位越来越紧张等，都让谭龙感到了智慧停车大有可为。而最后让他认为智慧停车这件事"可以干了"，是因为电子支付在老百姓日常生活中的大范围普及。

于是，2011 年，谭龙花费了整整一年的时间，走访了很多国家和地区，希望能够找到一些可以借鉴的案例和应用场景。然而，事实并不乐观，他只在新加坡看到了一个类似的应用，但是与他的设想依然有天壤之别。不过，这并没有阻碍谭龙去实现自己的梦想。2012 年 1 月，他毅然决然地注册了北京悦畅科技有限公司，并开始投入开发 ETCP 智慧停车平台。

• 新加坡停车场

或许是受 ETC 的影响太深，最早的 ETCP 是采用 ETC 的思路和模式，让社区里的物业公司扮演高速公路管理机构的角色，并给小区的门禁和停车场都装上了 RFID 读卡器，然后再让物业人员给业主的车都贴上了 RFID 标签。谭龙说，当时他们想的是社区停车场有固定的用户群体，不仅用户基数比较大，而且还可以让物业来承载应用推广服务，所以必然能够快速获得用户。然而，将近两年的事实证明，这只是传统的停车场系统集成，是一条弯路。

"一是让用户在车辆上安装射频标签这件事并不容易；二是停车场要同时兼顾已安装射频标签的用户和没有安装的用户，致使基础设施的投入成本增加，直接加大了这套系统的推进难度；三是射频标签本身的技术短板，比如易受干扰、屏蔽等问题。"谭龙说，众多原因导致了 ETC 模式的智慧停车平台在发展中举步维艰。

互联网 + 智慧停车 = 爆发

困则思变，发现了 ETC 模式的智慧停车服务行不通时，谭龙一直在探寻新的发展路径。直到 2014 年 8 月，"整个从技术路线到系统架构、市场策略的思路等各个方面都发生了翻天覆地的变化。"谭龙回忆说，"首先，用户定位发生了巨大改变，从原来的固定用户变为流动用户，也就是说，以前 ETCP 服务的车主是把车停在固定停车场、熟悉的环境中的；现在 ETCP 主要解决车主在陌生的环境中，或者流动量大的停车场中的停车问题。那么随之而来的就是，ETCP 需要整合的停车场也发生了改变，以前主攻社区；现在开发的都是商圈、机场、车站及景点等环境中的停车场。其次，车辆识别方式，也从原来的射频标签加读卡器，变成了现在的高清摄像头识别车牌，也就是说，车主端无需再安装任何硬件设备。再次，ETCP 开始更多地考虑如何解决自己的两大用户群体——车主和停车管理机构的核心需求，比如车主可能希望知道周边有哪些停车场、都有多少空位、价格是多少，以及进出是否用排队等；停车管理机构则可能希望提高停车场的运转效率、实时掌握车位动态等。"

基于在这些方面的重新定位，进行了翻天覆的改变后的 ETCP，以截然不同的形象再次出现在大众面前。

首先，在车主端，用户只需下载一个 App，或者只是关注一下 ETCP 的微信公众号，就可以进行诸如：附近停车场位置及空位和价格的查询。此外，用户还可以通过它预约停车位，以及查询违章记录等。同时，如果输入车牌号进行注册，就可以享受进出与 ETCP 合作的停车场不停车的待遇。如果还绑定了银行卡，甚至连打开 App 进行手动支付的环节就都免了。

不过，在停车场端相对复杂一些，不是一个 App 或者微信公众号就能解决问题了。为了让车主端的用户体验达到极致，ETCP 要对停车场的基础设施和管理方式进行优化。首先是要进行车牌识别，就要在停车场的进出口安装高清摄像头；之后要保证摄像头在完成车牌识别后，道闸能够迅速开闸放行，就是要让摄像头和道闸保持联动；然后要让车主能够实时了解到空余车位，就要保证能够采集到这些数据，为此，ETCP 同样需要安装摄像头进行信息采集；最后停车场管理机构也要了解停车场的实时状况，并进行数据管理和信息发布，所以 ETCP 就针对他们的需求推出了一个 PC 端的停车场管理平台。

• 客户端及停车场

产品架构经过这次根本性调整后，ETCP 的整个格局都发生了改变。谭龙用当下流行的概念，将 ETCP 于 2014 年 8 月以后这个阶段的模式称为"互联网＋智慧停车"。

在这一模式定义下的 ETCP，2015 年做出了一个大胆的举措，先是大量招募地推人员。据谭龙透露，整个团队从 2014 年年底的 28 人迅速膨胀到 1300 多人，欲通过人海战术跑马圈地。同时，他还成立了 20 多家承载投资、技术、运营及业务等不同业务的子公司；然后免费为停车场更换道闸；之后再对车主进行现金补贴。这一系列的动作，让 ETCP 在 2015 年一年，合作的停车场从 100 多个签约、30 多个落地运行，到 3200 多个签约、1700 多个落地运行。同时，用户量达到数百万级，因而一举跃升为国内最大的智慧停车服务平台。

• ETCP 停车场客户案例

资本＋精力＋期许＝高压中挺进

不过，一分耕耘一分回报，这些成绩的取得与 ETCP 的付出是成正比的：首先是资本的投入，停车场整套信息化系统的更换，每套单价都在 15 万~ 20 万元人民币之间；2015 年年底还针对车主发起了一场为时一个月的亿元人民币停车费补贴活动，更不要说，要养活 1000 多人的团队了。换句话说，如果这些都属实，ETCP 仅仅在资本上的投入就要数亿元人民币。当然，ETCP 分别于 2014 年 10 月和 2015 年 6 月，获得了天使和 A 轮投资，其中 A 轮拿到了 5000 多万美金的投资额。不过即使如此，资金压力也可想而知，更不要说精力上的投入了。

交流中，谭龙用"太累、太苦、太重"这三个词来形容现在的工作。"你看，我感冒已经有一个礼拜的时间了，却没有时间休息。这个礼拜一从早上开会开到晚上十二点多。然后礼拜二下午三点多到上海，五点钟开会，开完会后凌晨两点又冒着暴风雨回到北京。今天礼拜三，我有七波安排了，你是我倒数的第五波。每天就像陀螺一样连轴转，都是拿命在拼。并坦言，如果再来一次，第一，不创业；第二，绝对不做 ETCP，也就是不做停车这个行业。

● 采访中的谭龙

不过他同时又表示，做到现在的份上，再难、再累都要坚持，并且还要把它做好。"我经常跟同事和朋友们讲，每天都有一千万次放弃的念头，但是之后又一千万零一次地告诉自己要坚持下去。"谭龙笑言，"当公司做到我们现在这个层面，不仅是对自己的团队、投资人有责任，还肩负着对行业的责任。前段时间，还有一个知名投资人跟我讲说，ETCP 目前是智慧停车服务行业第一平台，一定要做好，不然会让整个行业失去信心。我们现在面临的压力就来自于这里，所以到了这个程度，回过头再去看以前的困难，什么公司可能要死掉了、系统跑不通了、客户搞不定了等，感觉都不算困难。真正的困难永远都在后面，越往后越难。"谭龙的这段话让我瞬间想到了一个词"后怕"，或许正是因为这个"后怕"，才成就了古往今来的多少丰功伟业。试想如果是"前怕"，社会岂不是就要停滞不前了吗？

- 资本 - 人员 = 变现

2015 年下半年，尤其是八九月份以后，或许是受整个市场环境的影响，创业圈开始了一场资本寒冬。接踵而至的就是各个创业领域的倒闭潮，尤其是各种移动互联网

O2O 服务，包括社区类、洗车类、停车类等。即便没有倒闭的企业也面临着资金紧缩的问题，都开始从不计成本地大规模扩张变成精打细算地过日子。

　　2016 年年初，一些关于 ETCP 大规模裁员的信息开始在业内流传，一时间引起了众多猜忌。跟谭龙说起这些时，他并没有否认，不过说不能叫"裁员"，应该叫"团队优化"。"经过 2015 年一年的高速发展，可以说我们经过了圈地的阶段，接下来需要做的是种地。然而适合做圈地工作的人不一定适合种地。"谭龙说，这其实是企业发展中遇到的正常状况。每一个阶段的发展重心不同，对人员的要求也就不同。从他的话语中可了解到，他所谓的"种地"，就是商业变现，也就是说 ETCP 要从纯投入的阶段，进入营收阶段了。

● ETCP 办公室

　　"我们在全国的业务布局基本上已经完成，也就是说，我们已经完成了大量'资产'的积累，并且目前在整个产业中是遥遥领先的，所以现在我们到了将资产变成现金，变成收入，乃至实现盈利目标的时候了。"谭龙说，过去几年，尤其是 2015 年，ETCP 走完了第一步，就是从资本到资产的积累。接下来要开始走第二步，就是实现资产的变现。"这一步走完，我们会走第三步，就是把这个模式进行更大范围的扩张和复制。"

　　同时，谭龙还透露，ETCP 已经完成了新一轮的融资，将于 2016 年上半年对外宣布，也就是说，ETCP 似乎并没有受到资本寒冬的影响。对此，谭龙的看法是"现在大的经济形势不理想，资本市场越来越理性，但也不是所谓的'泡沫破灭'或者'资本寒冬'。只是过去投资人的头脑比较热，现在冷静下来，看清了商业的本质，所以质量好的公司仍然能够一如既往地获得资本的支持。"不过，谭龙同时笑言："ETCP 2016 年肯定不会死，2017 年会不会死，我也不知道，但是我相信不会死。"他的自信来自于 ETCP 已经开始有收益了，并估计 2016 年的收入能够达到上亿元人民币。然而，他并没有透露收益会来自哪些方面，所以我们只能"且看"，但是无论如何，ETCP 已经是智慧停车服务平台领域的最大入口。如果大方向没有错，ETCP 的发展就会越来越好。如果 ETCP 失败，那么只能说明这个行业的存在，或者至少在现阶段的存在是一种错误。

● 谭龙在智慧城市大会上发表演讲

采访结束后，谭龙身上那种超负荷的状态不断在我的脑海中回现，因为同样的状态我不止在一个人身上看到，所以我经常会想，这种状态是这个时代的创业者独有的，还是每个时代的创业者都会经历的？我们往往会抱怨因为某些技术的发展滞后，或者某些人的思想转变太慢，以至于影响了整个产业的快速发展，但是过快的状态真的好吗？如果每一个环节的发展速度都恰到好处，没有任何障碍和阻力，我们将面临着一个怎样的社会？我想起《红楼梦》中诸金钗在芦雪广争抢联句的情景，史湘云大气都喘不上来地说："我这不是作诗，竟是抢命呢！"对应当下，我们可以说不是在创业，而是在抢命。

● 谭龙采访视频

第六章

大数据，所有
物联网故事的落脚点

数据服务价值初体现

陈曙东

中科院微电子研究所"百人计划"研究员、博士生导师，大数据与云计算领域的国家级专家。曾主持 10 余个国家发改委、基金委、国家科技支撑计划、中国科学院物联网十二五重点项目、中国科学院先导专项、欧盟 FP6、FP7 等重大应用工程项目，并多次获得国际奖项。目前作为首席科学家，带领中科院微电子研究所团队开展大数据在智能制造和智慧农业领域的社会发展民生工程建设。发表学术论文 40 余篇、专利 30 多项、软件著作权 2 项，著有 3 本专著，其中包括 2015 年由人民出版社出版的大数据领域的畅销书《大数据领导干部读本》，她作为副主编，执笔了该书的第二章"大数据从哪里来"。

凌焕然

出生于 1989 年 11 月；复凌科技（上海）有限公司联合创始人 &CEO；2006—2010 年，毕业于华东师范大学 2010 届本科环境科学专业；2010—2013 年，获得复旦大学环境科学硕士（生态规划）；2013 年 5 月—2014 年 4 月，就职于上海市建设交通委、科技委总师室；2014 年 5 月至今，经营复凌科技（上海）有限公司；爱好网球、健身、旅行。

创业于我，最大的收获还是自我价值、团队价值的实现。在这个过程中，我们团队享受"共同挑战未知的体验"，共同收获快乐、共同收获财富。

复凌的主营业务为生态环境综合信息服务，已形成新型智能生态环境物联网硬件产品、数据平台，并有 20 余项业务模型与算法。广泛服务于流域水环境监管、区域生态监测、工业水云服务三大领域。我们用 2 年时间，已建成 40 人稳定团队、完成千万级天使轮战略融资，并建立了稳定的大客户合作关系和市场代理渠道。

准备写这篇文章时，同时想到了两个人，应该说是两位女性，一位叫陈曙东，是 70 后的海归；另一位叫凌焕然，是刚走出大学校门的 90 后。其实她们俩个之间没有什么交集，唯一的共同点应该是都从事大数据技术的开发和服务吧。不过陈曙东的公司所从事的更偏向于基础技术研发，而凌焕然的公司则更倾向于专注于某一个行业的应用。从这个角度来看，似乎两者之间存在着某种内在传承，就好像科学研究完成了成果转化一样。

• 陈曙东　　　　　• 凌焕然

女海归的大数据梦想

大数据这个概念开始频繁出现是在 2013 年。也是在这一年，我真正接触到了一个从事大数据技术研发的团队——中科院物联网研究发展中心数据交易与服务计算研究中心。当时在朋友的介绍下，与该中心的主任女海归陈曙东进行了一番交流。

陈曙东当时介绍说，中国科学院物联网研究发展中心早在 2011 年便成立了物联网系统架构及数据交易技术研究中心，而该中心的研究课题是"物联网大数据全生命周期管理系统"。陈曙东则是由中国科学院以"百人计划"的方式，从欧洲邀请回国，来担任这一课题研究的。当然，她被邀回国的原因，也是由于她曾经提出的"物联网大数据全生命周期管理"理念。

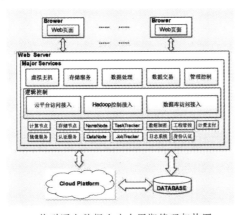

• 物联网大数据全生命周期管理架构图

陈曙东在回国之前一直在欧洲长期从事物联网异构设备安全通信、数据挖掘等方面的相关研究。在此过程中，她遇到了很多有关数据安全和隐私的问题，所以开始了在数据管理方面的思考和探索。尤其是她意识到，物联网时代的到来，势必会带来巨大的数据量和前所未有的复杂性，这必将为数据管理带来更多的难题。

一是大数据的产生、处理、交换共享过程中的独立性问题。一般情况下，数据的生产者、供应者不具备数据处理、数据分析、数据挖掘等技术能力，而具备数据处理能力的机构对行业又不够了解，或因数据的异构性而无法进行统一的格式化处理。同时，因数据的交换、交易业务的特殊性，交换双方并不希望把数据泄露给第三方。进而，还没有形成一个完整的生命链，导致各种物联网应用同样具有"孤岛性质"。

二是大数据的资源化难题。陈曙东认为，随着大数据时代的到来，数据已经从简单的处理对象开始转变为一种基础性资源，所以大数据成为了大家抢夺的新焦点，并渐渐成为国家、企业和社会的重要战略资源。这使得大数据的发展面对来自各方面的压力。

三是隐私问题。陈曙东当时说："大数据的应用虽然提倡信息开放，但是信息开放是有限的，比如有些涉及行业内部竞争的限制，或受到商业因素影响，企业不愿意开放；有些涉及个人或者行业本身的隐私或机密，无法开放。"因此，在大数据应用的过程中，对用户的隐私保护，就成为了开放信息时的重要考虑因素。然而既有的隐私保护技术和方式，是难以应对大数据环境的。

四是大数据与云计算的深度融合问题。陈曙东认为，大数据离不开云计算，甚至必须与云计算深度融合。"云计算为大数据提供基础支撑；大数据为云计算提供价值信息。因此如何将两者深度融合是大数据研究面临的又一个难题。"

五是海量数据（知识）的智能处理与展示问题。对此，陈曙东说："我国在互联网产业发展一段时间之后，已经具备了一定的数据分析基础，但是目前挖掘的大数据，其价值密度是比较低的。只有进行有针对性地选择和分析，才能使数据的价值最大化，或者说隐含的价值才能被人们逐步认识和挖掘出来。因此，如何将海量数据进行智能处理与展示，也是大数据发展的一大问题。"

综上所述，陈曙东认为，物联网产业需要一个能够解决各类问题的平台，使物联网上的各种应用实现协同合作，以形成一个真正的智慧概念。为此，陈曙东及其团队，便以解决这些问题的姿态，开始了"物联网大数据全生命周期管理系统"的实战探索：从数据生产开始参与，为用户提供虚拟主机、数据存储等服务，并根据每个用户的不同需求创建不同的数据处理环境，最终为用户提供数据共享交易平台，以完成整个数据生命周期的管理。

概括起来就是，大数据的产生与汇集、组织与管理、分析与发现，以及应用与服务。

当时陈曙东介绍说，经过了这样处理的数据会形成一个闭环，比如以前一家企业的数据存放在 IDC 数据中心，只是存储，并且有限的数据流转也仅仅是为了支持具体业务的开展，然后企业每年付一笔托管费给 IDC；而经过这样的处理后，数据就可以产生价值，这部分价值会给企业带来收益，可以说是形成了一种资金的回流。"因此，我们这里叫'数据交易中心'。"陈曙东补充说，"用户将数据存储在 IDC，IDC 只为他们提供存储、计算、带宽资源，而通过我们提供的这样一个数据管理系统，数据可以增值，也可以作为商品进行交易。而交易带来的收益最后可回到用户手中，这样就完成了一个闭环的过程。"

2013 年 10 月，陈曙东终于带领 30 多名"队友"完成了"物联网大数据全生命周期管理系统"的研发。陈曙东当时表示，她们的首要任务就是将该系统尽快推向市场。"中国的 copy 能力实在太强了，"陈曙东曾无奈笑言，"所以这个时候动作一定要快。"

• 陈曙东团队

显然，2014 年该系统已经投入了应用，比如中国物联网研究发展中心参与部署的江苏省道路监控系统 320 工程，平均每个市每天上传的数据有 120 多万条，累计到 2014 年 6 月份的时候全省已经汇聚了 110 多亿条数据。此外，在智慧农业和智能工业领域也有了较为广泛的应用，比如我国农业数据的总量已经达到了 PB 级，并仍逐年以 TB 级增加。该系统中的农业基础数据资源库，包括农资数据库、农作物生产数据库、农作物遥感数据库，以及农村人口管理数据库等，为农业数据的存储和管理提供了很好的支撑。同时，在智能工业方面，随着制造活动的空间覆盖面从企业内，扩展到企业间，再到全球范围，在产品全生命周期中产生的各类数据、信息、资源等已经达到了 PB 级。

• 物联网大数据全生命周期管理应用案例

不过，陈曙东认为，数据存储不是目的，高效地为上层的应用进行数据的服务和支撑、实时响应，这才是大数据应用的最终目的，也就是说，要对时空数据进行高效的存取，同时实现负载平衡。因而，陈曙东带领开发的物联网大数据分析原型系统，针对不同应用，设计了混合计算框架：对非实时计算采用了 Hadoop MapReduce，进行离线批处理计算；对准实时计算，改造了 Hadoop MapReduce；对于实时计算，则采用了流计算的模式，实时响应时间为毫秒级。此外，在优化 Web Service 方面，该物联网大数据分析原型系统通过采用压缩、信令与数据分离传输等方法，能够提高海量数据传输的效率和可靠性。总体来说，通过应用实践的洗礼后，陈曙东团队所研究的"物联网大数据全生命周期管理"技术已经越来越成熟和完备了。

3 位大学生的大数据实践

2016 年 3 月，在上海市杨浦区国定东路 200 号的大学生实训基地，见到了复凌科技（上海）有限公司（以下简称复凌）的创始人之一，担任总经理一职的凌焕然。凌焕然是一个娇娇小小的女孩子。虽然已经创业两年，但是从她身上看不到半点世故圆滑的影子，有的只是学生时代的单纯和不理世事。据凌焕然介绍，复凌这家公司由她和她另外两位复旦大学的师兄共同创立，并注册于 2013 年年初，而实际开始运营则是在 2014 年 5 月，因为之前他们还在学校读书。

复凌的核心业务是提供生态环境领域的数据服务。这一业务覆盖了水、空气和土壤等领域，主要是提供数据的分析和价值挖掘，以及部分数据采集的服务，从而帮助用户实现节能、减排、降耗等需求。说实话，目前大数据在产业中的实际应用，环保领域，尤其是空气领域，暂露头角的企业最多。然而这些企业一般都是在相关领域有过多年的信息化系统集成经验，或者原本就是从事数据服务周边业务的，所以当我知道复凌这样一个大学生创业团队是提供听起来如此"高深"的服务，而且在 2015 年已经有了 400 万元的收入，着实让我吃惊不小。当然，根据凌焕然的介绍，复凌的创始团队在校期间就有相关的数据服务研究经历，或者说工作经历，"如果说在这方面的经验，其实我们已经有相当多的积累。在校期间，我们就跟随导师从事生态环境领域的数据服务研究。尤其是我们的另外一位合伙人，15 年前就研发了国内第一个森林防火系统——黄山森林防火系统。"换句话说，复凌目前的业务属于自己在学校所学领域的产业化，或者商业延伸。并且复凌的业务之一——黄山生态补偿机制中的资源价值估算服务，也是其团队在校期间研究课题的延续。

依据复凌创始团队以前在学校的研究领域，其可以发展的业务有很多。不过，在实际运营的时候，他们选择了以水这个领域做为切入点。因此，过去两年，复凌的所有业务都集中在与水相关的数据采集、数据分析和价值挖掘等方面，并陆续推出了复凌智能感知数据汇聚服务器 FIDAS 和基于环境专业封装模型库和大数据挖掘算法的大数据云平台两个产品，以及工业水云管家 CloudWTO 和生态环境云管家 CloudECO 这两个基于云技术的应用解决方案产品。

• 复凌水联网大数据应用架构

其中工业水云管家 CloudWTO 主要为三类企业提供服务。第一类是工业生产类企业，主要解决它们生产高耗水、工艺高故障、运维高成本、水量低回收，以及第三方纯人工粗放运营等问题，为其创造节水、延长设备寿命、降低运营成本等经济效益，从而促进产能升级；第二类是第三方水处理运营服务企业，可以改变它们传统的运营方式，比如为它们向云服务的方式转型提供便利，并实现服务现场的可视化；第三类是水处理材料商，为其提供故障诊断等服务，优化其产品，并为其拓展增值服务和开拓市场提供有力支持。该产品可广泛应用于煤化工、火电、钢铁、食品及纺织及造纸等高耗水行业。

生态环境云管家 CloudECO 主要提供在线监测、人工专题调查、遥感监测等多方式融合的大规模生态环境云监管体系，以及生态环境评估、预测预警和生态深度体验的信息服务。同时，它还可以提供时空加密的信息数据库。该产品主要面向管理部门、科研人员和公众提供生态环境监管和信息服务。

在过去的两年中，复凌没有直接做过整个项目的集成业务，一直保持着为第三方系统集成商提供数据服务的姿态。当然，他们也不会滥接业务，坚持专注于水领域，"把水这个领域做深、做透，因为在整个生态环境中，水其实是最复杂的，有再生水、回用水、脱盐水和污废水等，其中污废水又有来自工业、城市、农村等各个方面的，每个细小的分类都有很多东西需要去研究。"凌焕然说，因为他们想把水这个领域做好，所以要把这些细小的领域各个击破。

• 大数据在黄山生态补偿项目中的应用

或许正是因为这种专注，复凌才能被国家环保部环规院、上海市环境监测中心，以及全球最大的计量泵生产商——德国 Prominent 和全球前三的反渗透膜供应商——蓝星东丽膜科技（北京）有限公司等知名实力机构和企业，选做长期合作伙伴。凌焕然在交流中透露，其实客户并不是一开始就接受复凌的服务的，比如蓝星东丽在 2014 年的时候，就挑了两个规模相当的水厂进行了一次实验，就是一个水厂的产品采用复凌提供的 CloudWTO 平台系统进行监管，另一个水厂使用传统的产品。经过了一年时间的效果对比，2015 年与复凌签订了 100 个水厂的设备数据服务协议，截至 2016 年年初已经有 20 多个水厂的设备进行了优化升级。此外，复凌还与很多其他设备运营商，以及各地市环保局等形成了比较紧密的合作伙伴关系。同时，复凌的一些数据分析模型已经成为了环保部指定的标准。

当然，取得这些成绩的背后，除了专注，还有复凌团队不计得失的付出。蓝星东丽是复凌拿下的第一个客户。当初复凌为了这个客户专门成立了一个事业部，并针对客户的需求投入了很大的研发精力。实际上，蓝星东丽与复凌合作的同时，在日本选择了 IBM 也提供同样的服务。不过，最终选择了复凌，是因为那时候 IBM 的产品还没有开发完成。换句话说，复凌给蓝星东丽提供了一年实验的过程和结果让蓝星东丽认可了复凌，也让复凌对产业和用户需求有了更多认识，也让其自身的技术和团队更加成熟。截至2015 年年底，这个只有 28 人的小团队已经开发出来了 35 项自有知识产权的产品和技术。同时，复凌还获得了 A 股上市公司——苏交科集团股份有限公司的战略投资。凌焕然透露，2016 年年初苏交科希望追加投资的同时，还有许多其他投资机构也希望入股，却被复凌拒绝了。不知道那些成千上万家因为资本的冷缩而沮丧的企业，看到这个信息时做何感想，我本人当时是很有挫败感的。不过，凌焕然说，复凌拒绝资本只是暂时的，因为他们希望获得更大跨越，或者需要进一步突破之后，再进行下一轮融资。

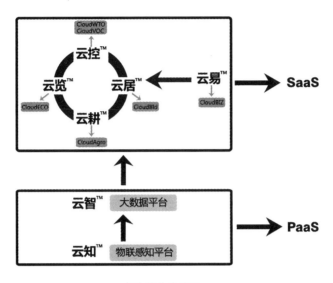

• 复凌整体战略图

从复凌目前取得的成绩来看，它应该算是一个成功的创业案例，有核心技术，有稳定收入，并且切中的是一个处于上升期的行业。如果往大的方向说，复凌进行了商业模式的创新。凌焕然透露说，目前复凌采取的是按效果付费的方式。

凌焕然说，为了更加平稳快速的发展，复凌也在不断引入一些高端的人才，比如在智能感知数据汇聚服务器 FIDAS 这款类似于网关的硬件开发上，复凌就邀请了一位通信领域额泰斗级的专家——神舟一号到神舟八号的自动控制及通信方案的技术总工做技术顾问，每周三天给复凌的硬件团队进行技术指导和技术重构，以至于很多合作伙伴都评价说，复凌的网关可以达到航天级的标准。

从目前的形势来看，2016 年复凌应该会迎来一次更大的发展，有可能在水联网大数据层面独占鳌头。说到这些，凌焕然显得相当兴奋。从 2013 年到 2016 年，大数据从概念走向落地，从技术走向应用，并且从众多领域的应用实践来看，已初见成效。

让心脏监测走进家庭的 5 年探索

王长津

王长津，南京熙健信息技术有限公司创始人，研究员及高级工程师。1992 年开始从事医疗设备领域工作，先后在知名医疗器械公司担任研发中心主任、事业部长、产品总监和常务副总等职务。期间承担和参与了多项国家课题的研究工作，并获得奖励。1996 年推出第一台 12 导 HOLTER，并随后取得了注册证，在多参数监护仪、胎儿监护仪、心电图机、大型全自动生化分析仪、系列医用内窥镜，以及医用输注泵等产品领域拥有研发、生产和市场的实际经验，对纳米技术应用于医疗和 MEMS 传感器有深入研究。2011 年开始结合智能手机的发展，转入智能可穿戴领域，并在移动医疗领域创业，开发出了掌上心电系列产品，并取得了 CFDA 和 CE 认证。熙健倡导利用移动手段和智能硬件设备进行日常健康和疾病的风险管理，从而做到了"健康自己掌握"。

产品——用手机测心电

首次接触掌上心电在 2014 年，那时候王长津创立这个项目已经有将近 3 年的时间。这是一个怎样的产品呢？掌上心电，顾名思义，就是结合掌上智能设备的便携式心电检

测仪。整个设备包含你手机上的"掌上心电"App，当然这需
要你下载安装，加上一个耳机大小的两导心电检测仪。目前掌
上心电系列产品包括适合各种智能设备使用的有线和无线蓝牙
式产品，涵盖单导联到 12 导联的心电测量需求。

● 掌上心电

创新——让老百姓将医疗设备随身携带

王长津说，做这个产品的初衷之一来自于他的父
亲。王长津的父亲是多年的房颤患者，感觉不舒服的
时候，经常会被要求戴一个很大的 HOLTER 检测仪，
连续监测 24 小时。很多时候戴了一天发现没大问题，
由于设备使用繁琐和医院排队，后面就不想测了。后
来阵发性房颤逐渐转为持续性房颤，最终还是发展成
了脑卒中。

● 王长津掌上心电产品发布会

王长津从参加工作起一直从事医疗设备的研究工作，虽然一直保持着对动态心电监
测技术和应用的持续跟踪与关注，却没有结合家用市场需求。父亲的经历触动了王长津
的创新神经：为什么不做一个更轻便的设备呢？比如能随身携带，不用跑医院预约戴一
个笨重的设备，还可以随时、及时地监测。从那时起，王长津开始计划：一定要做一
个能进家庭，让老百姓买得起、用得起、方便携带的心电设备。

2011 年，随着智能手机为代表的智能设备的发展，王长津研究出了单导联无线便
携式心电设备。2012 年做出了产品，并实现了小批量生产：使用锂电池，产品总重量只
有 15 克，除测心电外，还配备了加速度传感器和体温表，并使用蓝牙和手机连接。之
后，熙健又推出了它的升级产品：非接触式充电心电仪和即插即用的心电仪。

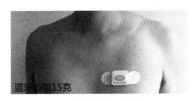

● 蓝牙心电 15 克

当然，这个心电仪的改变不仅是在外观和重量上，甚至可以说它不再是一个单纯的心

电仪。它实现了智能数据采集和简单的通信功能，结合智能设备和 App，不仅可以把心电图波形转化成老百姓能看懂的语言，还可以与后台医护人员进行直接交互，"比如以前我们去医院描记一张心电图，打印出来后上面是一条条曲线，不找医生你根本看不懂。现在使用掌上心电，自己随便在哪儿测完，在 App 上能直接查看自己的心脏风险情况，还可以设定把监测到的数据跟哪些人分享，以及获取健康咨询和服务等。"王长津说到。

这不得不说是心脏健康管理的一次大跨越。原本只在专业机构才能使用的设备，现在人人都可以拥有，还能带来更好的用户体验。

当掌上心电做到这些时，发现自己和用户之间的关系改变了。以前用户买一个设备，和生产厂家的关系仅存在于设备故障维修环节，有时候连这样的联系都不会产生。"现在只要用户购买了产品，就与生产厂家永远都分不开。除非你不用这个产品，只要使用，就一直存在服务联系，比如掌上心电，当用户使用硬件时，需要在手机上安装 App，用户每次测完之后，可以直接在 App 上查看数据和心脏状况，也可以分享

● 掌上心电 App 用户界面

给医生和健康服务机构等。随着持续的数据采集和管理应用，可以为用户提供健康状况分析、保健建议、疾病预警，甚至在线问诊及预约挂号等服务。这些服务无形中拉近了厂商和用户的距离，架起了用户和服务提供者之间的桥梁。"

掌上心电和用户关系的改变，同时引发了另外两种改变。一是掌上心电收益模式的改变。目前，掌上心电的收益模式根据需求有多种，可以硬件收费后免费赠送一些基础服务，比如免费诊断咨询次数，也可以硬件免费只收取用户服务咨询费用等。其他增值服务部分，用户可以按照自身需求购买。不过王长津表示："有可能一两年以后收益模式还会改变，为什么？当我们平台上有了足够多的用户，随着和药企的合作，和其他利益链条企业的合作，用户的使用成本和获得服务的成本会更低。"类似这样的商业模式，其实我已经不只是从王长津这里听到了。

二是掌上心电和代理商的合作模式也改变了。以前的设备商和代理商之间是一种相对松散的合作关系，信任基础不足。代理商今天代理你的产品，明天可以不代理你的产品，合作时间的长短取决于双方的短期利益基础，而且对于众多小企业来讲，协议更多是一纸空文，大部分都是一单、一单地合作。然而现在，因为产品和用户之间不再

是一锤子买卖，所以一旦代理了掌上心电的产品，他就可以长期从服务链条中获益。只要掌上心电存在，有用户使用，他就永远不能和这个产品切断关系。对此，王长津说："代理商卖一万个产品，哪怕只有 500 个客户购买了服务，这个服务部分我们都会有收益分配。"

创始人——从事心电行业 20 余载

说起来王长津进入医疗行业，也是阴差阳错。当年考大学，王长津父亲说，家里都是搞理工的，让他去学历史，学考古，甚至去学满语档案类专业，但是最终还是选择了英语专业。1992 年毕业，发现英语专业不太好找工作，就改行做起了技术。

四年后，王长津开始第一次创业，第一个产品就是医用 12 导同步记录的动态心电仪，并且 1997 年推向市场。到 1999 年，公司并入东大阿尔派数字医疗（即现在的东软医疗）。之后他在东软担任长春研发中心主任、事业部长、医电产品总监等，一直到 2008 年 12 月月底，王长津选择离开东软寻找实现理想的机会。

在东软期间，王长津就看好可以进入家庭的小型医疗设备，并且当时还亲历了最早的智能硬件——英特尔推出的 White Box，但是现在看来这个产品当时实在太早，最后无疾而终。离开东软前，王长津从事的最后一个项目是第一代熙康一体机。虽然是从多参数监护仪改造出来的第一代样机，但是王长津从中看到了某些方向性的东西，包括离开东软后，组建威高医疗系统，担任常务副总裁和研发中心主任的三年，推出国内第一台彩色大触摸屏幕的 12 导心电图仪、国内第一个 8 英寸和 12 英寸插件式的监护仪、高精度输注泵和系列内窥镜、大生化仪等产品，王长津认为，"这些都是财富""那些年不管是在技术积累和前瞻开发方面，还是在管理能力方面都对我的二次创业做了充分积累"。在交谈的过程中，他反复强调是"东软培养了我"，非常感谢东软的刘积仁和郑全录二位老师。

2011 年，大量山寨智能手机的出现，让王长津激动了起来：迅猛的山寨潮，使得中国出现了大量以安卓为主的技术开发人员。可以说，当时在安卓系统的前端开发上，中国走在世界前列。王长津笑言，IT 产业发展这么多年，中国唯一一次"领先世界"的就是移动互联网时代。看到那些山寨手机的屏幕越来越大，功能越来越多，价格越来越低。王长津想，"这是个好东西，这是个好趋势！"因为原来要做移动的医疗设备，得自己开发硬件和软件系统，"像嵌入式的东西你还得自己做驱动，费时、费力、费人、费钱，现在不用了，有编程人员就行。"王长津觉得，"终于可以真正做点事了，医疗到家的理想可以实现了"。

"我评估了一下，那个时候我已经过了四十岁，移动互联网和物联网带来的产业变革，可能是我遇到的最后一个机会。时不我待，仔细权衡之后，我决定辞职出来二次创业。"王长津说，这样的时代变革期，是 70、80 后，以后再也不可能遇到的，就算再过二十年还有下一个机会出现，"也干不动了"。

此外，受父亲那段生病历程的影响，让王长津"真是想做点事"。他说，官方数据表明，中国每年有 5% 的房颤病发展成脑卒中，脑卒中患者里面有 20% 多都有房颤，发病率是发达国家的 4～6 倍，就是因为没有控制好。中国当前有将近千万的房颤病人，尤其是 40 岁以上的发病率很高。房颤再往后就是有心衰和脑卒中的风险。中国有 2.9 亿的心血管病人，但是其中有一大部分是可以通过控制避免发病的。

2011 年年底，经历了 10 个月离职程序后，正式开始了二次创业。

创业历程——千转百回往前冲

创业之初，因为王长津自己的大部分资金都压在了股票上，所以也尝试过进行融资，并且还愿意谁投个百八十万的启动资金，就给谁占大股，但是结果并不理想。王长津说，因为当时没有"移动医疗"这个概念，只是说做手机心电，而且出了自己的社交圈，也没人理解。不过，这并没有影响王长津的决心和士气，反而让他更加一无反顾，"自己筹钱，干了！"

2012 年下半年，第一代智能心电产品基本成型，除了 15 克的心电仪，王长津还开发出了心电背心等产品。

2013 年，王长津开始想着要把产品推向市场，但是已经没有更多的资金支持。恰在此时，经朋友介绍到南京申请 321 项目扶持基金，没想到一到南京就被评为重点项目。南京市政府可以给 200 万元人民币的补贴，但是要求 2013 年 4 月 30 日前必须在南京落户。因此，也就有了南京熙健信息技术有限公司。200 万元人民币虽然可解公司的一时之困，但是从长远来看，只是杯水车薪。

真正的转机开始于 2014 年年初，王长津接到创新工场合伙人邱浩的电话，半个多小时的电话交流，邱浩便说，他准备投资掌上心电。最终一番周折后，王长津在台湾地区见到了创新工厂的创始人李开复，产品同样获得了李开复的肯定，表示了明确的投资意向。此外，在投资金额和占股比例方面，两位投资人更是爽快，表示王长津"说多少就是多少"。王长津回忆当时的情景说："邱浩和李开复老师都是敞亮人！说他们是投资，又不是买公司，没必要和创业公司讨价还价，这对公司发展也不利！。"

• 王长津与李开复

至此，掌上心电的发展开始走上正轨。

也是在 2014 年，掌上心电成功申请了 7 个型号的注册证，从单导联到 12 导联。

2015 年 4 月，掌上心电开始投入大批量生产，首批投产 10 万个。截至 2015 年 12 月，已经有 6 万多个产品走向生产线，2.7 万个陆续走向市场，"其中生产线一次直通合格率 99.4%"，看得出王长津对此相当自豪。"熙健公司 2015 年搬迁新厂房，2015 年 9 月份通过了德国人来工厂的 CE 审查。"在产品的生产管理上，掌上心电是相当完备的。一是因为王长津自己二十几年的医疗设备企业高管任职背景，对这一套系统足够熟悉；二是他把掌上心电定义为医疗级的家用产品，所以一开始便按照医疗级的标准来打造产品。或许正因如此，掌上心电不仅顺利拿到了国内的各种医疗器械注册证，而且获得了欧盟的 CE 认证，现在又开始了美国 FDA 认证的申请。2015 年的国际医疗展会和 2016 年年初的 CES 展会上，王长津带了一些样品展出，很多医生都当场预定样品。

• 在 CES 展会现场被围观

2015 年，倒下了很多智能硬件企业。王长津说："为什么那么多企业死掉，熙健不仅能够生存，而且还在发展，甚至刚刚又有新一轮融资基本确定？首先，我自己认可这件事儿，没人投资的时候，自己投钱也干了。2015 年别人还在喊着'国内第一'的时候，熙健已经开始进行大批量生产了；其次，我的心态已经很淡定了，我们的产品已经达到了相当高的水准。虽然已经被发明了一百多年的心电图无法颠覆和改变，但是我改变了心电图的使用形式，并且把医院里高大上的东西一下子拉到老百姓身边，起码是一件积德行善的事儿。即便有一天我成了移动医疗的垫脚石，但是今天既然干了，就一定要把这个事情给干到底，至少让老百姓受益。"

畅想未来——让心脏健康管理走进家庭

目前在移动医疗领域，暂露头角的是春雨医生、挂号网、好大夫及丁香园等企业。虽然它们能解决一部分人的看病便利性问题，但是王长津认为以，后唯一能让老百姓的生活发生根本改变的，是物联网。智能硬件作为物联网的末梢神经，在其中起着举足轻重的作用。不过，虽然对大方向有认知，王长津却表示现在技术发展太快，已经不敢去预测三年以后的事情了，只敢规划半年、一年后的事情，"熙健不做 to VC 的事情，也不忽悠自己，"王长津笑言，"所以，掌上心电接下来要做的，是让心电监测，或者说心脏健康管理走进家庭，同时落实服务模式，体现数据价值。"

• 用户在使用掌上心电

目前血压计、血糖仪等大部分基础医疗设备已经走进家庭，心电监测作为类似功能的设备，从专业机构走向家庭是必然的。如果这种模式可以大规模普及，那么未来中国的心血管类患者便可以在家里进行实时监测，并且可以根据实时数据，进行在线咨询或自我健康管理服务。"一般情况下，一个心脏疾病患者到医院，第一道程序就是测心电图，然后是做彩超、或者拍 CT 等等，这些程序都是一级级来的，其中心电图是第一手段。所以我们掌上心电就在家庭随身的更前端实现价值。"王长津说道。

王长津在交流中一再表示，"自己没有什么大追求、大目标，就是希望能够把自己在医疗健康领域，更确切的说是在心电监测领域的技术积累转化成更符合用户需求的应用。"所以创业之初想着给自己定一个奋斗目标，想到最后想出了一个"为人民健康服务"。2015 年年底，创新工场让他们投资过的企业 CEO 都写一句话，表达自己的创业感受，王长津写了一句："怀鸿鹄之志，存利他之心，乃修行创业之本。"说得直白一点，"就是创业不能只想着赚钱，不能天天想着索取，要利他，要感恩，不要把自己看得太重，也不要把技术和产品看得太重。超越和被超越都是必然的，合作共赢才是根本。"王长津说，这种理念贯穿在掌上心电发展的整个过程中，比如已经开放 SDK 给各个合作方，来希望更多的企业能够协同共赢。

• 掌上心电生产车间

目前掌上心电在该领域已处于领先地位。不过，虽然如此，说到"创业不易，"王长津也颇有感触。"为了这个公司，我是真累，每天睡不好觉，出差还带两种治头痛的药，两种安眠药。以前没创业的时候，我一天多闲啊，可以睡到自然醒，《地藏经》我可以一天念八遍，念完后心静如水，睡觉呼呼的。有时候跟员工们说，要知道这样累，如果还是刚开始的几个人，我立马卷铺盖走人，不干了，但是现在快七十个员工，产品也铺出去了，就有了责任。既然做了，就得做好。"王长津坦言，移动医疗处在探索期，没有经验可循，所以他特别感谢投资人的支持和宽容，才让掌上心电有信心走到未来。

• 王长津采访视频

以解决问题的姿态玩大数据

李玮

李玮，罗克佳华工业有限公司董事长，多年在美国从事物联网技术的研究和开发。2003年回国，在太原高新区创办罗克佳华公司。本着"高科技要深入基层、面向应用"的理念，在中国重工业、高污染的典型省份——山西，从事国计民生领域的高科技研发和推广，并用信息物联网技术推进工业领域的安全生产、节能减排，达到四效合一（生产、安全、节能、环保），提升行业水平。所获荣誉：中组部"千人计划"专家、国家特聘专家、国家环保产业协会委员、中国煤炭协会委员、中国软件行业协会副秘书长、全国杰出信息化人物、中国留学人员创业园十大创业领军人物，以及省工商联副主席等。

　　从 2013 年到 2015 年，我对山西罗克佳华有限公司董事长李玮做过三次采访。第一次听到罗克佳华这个名字是 2012 年年初，几位朋友闲聊，谈及物联网产业中有哪些相对比较成功的企业时，某位资深投资人着重提起了罗克佳华。在大家讨论罗克佳华的商业模式时，暮然想起，更早之前，与中国工程院邬贺铨院士在关于物联网商业模式的交流中，他曾对罗克佳华在煤矿行业的应用模式给出了很高的评价，只是当时并未提及公司名字。此后，突然发现，罗克佳华这个名字在耳边出现的频率越来越高。

● 李玮

从硬到软，暗合物联网产业发展路径

翻开罗克佳华的履历，其成长过程可谓是一部转型史：诞生于 2003 年，起家于智能设备生产制造，如智能高低压柜等的代工；2005 年，开始智能 MCC 核心芯片的研发，同时向更上层的系统集成方向拓展，并于两年内取得国家计算机系统集成一级资质；2007 年，自主开发的矿用智能 ACC 取得国家火炬计划项目认证；2008 年，自主开发的环保智能 MCC 通过国家 CCEP 认证、国际 CE 认证；同年，获得国家智能工程设计、总承包资质。

● 罗克佳华各种证书

从 2006 年开始，罗克佳华在硬件领域不断进取的同时，也开始了在行业应用软件方面的探索和拓展，相继组建了应用软件开发团队、数据挖掘软件开发团队、虚拟实现软件开发团队，致力于使公司向软硬一体化方向发展，并于 2009 年通过 CMMI 国际认证，跻身世界顶级软件商行列。2008 年始，更是组建运营服务团队，并在两年内先后获得"环保监测系统污染治理设施运营资质""生活污水、工业废水污染治理设施运营资质"和"除尘脱硫污染治理设施运营资质"。

2010 年，罗克佳华却"完成"了一次最不能称之为转型的转型：罗克佳华成为了一个典型的物联网公司！从概念上来讲，罗克佳华是继从设备代工到自主研发；从硬件集成到软硬结合后的第三次转型，也是最大的一次转型，成为了一个时代特征的代表。然而，从运营本质上来讲，李玮认为罗克佳华并没有发生大的改变。

2013 年采访时，李玮说："首先，我们一开始是做智能设备的，后来又做自动化，其实很多物联网公司都是从工业自动化或者楼宇控制起来的。""只是罗克佳华做的是针对煤矿的自动化控制，首先要在基层配置防爆箱、智能防爆柜、控制瓦斯的传感器、监测风压的传感器等，把这些设备全部连接起来，当时叫做综合自动化；后来数据量大了以后，我们就开始做综合信息化，就是把前端采集的设备数据导入另一个数据库，与企业的信息化办公结合起来，对企业的产供销进行管理。"

"整体来看，就是前端我们布设了大量的传感器，进行数据的采集。之后，将这些数据上传到一个数据处理平台，通过各种分析，来实现设备之间的联动控制，以及煤矿产供销的管理。由于当时还没有出现'物联网'这一词，所以我们叫作煤矿信息化整体解决方案。直到 2009 年物联网概念被提出来，发现我们从事的业务和物联网的战略研究路线图一致，我们自然而然也就成了所谓的物联网企业。"李玮说，他理解的物联网，就是用监控网络做的整体解决方案，都是以解决应用需求为导向的。"物联网是一种手段，一种工具，有人用它解决物流问题；有人用它做智慧医疗、智慧城市等，而罗克佳华是面向煤矿、环保行业，用这种大监控手段解决行业应用。""所以说，今天我们被列为物联网的典型企业，只是因为我们这么多年所做的，和物联网发展的方向及导向，是殊途同归，不谋而合。而我们本身并没有因为物联网这个概念做过什么改变。"

用户需求驱使，挑战云计算

不过罗克佳华从 2010 年确定了自己是物联网企业的身份之后，就定位自己要成为物联网运营商。虽然 2013 年的时候，"物联网运营商"这个词一度非常流行，甚至还曾盛传工信部将发放物联网运营商牌照。然而，李玮却认为，罗克佳华要成为物联网运营商这一想法并非刻意奉迎概念。对此，李玮解释说："罗克佳华的每一次转型，或者说业务优化都是用户需求驱动的：我们最早是一个生产制造型企业，就是生产智能控制设备的。之后由于装备放到用户那里，用户希望把它用起来，这就需要集成，要进行一些软件服务，所以我们就成为了系统集成商。再之后我们发现用户的需求源源不断在提升，比如由于数据量越来越大，用户对数据的增值服务需求越来越高，不仅要用来做调度和远程控制，还要拿来分析、挖掘和预测，这就需要运营服务甚至数据服务，所以我们希望逐渐向运营商来发展。"

为此，2010 年，罗克佳华从全球最大的存储服务商 EMC 引进了一支云计算技术团队，来规划建设亚洲最大物联网云数据中心。该项目一期工程涵盖 5000 台服务器，于 2011 年投入应用。二期工程建于山西国际物联网产业园区，于 2013 年 10 月底竣工，包含 5 万台物理机，40 万台虚拟机。

• 数据机房

• 物联网云中心

• 鄂尔多斯大数据中心

"我们认为真正意义上的物联网系统是规模化的，而这种规模化会致使一旦这个系统运营起来，必将进入大数据时代，这时你就必须使用云计算技术。"李玮认为，要成为一家真正的物联网企业，其构成就必须有云计算版块。"而物联网意义上的云计算服务不同于互联网，它主要关注的是实施监控、采集数据的应用价值，因此，这也是我们的云计算团队关注的核心点。""这个领域的研究，罗克佳华在国内是走在前列的。"李玮当时曾强调说。

"在进入任何一个领域后，只需要把这个领域中所存在的智能设备和相关数据进行统一的梳理后，我们便能快速布局该领域。"李玮当时说到这些不无自豪，"因为我们现在拥有的不仅仅是生产制造能力，还有数据中心和云计算技术的优势。"

"我们建设的数据中心是非常有特色的，它实现了实时数据库和关系型数据库的融合，对监控网络后台数据的分析和处理是特别有帮助的，尤其是目前还没有专门机构对物联网所产生的大数据提供云计算服务。"李玮在采访中表示，"由于我们的这种优势，以及我们在煤矿和环保领域的成功经验，使得我们可以在其他类似行业，或者我们具有既有优势的行业，甚至是全行业快速复制这种模式，比如近两年我们在节能和农业领域取得的突破。"

当时，罗克佳华与中国优农协会在太原、朔州等试点城市，启动并试运行"中国优质农产品信任系统及智慧电子商务基础（云）平台"，该平台是国家农业部重点项目，依靠罗克佳华数据中心应用农业物联网技术，以农业生产资料和农产品安全溯源为切入点，实现农产品从生产到餐桌的全程质量监控、可溯源查询，解除人们对农产品质量安全的担忧与顾虑；全国建筑节能监测及服务平台是响应国家关于节能领域的政策号召，开发的国家机关办公建筑和大型公共建筑能耗监测系统。该平台以云技术、大数据技术，以及 BEMS 等多种建筑节能先进技术的"云＋端"服务平台为基础，集成了建筑节能黑匣子、云平台服务网络及云能源管理软件，为我国建筑能源分项计量、能耗在线监测、能耗定额管理制度、设备能效评测和建筑能源管理提供了坚实的数据基础和第一手资料。

2014 年年底，该云计算平台已经在为 500 多家企业提供基于监控网络服务的主机托管和数据服务业务。

物联网大数据应用初探

2015 年，罗克佳华的物联网之路终于走到了数据服务这一步。2014 年，罗克佳华中标北京市通州区的环保物联网项目。在该项目中，罗克佳华首次将大数据技术和理念进行了落地应用。它不仅将通州区所有的环保信息化系统进行了整合，而且结合老百姓关注的空气质量问题，在全区范围布设了 450 个监测点，以进行广泛的数据采集。同时，它还将各个站点的数据汇集后进行实时分析，不仅能够及时发现污染源，而且可以实现对空气质量的预警预报，从而提高环保工作的综合优化管理。

李玮说，这个项目获得了用户方的高度认可，"以前，包括现在的大部分 PM2.5 监测，就是集中建一个大型的空气质量监测站，不仅投资大，而且维护麻烦，最主要的是不能解决根本问题，比如监测到 PM2.5 超标了，但是不知道源头，找不到超标原因。我们的做法正好相反，采用简易建站、广泛布点的方式，每一个站点都可以实时采集到周边环境信息。发现 PM2.5 超标时，可以通过大量站点数据的变化路径，分析出导致 PM2.5 超标的源头位置，以及原因，比如是堵车，还是建筑工地，还是燃烧粉尘等，"李玮说，这是罗克佳华应用系统化的物联网技术进行环保监测的一个重大突破。他总结说，"物联网的价值在于应用，在于点多面广。"同时，他还以物联网水产养殖为例进行说明，"如果只在一个池塘进行软硬件部署，只能叫自动控制。监控 1000 个池塘，10000 个池塘，还能进行数据分析和指导，才是物联网。"

与此同时，在全国能耗监测系统试点中，罗克佳华开发的节能服务器（工业现场端能源监测装置），已经布设到 100 多家企业中，在国家的能耗统计、能耗分析中起到前端卫士的作用。另外，在农产品溯源、煤矿安全等领域中，罗克佳华也已经开始使用大数据技术提供服务。

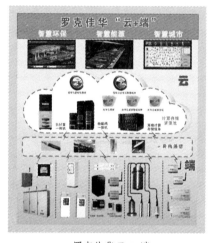

• 罗克佳华云 + 端

至此，罗克佳华一直用实际行动来证明着物联网的价值。对此，李玮说，早期出现了一些对物联网不利的舆论，比如物联网只是概念等。"评价一个事物是否有用的标准，要看它究竟对国民生活带来什么样的价值。互联网刚出现的时候，争议也很大，'烧钱说'、'无用论'在长期一段时间也占舆论主流，但是随着百度、阿里巴巴、Facebook 等一批应用网站的出现，产生了巨大经济和社会效益，大家才逐步认识到它的价值。物联网目前的境况和互联网兴起之初一样，所以这时候更需要一批优秀的企业，通过实际应用，让大家认同其社会效益和价值，这样物联网产业才会蓬勃发展。"同时，他还坚信"产业环境是靠实干出来的，而不是空谈出来的。"

不过说到这些，李玮又无奈地表示，真正到了物联网应用服务层面，还面临着诸多问题，尤其是"数据权属"和"企业观念"两大问题影响着物联网产业的快速发展。"物联网数据经常会触到红线，数据运营如履薄冰啊！"李玮直言，数据权属问题是挡在罗克佳华身前的"拦路虎"，更是他们将来必须解决的核心问题。且不说罗克佳华有许多政府合作项目，导致权属问题更加复杂，单单环境数据及工业设备信号等公共数据如何界定、如何共享等已是非常纠结的问题。

比如在智慧环保的运营服务中，罗克佳华要对采集到的真实有效数据进行分析，可几乎所有用户都在系统布设之后谈及数据保密问题，对项目产生了巨大的干扰。更有甚者，罗克佳华曾试图将一些污染源数据向同行的企业开放，便于他们在对比中提高自己，但这些隐去了名字的数据在不久后就被企业告了状，最后政府出面叫停。

不过，这些并没有影响罗克佳华在物联网大数据应用上的执着推进，因为李玮始终认为，数据的有秩序开放是社会的必然发展方向，不过还是希望相关体制和立法能够尽快跟上，同时也呼吁各行各业要进行跨界合作："我们做技术的，做好技术，社会要发展，体制待改善，机会就有的。物联网数据只有和同行业开放，才会更有活力和竞争力，因为只有开放的意识形态才会造就开放的国家。"

• 罗克佳华公司

记得 2011 年、2012 年接触的所谓物联网企业，以传统系统集成商转型的居多。不过今天回头再看，它们甚至都不能称之为转型，因为当时大部分企业对物联网的理解就是系统集成，包括从 2011 到 2014 年曾经获得过国家物联网示范工程的数百个项目，依然是用传统系统集成的方式。罗克佳华其实也是传统系统集成商之一，并且是国内仅有的 242 家拥有国家一级资质的系统集成商之一，但同时也是其中少数几家转型成功，真正取得了物联网应用服务成果的企业之一。

35

健康大数据服务企业的四年迂回

吴冰

吴冰,时云医疗科技(上海)有限公司创始人,CEO。1975 年出生于四川省马尔康县,毕业于美国明尼苏达大学,获得电子计算机专业工程学士学位。在校期间获得多项专业证书,是美国童子军最高荣誉鹰型奖章获得者,并积极参与社团活动,担任该校中国学生学者联谊会副主席;共同创建了美国华人科学家、工程师及专业人士协会明尼苏达州分会,并担任理事长。曾先后在美国明尼苏达州交通厅、西门子、麦克维尔国际、光速网络,以及海航等大型企事业单位工作和出任要职。

如何坚持走中国特色自主创新道路,是创业公司必须面对的严峻问题。首次接触上海时云医疗科技有限公司(以下简称时云),是在 2014 年中旬,时云以科技创业公司的身份参与我们的在线访谈。当时时云的创始人兼 CEO 吴冰在访谈中介绍了他们的产品——智能体质分析仪。后来 2014 年年底的一次可穿戴设备计算论坛上,

• 吴冰

再次遇到吴冰，聊起来，他说，自从他们推出了体质仪产品后，就被贴上了硬件企业的标签。其实时云公司创建的宗旨，是自主创新，将中医的时间医学和西方的时间生物学同现代科技，特别是信息工程技术紧密结合起来，用来为广大群众的个性化健康管理和疾病防控服务。做硬件实为无奈，但是2014年最热的就是智能硬件，这一点让他觉得十分尴尬。

出生在医学世家的 IT 发烧友

吴冰出生在医生世家，爷爷、奶奶都是医生，并且奶奶应该是新中国第一批妇产科医生。吴冰的父亲，毕业于华西医科大学，20世纪70年代就开始研究生物学。他是把时间生物学引入中国的第一人，也是唯一获得国际时间生物学金奖的华人科学家，所以吴冰高中三年级之前的梦想一直是成为一名医生。不过，他从小对电脑也有着极其浓厚的兴趣。"我自己用过的电脑，除了最老的'286'是买的，后面的'386'、'486'都是自己组装的。"吴冰在介绍自己创业背景时说，自己是伴随着个人电脑发展长大的。

如果按照现在对创业的定义，吴冰的最早一次创业在1989年，那时候他才14岁。主要业务是组装电脑，提供给一些到美国的华人，比如中国留学生、访问学者等。当时在朋友圈里，他也算是一个小有名气的电脑组装师。

20世纪90年代初，BBS刚刚兴起，吴冰便自建了BBS服务器，然后形成了一种BBS网络。当时吴冰还为欧洲，包括瑞士的几个国立医学中心，建设了BBS和互联网之间的信息交互系统。这算是吴冰的第二次创业，依然与IT有关。

• 吴冰在中东时期照片

此后，又创办过几家公司做第三方支付，最早是在1998年。2003年跟北电和广东网通、广东银联一起做过电话支付。2006 年，吴冰又创办了一个做第三方支付平台的公司，后来被海航收购。因为签署了 3 年服务期的承诺，吴冰也进入了海航工作。在海航期间，吴冰把之前卖给海航的第三方支付平台，进行升级优化后，以海航的名义卖到了中东。因为当时与中东的公司签了 5 年的运维协议，2010 年吴冰又带着团队去了中东，在沙特待了将近两年的时间。完成对海航的 3 年服务期承诺后，吴冰离开了海航，决定重新创业。

IT 与医学深度融合，医学大数据平台水到渠成

从海航离开后，吴冰看到信息革命正在推动医疗健康产业发生翻天覆地的变化，便与他大学时所修学科"时间生物学"的导师，也是该学科的创始人——哈尔伯格教授进行了探讨。这其中的渊源就与哈尔伯格所研究的时间生物学相关了，而时间生物学也成为了吴冰后来创办时云的理论依据和专业技术支持。

哈尔伯格所创立的时间生物学，研究人体节律就是生物钟，对应中国《黄帝内经》中提到的"天人合一""因时制宜，因人制宜"概念，可以说时间生物学在中医和西医之间架起了桥梁。时间生物学的核心，就是通过研究人体随着时间和环境变化的规律，然后为其提供个性化健康管理和疾病防治的方案，比如生活、工作、昼夜颠倒、夜间过度光照，以及饮食结构、交通等因素，造成人们身体节律失调，是造成慢性病肆虐的重要原因。

另外，比如说时间生物学的"择时治疗"，就像中医里面讲究的"冬病夏治"。不仅如此，而且对同一种疾病，针对不同的人都有不同的治疗时间点，都会配不同的药量等。再比如说，日常运动，适合每个人活动的时间点都不同，在一天 24 小时中，可能有一个时段适合这个人运动，有一个时段他是千万不能去运动的等。总体来说，就是个性化。连吃饭也要因时制宜，同样的食物在不同的时间吃，对身体的影响不同，例如，晚上多吃，就容易导致肥胖、糖尿病、高血压，引起冠心病、中风甚至癌症等。

吴冰与这位"时间生物学之父"从小就非常熟悉。早在吴冰刚到美国的时候，就在哈尔伯格的实验室里帮忙。在那期间，他拿自己做起了实验，连续佩戴了三年的 24 小时动态血压计，收集自己的身体数据。在哈尔伯格教授的直接指导帮助下，当年学习并发表国际论文，2012 年又创建公司，让时间生物学服务更多人。目前在世界上还是绝无仅有的。摆在时云面前的路唯有自主创新。

• 吴冰与哈尔伯格教授交谈

　　当然，时间生物学对时云的支撑除了理论层面，还有数据模型层面。哈尔伯格教授所创办的明尼苏达大学时间生物学中心，已经在过去的 60 年间采集了百万人次的基础体征数据，并且已经建立了跨地域、跨种族的体征数据库和分析模型。

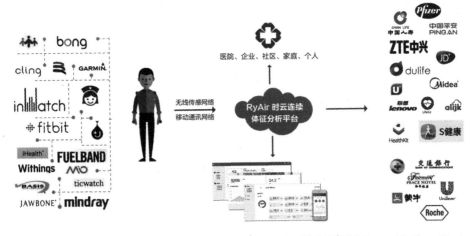

动态健康大数据分析合作伙伴 Powered By ChronoCloud

• 时云平台架构

　　也就是说，2012 年吴冰创办时云的时候，在数据模型层面，已经有了很好的基础。而时云需要做的：一是如何让这些数据模型服务广大人群；二是如何让人们获得自动化的服务。从技术层面上来讲，对时云来说是游刃有余，但是走向市场，却并非易事。

不是因为进入市场这件事本身有难度，而是在中国当下的商业环境中，想要踏踏实实，一步一个脚印地进入市场，太难。因此，我想这或许也是 2014 年，时云对外发布智能硬件产品的原因之一。

从幕后到台前再到幕后

2014 年，智能硬件在中国大地爆发。那一年的 4 月 10 日，时云也发布了 3 款智能硬件产品：云悦体质分析仪、云律血压节律仪和云动智能健康监测腕表。其中智能体质分析仪同期面市，另外两款硬件产品，当时的计划是会在 2014 年下半年上市。不过，之后它们再没发声。

• 时云 2014 年发布的体质仪、血压计、手环

至于为什么一家核心能力是健康数据分析的企业，要去做智能硬件。当然前面说过，做数据分析，先要有数据。要有数据，就先要有用户。没有用户，数据分析技术再高深，数据分析模型再精准，也无法发挥作用、产生价值，所以时云当时要推出智能硬件，作为采集数据的载体，是可以理解的。然而，当时市场上已经涌现出了很多体质仪、血压计、血糖仪及手环等这样的硬件，在我们看来，时云都没有必要自己做。

不过吴冰的回答是，虽然市场上有很多种智能硬件，从表面上看都是一样的，但基本上没有适用于定时检测的。我相信这是时云自己动手推出智能硬件非常重要的一个原因，但是从他话语中，不经意的几个词，比如"2015 年，艰难的决定，回归"等，我隐约洞悉到，其实 2014 年，时云推出硬件产品，还有另外一个原因，是因为他们发展战略的调整。

据吴冰介绍，时云所依托的明尼苏达大学时间生物学研究中心当时承接的很多数据分析服务，如 MIT、NASA 等，都是机构类客户。因此，2012 年时云在中国成立后，延续了这种业务模式，就是提供 B2B 的数据分析服务，当时为蒙牛等企业机构提供服务，但是这种做法，在当时，尤其是 2013 年、2014 年，移动互联网疯狂发展的时候，或许会被认为走得太慢。资本驱动市场往前冲，2014 年时云可以说是被裹挟着从幕后走到台前，直面个人用户；从一家提供 B2B 服务的企业向一家提供 B2C 服务的企业转变。当然，如果这种转型成功，那么将会有更多的人可以享受到时云的健康管理服务。不过，从时云做出 2015 年重新回归到幕后的决定，就说明 2014 年尝试的结果并不乐观。然而，这不能说明时云转型失败，因为 2013 年年底开始各种健康管理平台便似雨后春笋一般，一夜之间遍布大江南北：有自带硬件的，有只做平台的；有新创立的，还有像时云这样转型过来的。不过，最终没有一家在 2014 年就声名鹊起的。如果一个行业中，成长出了一两家明星企业，对于那些没有成长起来的企业来说，只能是自身的问题；如果整个行业都没能出现一家明星企业，那么一定是这个行业本身还存在问题。因此相比之下，时云已算健康管理服务平台的佼佼者，至少最起码在数据分析处理层面是有较强的核心竞争力的。

不过对于这一段的历程，吴冰的解释是："从 2012 年时云成立开始，就是做数据分析的，虽然 2014 年开始我们做了智能硬件，但是我们的核心依然没有偏离数据分析。只是我们的做事原则是，一旦投入一件事，就一定要做好，所以做硬件我们也是按照第一的目标去要求自己，以至于我们推出体质仪以后，整个市场的反响都非常不错，所以很多人都把时云定义为一家硬件公司。因此 2014 年的时候，经常听到别人说时云是卖称的。这让我开始思考，时云是不是走错方向了，但是大家可以看到，其实在硬件上，我们没有做太多更新、升级，这就是在传达我们的一种态度。"

战略调整当然是时云回归的主观原因："必须坚持走自主创新的路"。从吴冰的话语中，我可以感受到其实还有客观原因，比如提到当下中国的双创，他显得比较激动："我其实在很多的论坛上提到过，我觉得中国的创业现在出现了一个非常可怕的局面。可怕在什么地方呢？我们的创新都是停留在非常肤浅的层面上，比方说，我们的腕表层出不穷，但是创新在哪里？在 ID 设计上。而在核心的东西上，比如说，在传感器、算法上，我们并没有创新。中国在智能设备和移动医疗上面，其实和其他国家是在同一起跑线上的，但是如果按照现在的创业方式，中国又会很快地被美国、德国、日本这些国家远远地抛在后面，因为他们在创传感器的新、创算法的新。而我们只是把他们创新的东西拿来，改变一下外观，就开卖了。因此，我希望能够真正沉下心来，去做一些最基础的研究。当然，目前我们专注的算法方面，也研发出了很多算法。"

或许正是这些无法逃避的现状，让时云偏离硬件的同时，却又不得不自己动手搞硬件，因为"找不到好的硬件设备"，所以 2016 年，时云可能会推出可穿戴式血压计，"比如把测血压的功能做到手环上，就是很多设备厂商都不愿意做，而我们认为是用户想要的。"吴冰说，"我们不会去开发可穿戴设备，而是去开发用户愿意穿戴的设备。"

不过 2016 年，时云已经全面回归到 B2B 的业务中，专注于为医疗健康机构，或企业提供数据分析服务，比如已经开始为医院，以及健康管理服务机构提供相关应用系统，将创新的个性化健康管理和疾病防控服务广泛应用到国民体质监测、强身保健及慢性病防控、养老产业、母婴保健及劳动卫生等领域。"可能到未来，你压根儿就不会看到时云出现在你的生活中，因为我们的全面回归，就是回归到 B2B 的服务，或者你可以说我们是 B2B2C，打个比方，我们给医院提供数据分析的服务，然后医院给消费者提供精准医疗的服务。至于医院要怎样提供服务，是由医院自己决定，我们只是在后面做数据的支撑而已。除此之外，健康管理公司，健身房、餐饮机构等，我们都会以这样的方式来支持他们的服务，推动医疗改革。"吴冰如此解释时云的新战略。

• 2014 年时云发布会

吴冰说，2016 年是时云比较关键的一年，所以可能需要大量资金的支持。而他一直忙碌，就是因为不断在谈融资。不过吴冰坚信，下一波的伟大企业，一定会出现在医疗健康领域，但是还需要一个培育的过程。

• 时云采访视频

36

但见万物皆是数据，定战略前瞻三十年

游世学

北京中科汇联科技股份有限公司董事长。中国中小企业协会常务理事，中国电子商会呼叫中心与客户关系管理专委会理事，中关村中小企业协会人工智能专委会主任。

清华大学工商管理专业研究生毕业，曾就职于清华大学国家重点实验室，是语音识别、语义理解和多媒体信息处理方面的专家。

带领中科汇联已经成为了中国内容管理和搜索引擎软件的第一品牌企业，在政府、银行、保险和央企等行业，连续三年市场份额第一。公司秉承"软件就是智慧"的研发思想和产学研一体化的研发体系，在人工智能领域分别与清华大学、汉明威大学、北京大学及哈尔滨工业大学成立了联合实验室，并取得了几十项核心技术专利，从而已经成为了全球专业智能客服开创者，以及新三板智能客服机器人第一股的领军企业！

　　由于我们在前一家公司耽误时间过久，所以与北京中科汇联科技股份有限公司(以下简称中科汇联)董事长游世学的交流只有半个小时。不过从结果来看，似乎效率更高，因为时间短，所以每一句都是精华。短短30分钟的交流，却让我对游世学的视野颇为折服。

· 游世学

"柳暗" ASP,"花明"内容管理

中科汇联成立于 1999 年。在此之前，游世学先后任职于清华大学重点实验室和清华同方。游世学创立中科汇联的导火索，是和搜狐创始人——张朝阳的一顿饭。那时候互联网刚刚崛起，张朝阳对门户网站的描述激起了游世学的创业欲望，于是便从清华同方离职，创办了中科汇联。

中科汇联成立后，开展的第一项业务是 ASP 的开发。怎奈当时 ASP 的概念太前卫，所以市场拓展并不顺利。不过幸运的是，中科汇联撑到了投资银行——高盛的投资，但是时值 2000 年，纳斯达克崩盘，导致本已谈好的投资化为泡影。真是一波三折！

在那之后，为了生存，中科汇联转做软件外包服务。游世学说，用今天物联网的视角去看，那个时候他们做的算是嵌入式软件，比如当时的商务通、快易通、联想、惠普，以及微软等主流 PDA，都有使用中科汇联的软件产品。这样在短短的一两年之内，中科汇联便成为了这个领域最大的应用软件 OEM 供应商。尽管如此，从收益上看，也没有达到中科汇联的预期。

• 中科汇联服务外包时期支持过的商务通、快易通、联想、惠普、微软等合作伙伴

于是 2003 年，中科汇联进行了第一次真正的战略转型，并且确定了自己接下来 10 年的发展路径。当时中科汇联提出了一个 3C For 3C 的战略，"其中的'3C'是指 Content、Collaboration、Commerce，即内容管理、协调管理和电子商务。"游世学解释到，"因为随着 PC 互联网的发展，会出现大量的内容，就需要工具把这些内容管理起来。因此，在 PC 互联网时代，我们希望通过内容的管理去帮助企业、机构，来实现它们的信息展现和传播。"

因此，从 2003—2012 年，中科汇联进入了第一个"C"，即 Content 时代，其主要业务，就是内容管理软件 CMS/ECM，以及企业级搜索引擎等软件系统与应用服务的开发。中科汇联在此领域从零起步，一直做到行业领袖，"现在我们在很多行业的市场份额都是第一，比如政府机构使用的都是我们的产品，各部委大概 1/6，另外我们在保

险、银行、央企等领域的市场份额都是第一。"

• 中科汇联内容管理软件的典型应用案例

试将知识变智慧，人工智能成首选

2012 年，中科汇联制订了自己第二个十年发展战略——布局人工智能。这个似乎与中科汇联以前的业务跨度很大，但是游世学说，实际上两者是一脉相承的。

这就要回到 2010 年 5 月。那时候云计算开始在中国兴盛起来，中科汇联作为 IT 企业不可能不做出反应，所以公司内部就开始了对云计算的探讨与研究，并思考是否会给自己带来新的业务或新的方向。

游世学说，当时他们回想自己过去十几年和信息、内容打交道的过程，早已清楚"万物皆是数据"。"有用的数据为信息，可管理的信息为内容，有价值的内容为知识，可解决问题的知识为智慧。"游世学说，这是中科汇联在十余年的信息服务实践中形成的世界观。"那么原来十几年，我们一直做内容管理，就是处于'可管理的信息为内容'阶段。不对，很多客户的需求不仅是帮他们把内容管理好就可以了，他们还希望能把这些内容变成价值。因此，在做内容管理的同时，我们已经开始探索如何让内容变为知识，让知识变成智慧。最后研究下来，发现只有人工智能可以解决这些问题。""因为我们在研究中发现，今天机器的智能，和以前的算法体系是不一样的，比如神经网络和深度神经网络这些体系，是经过对人类大脑认知神经的研究，构建出的新型的符合人类大脑思维的数学模型。换句话说它模拟的是'人是怎样思维的；人是怎样思考和推理的；人是怎样看待万事万物的'，这已经属于我们所说的'认知计算'的范畴。那么这个突破带来的改变将是前所未有的。"总的来说，中科汇联调研后发现，人工智能不仅能够解决"将内容变成知识，将知识变成智慧"的问题，而且其相关技术已经取得了重大突破，从而能够大规模地进行商用，所以进军人工智能产业可谓天时、地利、人和。

不过当时，中科汇联发现自己管理的既有内容，不足以支撑人工智能的应用，需要更多的内容。因此 2012 年，中科汇联在原有内容管理的基础之上，不仅拓展了人工智能领域，而且建立了云计算和大数据两个研发部门，从而为人工智能应用提供了技术支撑和更多的数据支持。同时，与清华大学建立了联合实验室，开始了对人工智能的语音识别、语义理解等方面的新研究。此后便进入了第二个"C"，即 Collaboration 时代，用游世学的话讲，叫"CT 和 IT 融合"的新时代，或者说移动互联网时代。

不要小看客服机器人

经过两年的发展，中科汇联于 2014 年发布了单机版的客服机器人——AiKF 爱客服。2015 年 8 月 29 日，又发布了 SaaS 版的客服机器人。它可以同时支撑网站、App、微博、微信及电话等形式，这让很多中小企业受益匪浅。"到现在已经有 3000 多家企业在使用虚拟机器人客服了，估计 2016 年年底会有 3 万家企业用户，然后到 2017 年可能会有几十万家。因为在消费服务环节，机器人可以代替人来回答 80% 左右的重复问题，这样就能把人从大量的重复劳动中解放出来。"游世学说道，"那么企业就可以把主要精力投放在研发、生产上。"

• 爱客服机器人

说到这里，游世学笑言，AiKF 爱客服可能会真正推动中国企业的供给侧结构性改革。企业使用中科汇联的 AiKF 爱客服后，在未来整个运营模式上，也许会发生一些变化，"对所有企业来讲，在它们的运营中都会有这样一个环节，就是销售。以前的销售，因为都是面对面的，所以交易双方不仅是买卖关系，还有一层服务在里面，但是互联网改变了销售模式，让交易双方变成了僵硬的买卖关系。可是对企业来讲，还是希望能够与消费者建立起一种更加柔性的联系，比如能够及时掌握投诉和反馈，这样企业的价值在服务层面也有体现，所以，我们推出的 AiKF 爱客服是帮助企业来满足这样的需求。在这个过程中，我们发现一旦把这个信息打通的话，就可以形成一种新的模式，比如消费者既是购买者，也是参与者和设计者。"

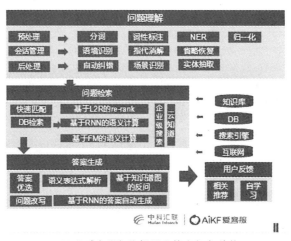

• AiKF 爱客服智能机器人技术框架结构

游世学还预言，下一波商业浪潮肯定会出现在服务领域，然后再由服务领域推动工业、农业等领域的变革。"这些服务会产生大量的数据和信息，有这些数据和信息做依据，将驱动企业在生产、制造层面的改变，比如产品会走向小众化和个性化，也就是说，其实大数据就是为小众化而生的。"

或许正是因为对产业发展前瞻性的理解，使得 AiKF 爱客服不仅是一个简单的语音交互平台。游世学说，中科汇联建立了三大知识库：一个是企业知识库；一个是行业知识库；一个是云知识库。"让用户的操作变得简单，是我们的宗旨，但这同时也让我们的工作就没那么简单了。不过，也恰恰是这一点，让我们形成了很强的技术能力，"游世学如是说，"比如单单一个公司地址，就可能有一千种问法，但是答案只有一个。用户不可能自己去设置上千种问法，所以在我们的平台上，他只需要录入地址，那么如何让机器将上千种问法对应到这一个答案上，就是考验我们技术能力的时候了。"游世学说，这个过程中人不能主动去假设这些问法，而是要先让机器理解语义，然后自己去扩展。

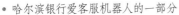

● 哈尔滨银行爱客服机器人的一部分　　● 爱客服机器人应用案例——人机互动

为了让自己的技术能力更加完备，AiKF 爱客服继 2012 年与清华大学共建了联合实验室后，又于 2014 年，与汉明威大学建设了第二合联合实验室；2015 年，与北京大学共建了第三个联合实验室；同年，与哈工大共建了第四个联合实验室。AiKF 爱客服在完成了从语音识别，到语音合成，再到语义理解等层面的技术布局的同时，也完全拥有了自主知识产权，并申请了三四十项专利。

● 中科汇联与高校联合建立的三个实验室

最后，游世学还把商业探讨上升到了哲学高度。他认为，未来机器人和人之间的关系，可以上升到中国传统哲学的阴与阳，或者说虚和实的层面，比如实体人，或者说原生人为阳，而机器人为阴。所谓阴阳结合才能平衡，因此机器人的出现将是必然的。同时，他预测，未来人类社会的发展将经历三个阶段："第一个阶段，从 2015 年到 2025 年，这 10 年时间，是机器为奴隶的阶段，也就是实现物物相连；第二个阶段，从 2025 年到 2045 年左右，这 20 来年，会进入人机共存阶段，也就是互为补充，互为延伸；过了这个阶段之后，将进入机器操控人的阶段。当然，不是说会发生人机大战这样的事情，而是说人无法离开机器，因为人一旦离开机器，可能就无法生活、工作，甚至是生存。"

基于这样一个逻辑推理，游世学说，中科汇联将在 2020 年以后开展第三个 "C"，即 Commerce，原意是电子商务。不过游世学说，其实它的延伸含义，就是物联网带来的消费电子。换句话说，那个时候，中科汇联的业务就会从当前的商业领域延伸到个人或者家庭消费领域。

游世学在解释中科汇联名字由来的时候说，这四个字分别代表中国软件、科技为本，汇萃精英，连接世界。隐含意义就是，使用信息科技让人与人、人与物、人与信息连接起来。因此，中科汇联的口号便是 "科技让你我互联"，因为，从中科汇联成立后的每一个发展环节中，都有这种理念的浸染和渗透。

· 游世学办公室中科汇联牌匾

最后我们还引申出了对下一代巨头企业的探讨。游世学认为，现在的巨头不可能永远称霸产业，一是每一个企业发展的过程中，都是在戴着镣铐跳舞，企业越大，镣铐越沉重；二是所谓的降维打击，"不是说两家企业做一样的事情就是竞争对手，并且有可能在很多层面上还是合作伙伴的关系，但是由于看问题、做事情的维度不同，最终可能会造成 '毁灭它和它无关'。"同时，他坚信，未来能够真正形成国际竞争力的企业，肯定会出现在新三板。因此，中科汇联也于 2016 年 1 月 18 日在新三板挂牌。

· 游世学采访视频

受访人签名

任红军

许伯林

张建凝

段永嘉

周涛   王长津